Vorträge aus dem Gebiete der
Aerodynamik und verwandter Gebiete

(Aachen 1929)

Herausgegeben von

A. Gilles   L. Hopf   Th. v. Kármán

Mit 137 Abbildungen im Text

Springer-Verlag Berlin Heidelberg GmbH

1930

ISBN 978-3-662-33394-5   ISBN 978-3-662-33791-2 (eBook)
DOI 10.1007/978-3-662-33791-2

Vorwort.

Das Aerodynamische Institut der Technischen Hochschule zu Aachen wurde in den Jahren 1927/29 durch einen Neubau bedeutend erweitert und mit größeren Versuchseinrichtungen für aero- und hydrodynamische Arbeiten ausgestattet. Der Vorsteher des Institutes nahm die Inbetriebnahme des Neubaues vom 26. bis 29. Juni 1929 zum Anlaß, die bekanntesten Forscher auf dem Gebiete der Aerodynamik und der verwandten Gebiete einzuladen, Vorträge über ihre letzten Arbeiten zu halten. Der Einladung folgten etwa siebzig Herren aus allen Ländern.

Der vorliegende Vortragsband macht nicht den Anspruch, Probleme aus den genannten Gebieten in systematischer Folge zu behandeln. Er soll, wie auch die Zusammenkunft in zwangloser Form veranstaltet war, in losem Zusammenhang über eine Reihe neuerer Forschungsarbeiten berichten, von denen wir hoffen, daß sie in Fachkreisen Interesse und Anklang finden. Die Vorträge werden hier in der Sprache wiedergegeben, in der sie gehalten wurden, wodurch der Wert der Vorträge durch Übersetzungen nicht gemindert und Arbeit erspart wurde.

Herrn Dr. Julius Springer, von dem die Anregung zur Sammlung und Drucklegung der Vorträge ausging, gebührt besonderer Dank für die sorgfältige Behandlung von Schrift- und Bildwerk dieses Bandes.

Aachen, im August 1930.

Die Herausgeber.

Inhaltsverzeichnis.

Einfluß stabilisierender Kräfte auf die Turbulenz.

Von **L. Prandtl**, Göttingen.

I.

An heiteren Sommerabenden kann man leicht die Beobachtung machen, daß durch eine Temperaturschichtung, wie sie durch die abendliche Ausstrahlung und die dadurch hervorgerufene Abkühlung der bodennahen Luftschichten eintritt, plötzlich die Turbulenz des Windes aufhört und z. B. die Rauchfahne eines Kartoffelfeuers als wagrechter Streifen ohne jede Bildung wolkenartiger Formen dahinzieht. Dies kann nur so gedeutet werden, daß die warme Luft auf der unter ihr befindlichen kalten Luft laminar dahingleitet. Das Auftreten ausgeprägter Sprungschichten in der freien Atmosphäre, wo eine warme Luftmasse über einer kalten dahinströmt, ohne sich merklich zu vermischen, gehört in dieselbe Erscheinungsgruppe, ferner auch das Dahinströmen von Süßwasser über Salzwasser, das besonders in den Polarmeeren beobachtet wird. Die umgekehrte Erscheinung ist die, daß bei Erwärmung des Bodens und der angrenzenden untersten Luft- oder Wasserschichten die Turbulenz durch die Konvektionsbewegungen infolge der Gewichtsunterschiede vermehrt wird. Im ersten Fall finden wir somit den „Austausch" und also auch die Reibung der strömenden Luft- oder Wassermasse verringert, im zweiten Fall vermehrt. Da diese Fragestellungen in naher Beziehung zu unserem Göttinger Forschungsprogramm über die ausgebildete Turbulenz stehen, über das ich auf dem Züricher Mechanik-Kongreß 1926[1] berichtet habe, bin ich einer Anregung von Herrn Wilhelm Schmidt in Wien, Versuche über diesen Gegenstand zu unternehmen, gerne nachgekommen. Bei diesen Versuchen sollte ein Luftstrom zwischen einer von Wasser gekühlten und einer mit Dampf geheizten Platte durchgeblasen werden, wobei sowohl die obere wie die untere Platte die geheizte sein kann. Es ist dann gemäß Obigem zu erwarten, daß in dem Fall der stabilen Schichtung (unten kalt, oben warm) der Austausch sehr erheblich verringert wird oder bei geeigneten Bedingungen völlig aufhört, während im umgekehrten Fall eine Vermehrung des Austausches zu erwarten ist. Da diese Versuche bei relativ kleinen Luftgeschwindigkeiten vorgenommen werden müssen, um die Auftriebskräfte in der Luft zur Wirkung gelangen zu lassen, mußten die Meßmethoden erst studiert werden, und so sind wir über die Vorversuche über die geeignetsten Hitzdrahtschaltungen und Thermoelemente für die Ausmessung des Geschwindigkeits- und Temperaturfeldes noch nicht hinausgekommen. Der Wunsch,

---

[1] Vgl. die Verhandlungen dieses Kongresses S. 62ff. Zürich 1927.

die Erscheinungen vorauszusagen, die wir hier beobachten wollen, hat mich jedoch veranlaßt, mich mit der Theorie dieser Erscheinungen zu beschäftigen. Es hat mich dabei auch die Hoffnung geleitet, hiermit auch in der Einsicht in den Mechanismus der Turbulenz etwas weiter zu kommen, als dies bisher der Fall ist.

Die augenblickliche Gestalt dieser Theorie ist die folgende: Wir wollen eine wagrecht strömende Flüssigkeit annehmen, die in senkrechter Richtung derart geschichtet ist, daß jede höher gelegene Schicht leichter ist als die darunter befindliche, und machen nun die folgende Energiebetrachtung. In dem Falle, daß die Bewegung turbulent verläuft, wird dadurch Arbeit geleistet, daß Schwereres gehoben und Leichteres gegen den Auftrieb des Schwereren gesenkt wird. Der Weg in der Senkrechten, den ein Flüssigkeitsteil zurücklegt, bevor er sich mit der neuen Umgebung wieder vermischt, mag mit l bezeichnet werden. Es handelt sich um den aus meinem Züricher Vortrag und auch aus anderen Veröffentlichungen bekannten „Mischungsweg“. Ist die Abnahme der Dichte in der Senkrechten (y-Richtung) gegeben durch $-\dfrac{d\varrho}{d y}$, so ist die endgültige Auftriebsdifferenz eines um den Mischungsweg nach oben verschobenen Teilchens $= - g\, l\, \dfrac{d\varrho}{d y}$. Da diese Auftriebsdifferenz von Null bis zu diesem Wert zunimmt, während der Weg l zurückgelegt wird, ergibt sich eine Arbeitsleistung $-\dfrac{1}{2}\, g\, l^2 \dfrac{d\varrho}{d y}$ (positiv wenn, wie hier angenommen, $\dfrac{d\varrho}{d y}$ negativ ist!). Für Abwärtsbewegungen ergibt sich der gleiche Ausdruck. Um die an dem Austausch beteiligten Volumina zu erfassen, sei eine wagrechte Fläche gezogen. Auf einen Bruchteil β_1 dieser Fläche erfolge mit einer Geschwindigkeit v_1 Aufwärtsbewegung, auf einen Bruchteil β_2 mit der durchschnittlichen Geschwindigkeit v_2 Abwärtsbewegung. Die gesamte Menge auf der Fläche F ist demnach $F(\beta_1 v_1 + \beta_2 v_2)$ (Volumen pro Sekunde). Als zugeführte Leistung, aus der die obige Arbeit bestritten wird, steht zur Verfügung das Produkt der durch den Austausch hervorgerufenen „scheinbaren Schubspannungen“ mit den Verschiebegeschwindigkeiten. Wenn wir diese Leistung beziehen auf einen Körper von der Grundfläche F und

Abb. 1.

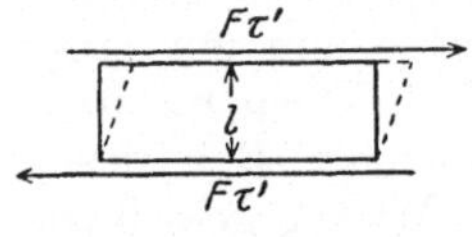

der Höhe l, vgl. Abb. 1, und wenn wir die scheinbare Schubspannung mit τ' und die mittlere Geschwindigkeit der Strömung mit $\bar{u}$ bezeichnen, so wird diese Leistung $= F\tau' \cdot l\, \dfrac{d\bar{u}}{d y}$. Daß wir gerade eine Schicht von der Höhe l wählen, hat die Berechtigung, daß gerade in einer solchen Schicht die oben angegebene Flüssigkeitsmenge ausgetauscht wird. Die scheinbare Schubspannung ist nach einem auf O. Reynolds zurückgehenden Ansatz $= \varrho\, \overline{u' v'}$, wobei der Querstrich eine Mittelwertbildung bedeutet. Dabei ist gemäß meinem Ansatz der Mittelwert des Betrages von $u' = l\, \dfrac{d\bar{u}}{d y}$ und der von v' gemäß Obigem $= \beta_1 v_1 + \beta_2 v_2$. Da regelmäßig mit dem Vorzeichen von u' dasjenige von v' schwankt, ist bis auf einen doch nicht zu ermittelnden Zahlenfaktor also

$$\tau' = \varrho\, l\, \frac{d\,\bar{u}}{d\,y}\, (\beta_1\, v_1 + \beta_2\, v_2)$$

zu setzen.

Ob bei der in Rede stehenden Strömung für die weitere Erhaltung der Turbulenz Energie übrig bleibt oder nicht, entscheidet sich nun daraus, welcher von den beiden Energiebeträgen der größere ist. Wenn die Arbeitsleistung der scheinbaren Schubspannung überwiegt, so steht die Differenz zur Erhaltung der Turbulenz zur Verfügung, ist aber die Hebungsleistung gegen die Gewichtsdifferenzen die größere, dann muß die Turbulenz notwendig erlöschen. Für die Erhaltung der Turbulenz bleibt also etwas übrig, wenn

$$F\,\tau'\,l\,\frac{d\,\bar{u}}{d\,y} > F\,(\beta_1\,v_1 + \beta_2\,v_2)\,\frac{1}{2}\,g\,l^2\,\frac{d\,\varrho}{d\,y}$$

oder nach Eintragen des Wertes von τ' und Kürzung

$$\varrho\left(\frac{d\,\bar{u}}{d\,y}\right)^2 > -\,\frac{g}{2}\,\frac{d\,\varrho}{d\,y}. \tag{1}$$

Es ist sehr bemerkenswert, daß aus unserer Ungleichung (1) nicht nur die gewählte Fläche F (was selbstverständlich ist), sondern auch der Mischungsweg l und der mittlere Betrag der Vertikalgeschwindigkeit v' herausgefallen sind, so daß wir über diese beiden wichtigen Größen aus dieser Betrachtung nichts erfahren. Es ist noch zweckmäßig, den Quotienten der rechten Seite der Ungleichung (1) und der linken Seite besonders zu bezeichnen. Wird diese dimensionslose Größe $= \theta$ genannt:

$$\theta = \frac{-\,g\,\dfrac{d\,\varrho}{d\,y}}{2\,\varrho\left(\dfrac{d\,\bar{u}}{d\,y}\right)^2}, \tag{2}$$

so hat man also Turbulenz für $\theta < 1$; für $\theta > 1$, was starke Stabilität bedeutet, löscht die Turbulenz aus. $\theta = 0$ bedeutet homogene Flüssigkeit. Da es sich bei der ganzen Herleitung der vorstehenden Formeln nur um ziemlich rohe Abschätzungen handelt, kann es sich sehr wohl aus den Versuchen ergeben, daß diese Formeln durch einen Zahlenfaktor berichtigt werden müssen. Aus dem Bau der Formeln läßt sich aber z. B. schon deutlich schließen, auf welche Größen es bei den Erscheinungen ankommt und welcher qualitative Verlauf zu erwarten ist. Wenn z. B. ein in sich homogener warmer Luftstrom über einen ebensolchen kalten hinwegfließt, so mag zunächst in der Übergangsschicht zwischen beiden $\frac{d\,\bar{u}}{d\,y}$ sehr groß sein, so daß die Ungleichung (1) erfüllt ist, also Turbulenz herrscht. Durch den turbulenten Austausch wird allmählich die Mischungszone immer dicker, $\frac{d\,\bar{u}}{d\,y}$ also immer kleiner. Entsprechendes gilt auch für den Übergang der Temperatur. Es ist nun folgender Grenzzustand möglich, bei dem gerade die Ungleichung (1) in die Gleichung

4

L. Prandtl:

übergeht und infolgedessen wegen des Aufhörens der Turbulenz der so erreichte Zustand weiter andauert (die reinen Zähigkeitswirkungen und die Wärmeleitung sollen so gering sein, daß von ihnen vollständig abgesehen werden kann). Man kann nun, wenn die Höhe der Übergangsschicht, in der nun lineare Geschwindigkeitsverteilung herrscht, mit h bezeichnet wird, $\dfrac{d\,\bar{u}}{d\,y} = \dfrac{u_2 - u_1}{h}$ setzen, ferner an Stelle von $-\dfrac{1}{\varrho}\dfrac{d\varrho}{d\,y}$ mit $T =$ absoluter Temperatur schreiben $\dfrac{1}{T}\dfrac{dT}{d\,y} = \dfrac{1}{T_m} \cdot \dfrac{T_2 - T_1}{h}\,*$. Damit ergibt sich

$$\left(\frac{u_2 - u_1}{h}\right)^2 = \frac{g}{2\,T_m} \cdot \frac{T_2 - T_1}{h}$$

oder

$$h = \frac{2\,(u_2 - u_1)^2\,T_m}{g\,(T_2 - T_1)}. \tag{3}$$

Gl. (3) ergibt den kleinsten Wert der Höhe einer solchen Übergangsschicht, bei der die Strömung ohne Turbulenz verläuft. Der Vergleich mit Erfahrungswerten wird einen Schluß darüber zulassen, ob der Zahlenfaktor dieser Formel richtig ist oder noch einer Verbesserung bedarf. Ein vorläufiger Vergleich mit gerade erreichbaren Angaben zeigte, daß die Formel (3) der Erfahrung nicht widerspricht und die Größenordnung solcher Sprungschichten richtig wiedergibt.

Für die Schubspannung τ' der Scheinreibung wird man setzen können

$$\tau' = \varrho\,l^2 \left(\frac{d\,u}{d\,y}\right)^2 f\,(\theta), \tag{4}$$

wobei vorläufig nur gesagt werden kann, daß $f(\theta)$ für $\theta \geq 1$ gleich Null sein muß, ferner $f(\theta) = 1$ für $\theta = 0$ (gewöhnliche Turbulenz der homogenen Flüssigkeit). Auf Grund einer Energiebetrachtung (Stärke der turbulenten Bewegung proportional der Differenz der oben betrachteten Energien) kann $f\,(\theta) = \sqrt{1 - \theta}$ vermutet werden. Eine nähere Prüfung wird noch nötig sein. Vor allem wird auch zu erwarten sein, daß der Mischungsweg l von θ nicht unabhängig ist. Man kann diese Betrachtungen wohl auch auf den Fall ausdehnen, daß die ursprüngliche Lagerung instabil ist, also z. B. die Luft unten wärmer ist als oben. Solche Verhältnisse können sich auf längere Zeit einstellen, wenn die Luft vom Boden aus erwärmt wird. In diesem Fall werden voraussichtlich die Mischungswege durch die lebhafte Wärmekonvektion größer ausfallen als in dem Fall der gewöhnlichen Turbulenz. Auch über diese Sache wird man nach Durchführung der bei uns geplanten Versuche, wie ich hoffe, mehr wissen als zur Zeit.

II.

Mit den im vorstehenden geschilderten Verhältnissen der geschichteten Strömung stehen in naher Verwandtschaft die gekrümmten

---

* Für diese Temperaturdifferenz muß genau genommen die Differenz der potentiellen Temperaturen eingesetzt werden, um die Temperaturänderungen, die bei den Höhenänderungen durch Änderung des Druckes hervorgebracht werden, zu berücksichtigen.

Strömungen einer homogenen Flüssigkeit, Wir wollen uns hier auf die ebene Strömung in konzentrischen Kreisen beschränken. Die mittlere Geschwindigkeit in der tangentiellen Richtung $\bar{u}$ sei eine Funktion des Radius. Nimmt die Geschwindigkeit von außen nach innen ab, so können Flüssigkeitsteile aus dem inneren Gebiete nicht weit in die äußere Strömung eindringen, da ihre Zentrifugalkraft kleiner ist als die der äußeren Teile, und umgekehrt können sich die von außen stammenden Teile weiter innen nicht halten, sondern kehren nach außen zurück. Umgekehrt ergibt sich Instabilität, wenn die Geschwindigkeit nach innen hin genügend stark zunimmt. Für jedes reibungslos im übrigen Medium bewegte Teilchen gilt hier, da das Druckfeld genau rotationssymmetrisch ist, der Flächensatz, der mit u = Tangentialkomponente der Geschwindigkeit $u \cdot r$ = konst. geschrieben werden kann. Wenn sich ein Teilchen radial um dr verschiebt, so ändert sich demnach seine Geschwindigkeit, wie leicht zu sehen, um $-\dfrac{u}{r}\,dr$. Die mittlere Geschwindigkeit an der neuen Stelle möge sich ferner von der alten um $\dfrac{d\bar{u}}{dr}\,dr$ unterscheiden. Für eine Radialverschiebung um den Betrag l erhält man demnach in erster Näherung einen Geschwindigkeitsunterschied

$$u' = l\left(\frac{d\bar{u}}{dr} + \frac{\bar{u}}{r}\right). \tag{5}$$

Dieser Unterschied wird zu Null für die Potentialbewegung mit Zirkulation, $\bar{u} = \dfrac{\text{konst.}}{r}$. Diese spielt daher bezüglich der turbulenten Bewegungen hier dieselbe Rolle wie die Bewegung mit konstanter Geschwindigkeit bei der geradlinigen Strömung. Für ein Teilchen, das den Geschwindigkeitsunterschied u' gegen seine Umgebung aufweist, ist der Unterschied in der Zentrifugalkraft auf die Volumeneinheit gegenüber derjenigen der Umgebung $\dfrac{\varrho\,(\bar{u} + u')^2 - \bar{u}^2}{r}$, also in erster Näherung $\dfrac{2\,\varrho\,\bar{u}\,u'}{r}$. In Verbindung mit Formel (5) ergibt sich also, daß die Potentialbewegung $\bar{u}\cdot r$ = konst. gerade dem Fall des indifferenten Gleichgewichts entspricht. Wenn das Produkt $\bar{u}\cdot r$ nach außen hin zunimmt, ergibt sich stabile Anordnung, nimmt es nach außen ab, so ist die Anordnung instabil. In diesem letzteren Fall ergeben sich die Wirbelbewegungen, die für den Fall großer Zähigkeit von G. I. Taylor in einer sehr schönen Arbeit studiert worden sind[1].

Es sind jetzt wieder die beiden Arbeitsleistungen aufzustellen. Was zunächst die Arbeit gegen die Zentrifugalkraft betrifft, so ist diese für die Volumeneinheit bei einer Verschiebung um den Weg $l = \dfrac{l}{2}$ mal der eben ermittelten Zentrifugalkraftdifferenz, also

$$\frac{\varrho\,l\,\bar{u}\,u'}{r} = \varrho\,l^2\,\frac{\bar{u}}{r}\left(\frac{d\bar{u}}{dr} + \frac{\bar{u}}{r}\right).$$

Die Menge der beteiligten Flüssigkeit berechnet sich genau wie früher.

---

[1] Taylor, G. I.: Stability of a Viscous Liquid contained between two Rotating Cylinders, Phil. Trans. Roy. Soc. Bd. 223 A, S. 289. 1923.

Bei der Berechnung der zugeführten Leistung ist zu berücksichtigen, daß die Geschwindigkeit der Relativverschiebung zweier um die Längeneinheit entfernter Schnittflächen (Deformationsgeschwindigkeit) hier $\dfrac{d\bar{u}}{dr} - \dfrac{\bar{u}}{r}$ ist (gleich Null für die Drehung als starrer Körper $\bar{u} = \omega r$). Die Leistung wird dann $F\,\tau'\,l\left(\dfrac{d\bar{u}}{dr} - \dfrac{\bar{u}}{r}\right)$, wobei wieder

$$\tau' = \varrho\,\overline{u'v'} = \varrho\,l\left(\frac{d\bar{u}}{dr} + \frac{\bar{u}}{r}\right)(\beta_1 v_1 + \beta_2 v_2)$$

ist. Hiermit ergibt sich als Bedingung für die Möglichkeit der Turbulenz nach Kürzung

$$\left(\frac{d\bar{u}}{dr} + \frac{\bar{u}}{r}\right)\left(\frac{d\bar{u}}{dr} - \frac{\bar{u}}{r}\right) > \left(\frac{d\bar{u}}{dr} + \frac{\bar{u}}{r}\right)\frac{\bar{u}}{r}. \tag{6}$$

Für positives $\dfrac{d\bar{u}}{dr} + \dfrac{\bar{u}}{r}$ ergibt sich hieraus $\dfrac{d\bar{u}}{dr} > 2\,\dfrac{\bar{u}}{r}$, für negatives $\dfrac{d\bar{u}}{dr} + \dfrac{\bar{u}}{r}$ dagegen $\dfrac{d\bar{u}}{dr} < 2\,\dfrac{\bar{u}}{r}$. Die letztere Ungleichung ist aber, positives $\bar{u}$ angenommen, immer erfüllt, da ja nach Voraussetzung $\dfrac{d\bar{u}}{dr} < -\dfrac{\bar{u}}{r}$ ist.

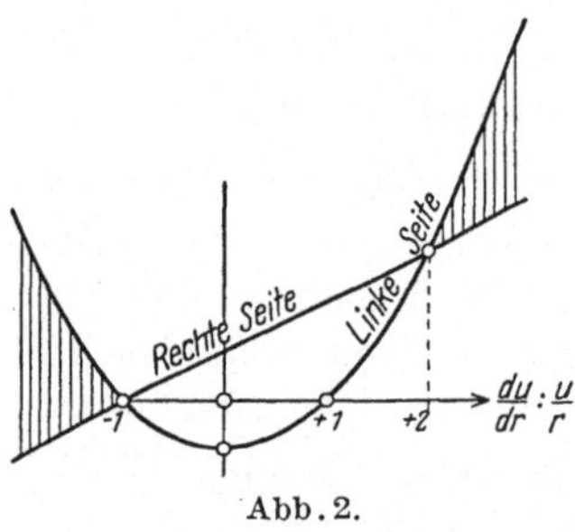

Abb. 2.

Die Verhältnisse werden bequemer übersehen, wenn man die linke und die rechte Seite der Ungleichung (6) graphisch aufträgt, etwa in der Weise, daß man vorher mit $\left(\dfrac{\bar{u}}{r}\right)^2$ durchdividiert und als Abszisse das Verhältnis $\dfrac{d\bar{u}}{dr} : \dfrac{\bar{u}}{r}$ nimmt, vgl. Abb. 2, in der die Gebiete, in denen Ungleichung (6) erfüllt ist, also Turbulenz zu erwarten ist, schraffiert sind. Will man vorübergehend spezielle Strömungen betrachten, bei denen die Geschwindigkeitsverteilung durch ein Potenzgesetz $\bar{u} = a\,r^n$ gegeben ist, so ergibt sich also das Folgende:

für	$n < -1$	Instabilität, Taylorwirbel,
,,	$n = -1$	Indifferenz, Potentialströmung,
,,	$-1 < n < +2$	Stabilität, laminare Strömung,
,,	$n = +1$	,, starre Rotation,
,,	$n > +2$	,, turbulente Strömung.

Natürlich wird erst noch durch das Experiment zu prüfen sein, ob die Grenze für die Turbulenz bei nach außen wachsenden Geschwindigkeiten wirklich bei $n = 2$ liegt oder bei einem anderen Wert. Vorläufige Versuche haben indes schon gezeigt, daß der Grenzwert nicht allzu weit von 2 abweichen wird.

Um einen Ansatz für die Schubspannung zu gewinnen, wird man wieder das Verhältnis der rechten Seite der Ungleichung (6) zu der linken Seite als Parameter einführen können. Wird dieser gleich θ_1 gesetzt, so wird man wieder

$$\tau' = \varrho\, l^2 \left(\frac{d\,\bar{u}}{d\,r} + \frac{\bar{u}}{r}\right)^2 f\,(\theta_1)$$

setzen können, wobei wieder $f(\theta_1) = 0$ zu setzen ist für $\theta_1 \geqq 1$ und etwa $= \sqrt{1 - \theta_1}$ für kleinere Werte[1]. Die letztere Beziehung ist, wie ich bemerken will, noch ohne einen greifbaren Inhalt, so lange man noch nicht weiß, wie der Mischungsweg l von θ_1 abhängt. Es müßte natürlich das Bestreben danach gehen, die Funktion $f(\theta_1)$ so zu bestimmen, daß der Mischungsweg l nur noch von der geometrischen Konfiguration des Gefäßes, nicht aber von der Geschwindigkeitsverteilung abhängt. Wie weit dies möglich sein wird, müssen die Versuche zeigen, die hierfür in Vorbereitung sind. Über diese Versuche mag nur kurz gesagt werden, daß sich Wasser zwischen zwei konzentrischen Zylindern befindet, die jeder für sich mit einer anderen Drehzahl angetrieben werden können, wobei sowohl das durch das Wasser hindurch übertragene Drehmoment gemessen als auch die Geschwindigkeits- und Druckverteilung ermittelt werden soll.

Diskussionsbemerkung zum Vortrag von L. Prandtl.
Von J. M. Burgers, Delft.

Der Einfluß einer Dichtenschichtung auf die Stabilität der Strömung ist auch schon von L. F. Richardson untersucht worden[2]. Die Ableitungen von Richardson beziehen sich auf das Problem der atmosphärischen Strömung, wobei thermodynamische Beziehungen eine Rolle spielen, und führen zu dem Resultat, daß die Turbulenz verschwinden muß, falls:

$$\frac{g}{\theta}\left(\frac{d\,\theta}{d\,h} + \frac{g}{c_p}\right) > \left(\frac{\partial\,\bar{v}_x}{\partial\,h}\right)^2 + \left(\frac{\partial\,\bar{v}_y}{\partial\,h}\right)^2,$$

wo θ die absolute Temperatur bedeutet, g die Schwerebeschleunigung, c_p die spezifische Wärme der Luft bei konstantem Druck, h die Höhe, $\bar{v}_x$, $\bar{v}_y$ die Horizontalkomponenten der mittleren Geschwindigkeit. Schreibt man $\theta_p = \theta + \dfrac{g\,h}{c_p}$, so ist θ_p die potentielle Temperatur, und das erste Glied obiger Ungleichung nimmt die Form an: $\dfrac{g}{\theta}\dfrac{d\theta_p}{d\,h}$. Eine Reihe von Beobachtungen, ausgeführt in Benson, ergaben eine befriedigende Bestätigung der Formel. Es ist ersichtlich, daß dieses Kriterium übereinstimmt mit der von Herrn Prandtl dargestellten Beziehung; es lassen sich auch die Betrachtungen von Richardson unmittelbar übertragen auf den einfacheren Fall, wo die thermische Ausdehnung keine Rolle spielt.

---

[1] Der geradlinigen Bewegung $(r = \infty)$ entspricht, wie leicht zu sehen, $\theta_1 = 0$, so daß unsere Formel hier wieder in die gewöhnliche übergeht.

[2] Richardson, L. F.: Proc. Roy. Soc. London Bd. 97, S. 354. 1920; Phil. Mag. (6) Bd. 49, S. 81. 1925.

Es sei gestattet, hier noch einige allgemeine Bemerkungen anzuknüpfen, welche auf die Formel für den Austauschkoeffizienten Beziehung haben, und zwar für den einfachsten Fall, daß die mittlere Strömung nur eine Geschwindigkeitskomponente u in der x-Richtung hat, welche Funktion ist von y, während auch die anderen zu betrachtenden Größen Funktionen von y sind. Definitionsgemäß erhält man dann den Wert des Austauschkoeffizienten in der Umgebung eines Punktes P, indem man durch P eine zur x, z-Ebene parallele Fläche S legt, und im Moment t für jeden Punkt dieser Fläche sowohl den augenblicklichen Wert von v' (d. h. die Geschwindigkeitskomponente in der y-Richtung), als den Abstand l' bestimmt, den das durch den betrachteten Punkt hindurchgehende Volumenelement seit dem letzten „Ausgleichsprozeß" in der positiven y-Richtung abgelegt hat. Dabei können im Prinzip diese Abstände l' verschieden ausfallen, je nachdem man den Ausgleich der mittleren Geschwindigkeit, oder der Temperatur, oder der Konzentration einer gelösten Substanz usw. ins Auge faßt. Für jeden besonderen Fall erhält man dann den betreffenden Austauschkoeffizienten als der Mittelwert

$$\varepsilon = \overline{v'\, l'}$$

über die Fläche S.

Nun ist der Begriff des „letzten Ausgleichs" nicht leicht einwandfrei zu fassen. Man kann jedoch, wenn wir zuerst den Ausgleich der Geschwindigkeit betrachten, in einer von G. I. Taylor[1] angegebenen Weise eine einwandfreie Formel erhalten, indem man an der Stelle von l' die Abstände l setzt, welche die betrachteten Volumenelemente seit einem gewissen Zeitpunkt $T\,(< t)$ in der positiven y-Richtung abgelegt haben. Dabei muß das Intervall $t - T$ so groß gewählt sein, daß jedes Volumenelement mindestens einen Geschwindigkeitsausgleich erlitten hat. Während v' und l' (d. h. die Geschwindigkeit in der y-Richtung im Momente t, und der in derselben Richtung seit dem letzten Ausgleich abgelegte Abstand) immer dasselbe Vorzeichen aufweisen, darf es dagegen — wenn man den Begriff des letzten Ausgleichs richtig faßt — keine Korrelation geben zwischen v' und $l - l'$. Man erhält somit

$$\overline{v'\, l'} = \overline{v'\, l} - \overline{v'\,(l - l')} = \overline{v'\, l}.$$

Die letzte Größe ist einwandfrei definiert, und kann, wie Taylor dargelegt hat, in den Formeln für den Austausch der Geschwindigkeit benutzt werden.

Taylor hat die Größe $\overline{v'\, l}$ noch mit zwei anderen Größen in Beziehung gebracht. Zuerst ist ersichtlich:

$$\overline{v'\, l} = \overline{\frac{d\, l}{d\, t}\, l} = \frac{1}{2}\, \overline{\frac{d}{d\, t}\, l^2} = \frac{1}{2}\, \frac{d}{d\, t}\, \overline{(l^2)}$$

(weil die Mittelwertbildung sich immer auf den Zustand im Moment t an der festen Fläche S bezieht, darf man die Reihenfolge von Differentiation und Mittelwertbildung vertauschen).

---

[1] Taylor, G. I.: Proc. London Math. Soc. Bd. 2, S. 196. 1922.

Andererseits hat man

$$\overline{v'\,l} = \overline{(v'_t \int_T^t v'_\tau \, d\tau)} = \int_T^t \overline{v'_t v'_\tau} \, d\tau \,,$$

wenn v'_τ die Geschwindigkeit in der y-Richtung zur Zeit τ bezeichnet, desselben Volumenelementes, worauf sich v'_t bezieht; die Mittelwertbildung ist immer auf die Fläche S zur Zeit t bezogen). Schreibt man

$$\overline{v'_t v'_\tau} = \overline{v'^2} \cdot R_{t-\tau} \,,$$

so ist

$$\overline{v'\,l} = \overline{v'^2} \int_T^t R_{t-\tau} \, d\tau = \overline{v'^2} \int_0^{t-T} R_\xi \, d\xi \,.$$

R_ξ ist ein sog. Korrelationskoeffizient; es ist dabei von der Beziehung Gebrauch gemacht, daß R_ξ eine gerade Funktion von ξ ist. Man muß natürlich annehmen, daß $\int_0^\infty R_\xi \, d\xi$ einen endlichen Wert hat; es ist eigentlich dieser Grenzwert, der den Wert von $\overline{v'\,l}$ bestimmt. Wir haben also:

$$\varepsilon = \frac{1}{2}\frac{d}{dt}\overline{(l^2)} = \overline{v'\,l} = \overline{v'^2} \int_0^\infty R_\xi \, d\xi \,.$$

Die Größe $\overline{l^2}$ ist verwandt mit einer ähnlichen Größe, welche in der Theorie der Brownschen Bewegung auftritt. Andererseits gehört der Mittelwert $\overline{v'_t v'_\tau}$ zu dem Typus von „Korrelationsmomenten", die von Keller und Friedmann in ihrer allgemeinen Theorie der Turbulenz eingeführt worden sind [1].

Bis jetzt war immer noch die Rede vom Austausch von Geschwindigkeit oder Bewegungsgröße. Wenden wir uns nun zu dem Austausch irgend einer anderen Größe, und schreiben wir für den betreffenden Austauschkoeffizienten

$$\varepsilon_i = \overline{v'\,l'_i} \,,$$

so sind zwei Fälle zu unterscheiden: Entweder geht der Austausch der betrachteten Größe langsamer vor sich als der Austausch der Geschwindigkeit; dann wird l'_i im allgemeinen von einem früheren Zeitpunkt aus gemessen sein als l', und es existiert somit keine Korrelation zwischen v' und $l'_i - l'$. Dann ist:

$$\varepsilon_i = \overline{v'\,l'} + \overline{v'(l'_i - l')} = \overline{v'\,l'} = \varepsilon \,.$$

Oder aber der Austausch der betrachteten Größe geht schneller vor sich als der Austausch von Geschwindigkeit; dann ist l'_i von einem späteren Zeitpunkt aus gemessen als l'; somit wird $l' - l'_i$ im allgemeinen dasselbe Vorzeichen aufweisen wie v', und wir haben:

$$\varepsilon_i = \overline{v'\,l'} - \overline{v'(l' - l'_i)} < \overline{v'\,l'} \quad \text{oder} \quad < \varepsilon \,.$$

---

[1] Keller, L. u. A. Friedmann: Proc. Ist. Intern. Congress Applied Mechanics, S. 395. Delft 1924.

Bei der Ableitung der Richardsonschen Gleichung hat man es zu tun mit dem Austauschkoeffizienten für Dichteunterschiede. Die Volumenelemente, die zur Zeit t durch S gehen, besitzen die Dichte

$$\varrho_P - l'_i \frac{d\varrho}{dh},$$

und werden deshalb mit der Kraft

$$- g\,l'_i \frac{d\varrho}{dh}$$

nach unten gezogen. Die pro Zeit- und Volumeneinheit gegen die Schwerkraft geleistete Arbeit beträgt deshalb:

$$- g\,\overline{v'\,l'_i} \frac{d\varrho}{dh}.$$

Nimmt man jetzt an, daß die Dichteunterschiede sich wenigstens nicht schneller ausgleichen als die Geschwindigkeitsunterschiede, so kann $\overline{v'\,l'_i}$ durch ε ersetzt werden.

Mit Rücksicht auf den letzten Punkt sei bemerkt, daß der Ausgleich von Dichteunterschieden durch reine Diffusion im allgemeinen viel langsamer vor sich geht als der Ausgleich von Geschwindigkeitsunterschieden durch die innere Reibung. Der Ausgleich von Temperaturunterschieden kann, weil $\lambda/\mu c_p$ für viele Gase etwas größer ist als 1, schneller vor sich gehen als der Ausgleich von Geschwindigkeitsunterschieden durch innere Reibung allein; da aber letzterer Ausgleich noch unterstützt wird durch die Wirkung der Druckkräfte, hat man vermutlich keine Gefahr zu befürchten.

Über turbulente Reibungsschichten an gekrümmten Wänden.

Von **A. Betz**, Göttingen.
(Aus dem Kaiser-Wilhelm-Institut für Strömungsforschung.)

Bei den Vorarbeiten zum Bau unseres jetzigen großen Windkanales hatte ich im Jahre 1915 u. a. auch die Verluste in den Umlenkecken E (Abb. 1) untersucht, um möglichst günstige Anordnungen zu finden. Es ergab sich damals, daß der Energieverlust an einer solchen Ecke im Minimum etwa 15% der kinetischen

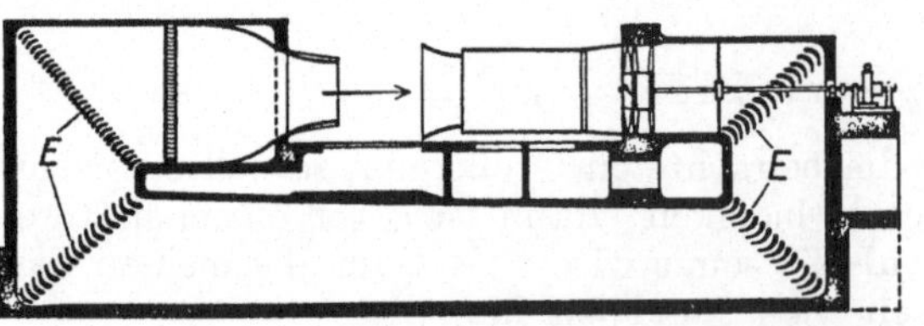

Abb. 1. Längsschnitt durch den großen Göttinger Windkanal.

Energie der durchfließenden Luft beträgt (Druckabfall bei der Umlenkung etwa $0{,}15\,\frac{\varrho}{2}\,v^2$, wobei ϱ die Dichte und v die Geschwindigkeit der Luft an der betreffenden Ecke bedeuten[1]). An sich war dieses Ergebnis ganz günstig, aber es war doch in einer Hinsicht unbefriedigend: Wenn man nämlich auf Grund der Erfahrungen mit gewöhnlichen Flügeln den Energieverlust an einer solchen Umlenkecke abschätzt, so erhält man $\frac{\varrho}{2}\,v^2\pi\varepsilon$, wobei ε die Gleitzahl des Flügels bedeutet. Da bei guten Profilen $\varepsilon = 1\tfrac{1}{2}\%$ bis 2% ist, so müßte man erwarten, mit einem Verlust von etwa 5% auskommen zu können. Man kann sich verschiedene Einflüsse denken, welche diese Differenz verschulden; u. a. lag die Vermutung nahe, daß die starke Krümmung der Stromlinien die Flügeleigenschaften verschlechtert.

Als man dann später etwas bessere Einsicht in den Mechanismus der turbulenten Grenzschichten gewann, sah ich eine Erklärungsmöglichkeit für diese an den Umlenkecken gefundene Unstimmigkeit in der Beeinflussung des turbulenten Mischungsvorganges durch die bei der Strömung auftretenden Zentrifulgalkräfte: Die schnelleren Teile der Strömung haben in stärkerem Maße als die langsameren das Bestreben, geradeaus zu fließen. Bei gekrümmter Strombahn werden daher die langsameren Teilchen nach innen, die schnelleren nach außen gedrängt. Beim Strömen längs einer Wand sind in der durch Reibung verzögerten Schicht die langsamsten Teilchen in der Nähe der Wand. Ist nun die Wand hohl gewölbt, so werden unter der Einwirkung der Zentrifugalkräfte die langsamen Teilchen von der Wand weg und die schnellen auf die Wand hin gedrängt. Es wird so der durch die Turbulenz bedingte Austausch der schnellen und langsamen Teilchen durch die Einwirkung der Zentrifugalkräfte verstärkt, die Turbulenz wird erhöht. Umgekehrt werden an einer erhaben gewölbten Wand die langsamen Teilchen nach der Wand hin, die schnellen von ihr fort gedrängt. Der turbulente Austauschvorgang wird also hier vermindert. Über die mit solchen stabilisierenden und destabilisierenden Einflüssen zusammenhängenden weiteren Folgerungen hat ja Herr Prof. Prandtl eben vorgetragen, ich brauche daher hier nicht weiter darauf einzugehen.

Zunächst hatte ich gegen die geschilderte Überlegung, wonach an einer hohl gewölbten Wand die Turbulenz verstärkt und an einer erhaben gewölbten geschwächt wird, ein starkes Bedenken: Wenn man die Strömung hinter einem Krümmer von rundem oder annähernd quadratischem Querschnitt (Abb. 2) betrachtet, so findet man auf der Innenseite

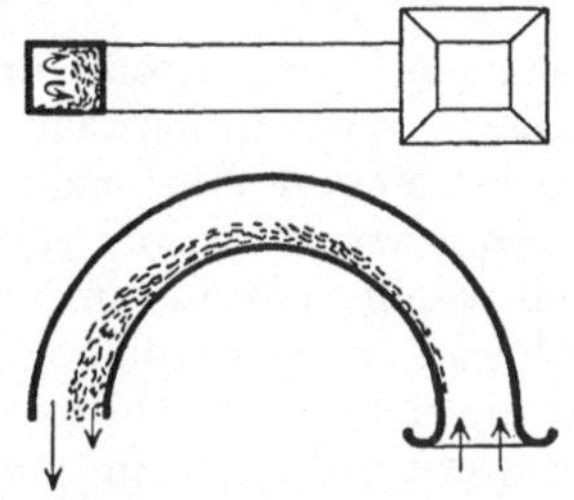

Abb. 2. Totwasserbildung an der Innenseite eines Krümmers von quadratischem Querschnitt infolge der Sekundärströmung.

des Krümmers, also auf der erhaben gewölbten, ein sehr starkes Totwasser, während nach der geschilderten Theorie auf der hohl gewölbten Außenseite verstärkte Turbulenz und damit vermehrtes Totwasser zu erwarten wäre (Abb. 3). Das starke Totwasser auf der

[1] Prandtl, L.: Ergebnisse der Aerodynamischen Versuchsanstalt zu Göttingen, 1. Lief. München: Oldenbourg 1923.

Innenseite eines gewöhnlichen Krümmers ist durch eine andere Erscheinung, die sogenannte Sekundärströmung bedingt: Die schnellen Teile drängen nach außen, verdrängen die dort befindlichen langsameren Reibungsschichten nach der Seite und längs der seitlichen Begrenzungswände nach innen (Pfeil in Abb. 2 oben). Es entstehen so zwei gegeneinander laufende Wirbel (Sekundärströmung)[1]. Dabei kommen immer neue Flüssigkeitsteilchen in die Nähe der äußeren Wand, werden hier verzögert und dann nach der inneren Wand hin gedrängt, wo sich diese langsamen Teile ansammeln. Wenn auch diese Erklärung des großen Totwassers auf der Innenseite eines Krümmers bekannt war, so daß dies also nicht ohne weiteres ein Gegenbeweis für die Wirkung der vorhin geschilderten Vorgänge in den turbulenten Reibungsschichten war, so hatte ich doch das Bedenken, daß die Wirkung der Zentrifugalkräfte auf die Turbulenz vielleicht so gering ist, daß sie nur schwer nachzuweisen und praktisch belanglos ist.

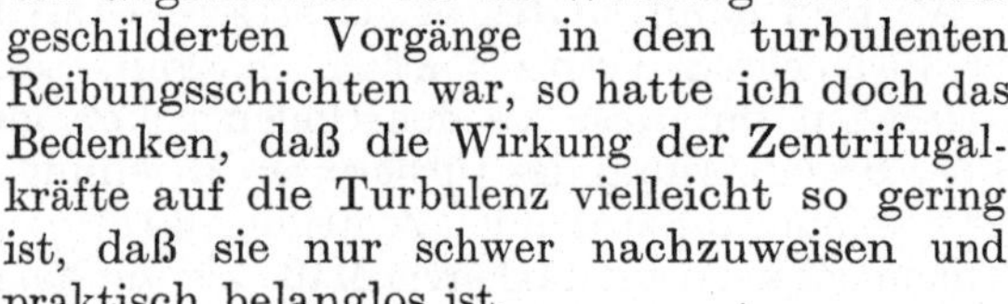

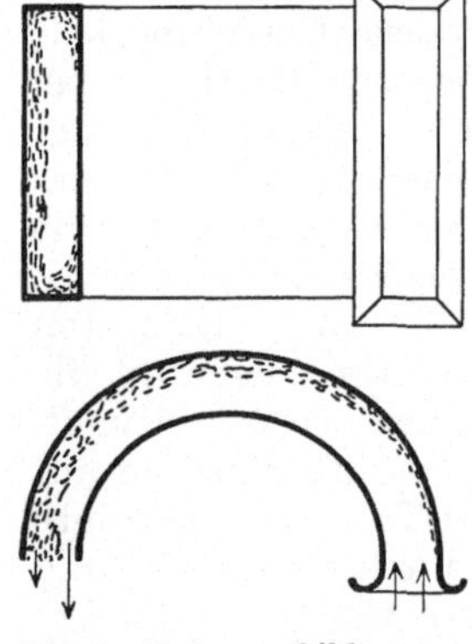

Abb. 3. Totwasserbildung an der Außenseite eines Krümmers von rechteckigem Querschnitt infolge der Turbulenzverstärkung durch die Zentrifugalkräfte.

Wenn man den Einfluß der Zentrifugalkräfte auf die Turbulenz an gekrümmten Wänden untersuchen wollte, so war es eine wesentliche Vorbedingung, die Sekundärströmung nach Möglichkeit auszuschalten. Man kann dies dadurch erreichen, daß man dem Krümmer nicht einen runden oder annähernd quadratischen Querschnitt gibt, sondern ein lang gestrecktes Rechteck als Querschnitt benützt (Abb. 3). Dadurch wird der Weg, den die an der Außenwand verzögerten Teilchen nehmen müssen, um längs der oberen und unteren Deckelfläche nach der Innenwand zu gelangen, sehr groß, und insbesondere ist im mittleren Teil der Außen- und Innenwand kein nennenswertes Druckgefälle nach den Deckelflächen hin mehr vorhanden, welches die Reibungsschichten dorthin bzw. von dort weg verschieben würde. Man kann daher erwarten, daß wenigstens in einiger Entfernung von den Deckelflächen eine annähernd ebene Strömung ohne Sekundärströmung entsteht. Tatsächlich zeigte sich auch bei den Versuchen, daß die Geschwindigkeits- und Druckverteilungen im mittleren Teil der gekrümmten Wände konstant waren; erst in der Nähe der Deckelflächen zeigten sich Abweichungen, welche auf die auf dieses Randgebiet beschränkte Sekundärströmung zurückzuführen sind.

Mit einer solchen Anordnung mußte also, wenn die Einflüsse der Zentrifugalkräfte auf die Turbulenz von merklichem Einfluß sind, das Totwasser auf der Außenseite des Krümmers stärker sein als auf der Innenseite im Gegensatz zu gewöhnlichen Krümmern, wo es umge-

---

[1] Isaachsen, L.: Innere Vorgänge in strömenden Flüssigkeiten und Gasen. Z. V. d. I. Bd. 55, S. 215. 1911.

kehrt ist (Abb. 2 und 3). Wie schon gesagt, hatte ich, beeinflußt durch
die Erfahrungen mit gewöhnlichen Krümmern, keinen sehr großen Effekt
erwartet und war sehr überrascht, als tatsächlich auf der Außenwand des
Krümmers eine ganz wesentlich dickere Reibungsschicht gefunden
wurde als auf der Innenseite. Der Effekt war so stark, daß ich nun umgekehrt Zweifel bekam, ob hier nicht unbeachtete sonstige Einflüsse
stark mitspielten. Ich weiß allerdings keine, so daß man wahrschein-
lich die Ergebnisse doch als zutreffend ansehen muß.

Die Arbeit wurde von einem meiner Doktoranden, Herrn Hugo
Wilcken, durchgeführt. Abb. 4
zeigt eine der Versuchsanordnungen.
Bei einer anderen zuvor benützten
Anordnung hatte der Krümmer bei
gleicher Kanalweite einen wesentlich kleineren Krümmungsradius.
Da wir ja zunächst befürchteten,
daß die Effekte sehr schwach sind,
hatten wir eine möglichst starke
Krümmung gewählt. Als sich aber so
unerwartet starke Effekte zeigten,
zogen wir es vor, eine schwächere
Krümmung anzuwenden. Ich hatte
nämlich das Bedenken, daß das
starke Anwachsen der Reibungsschicht an der Außenseite möglicherweise durch einen Druckanstieg an
der Außenwand gleich am Beginn
des Krümmers verursacht würde.
Im Krümmer herrscht ja infolge der
Zentrifugalkräfte an der Außenwand ein höherer Druck als auf der
Innenwand. In der geraden Strecke
vor dem Krümmer ist der Druck
auf beiden Wänden gleich. Es muß
daher in einem Übergangsgebiet

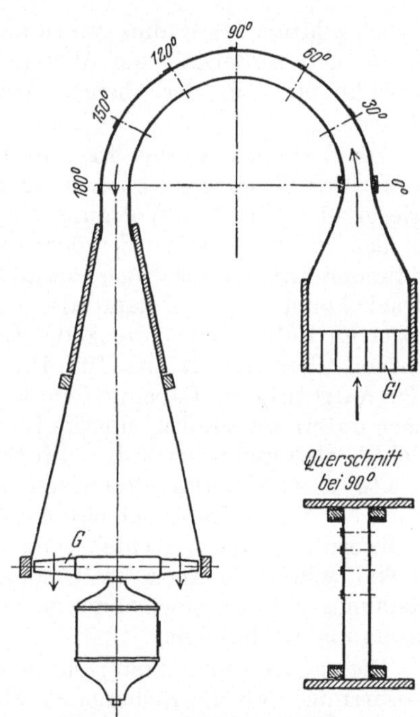

Abb. 4. Versuchsanordnung.

an der Außenwand ein Druckanstieg und an der Innenwand ein Druckabfall herrschen. Das Übergangsgebiet ist im wesentlichen proportional
der Kanalweite, es erstreckt sich also bei schwacher Krümmung und
entsprechend größerer Länge des Krümmers verhältnismäßig weniger
weit in den Krümmer hinein. Ein Vergleich der Ergebnisse mit den
beiden Krümmern deutet aber daraufhin, daß dieser Druckanstieg nicht
von erheblichem Einfluß auf die Erscheinungen war. Ich will mich
hier nur auf die in Abb. 4 dargestellte Anordnung beschränken.

Ein Schraubengebläse G saugt die Luft in der durch Pfeile angegebenen Richtung durch die Einrichtung hindurch. Zunächst tritt die
Luft durch ein System von parallelen Kanälen, einen sogenannten
Gleichrichter Gl in einen weiten Vorraum. Durch diesen Gleichrichter
werden störende Querbewegungen, die von Wirbeln im Außenraum

herrühren, weitgehend abgeschwächt. Nach dem Vorraum verengt sich der Querschnitt und die Luft tritt in den Krümmer (0^0 bis 180^0 Abb. 4) ein. Hinter dem Krümmer folgt noch eine sich erweiternde Übergangsleitung zum Gebläse. Der Krümmer, dessen Querschnitt in Abb. 4 unten rechts dargestellt ist, bestand aus zwei halbkreisförmig gebogenen Messingblechen mit hölzernen Deckelflächen oben und unten. In halber Höhe des Krümmers waren von 30^0 zu 30^0 Meßstellen angebracht, an denen sowohl der Druck an der Wand als auch durch eingeführte Meßröhrchen die Verteilung von Gesamtdruck $\left(p + \frac{\varrho}{2} v^2\right)$ und statischem Druck p längs des Radius gemessen werden konnte. Bei 90^0 wurden auch Messungen außerhalb der Mittelebene ausgeführt, um eventuelle Abweichungen von der ebenen Strömung (Sekundärströmung) festzustellen.

Die Ergebnisse sind in Abb. 5 zusammengestellt. Als Nullpunkt wurde der Gesamtdruck der ungestörten (Potential-)Strömung gewählt, wie er etwa in dem Vorraum vor dem Krümmer herrschte. An allen Stellen, wo noch keine Verzögerung der Teilchen durch Reibung stattgefunden hat, wo also noch Potentialströmung herrscht, ist der Gesamtdruck konstant. Man kann also deutlich sehen, wie weit sich die verzögerten Schichten erstrecken. In Abb. 5 sind die Druckverteilungskurven über den Radius für die verschiedenen Meßstellen von 0^0 bis 180^0 aufgetragen. Dabei ist jede folgende Kurve immer um eine Einheit nach unten verschoben, um die Kurven besser unterscheiden zu können. Bei 0^0, also gleich nach dem Eintritt herrscht noch fast über die ganze Breite des Kanales Potentialströmung. Mit zunehmendem Winkel wachsen die Reibungsschichten an den beiden Wänden, aber auf der Außenseite (Abb. 5 rechts) sehr viel stärker als auf der Innenseite (links), wie es ja auch die Theorie verlangt. Bei 180^0 sind die beiden Reibungsschichten ineinander gewachsen, es ist nirgends mehr Potentialströmung vorhanden.

Dieses Ergebnis bestätigte also bereits deutlich die theoretische Forderung, daß die Reibungsschicht an der Außenwand größer sein soll als an der Innenwand. Durch weitere Auswertung der Messung kann man aber noch einen wesentlich tieferen Einblick in die turbulenten Vorgänge in den beiden Reibungsschichten gewinnen. Durch die turbulente Vermischung der schnelleren und langsameren Teilchen entsteht ein Impulsaustausch, der in gleicher Weise wirkt, wie wenn die Zähigkeit der Flüssigkeit erhöht wäre. In dieser „scheinbaren", von der Turbulenz herrührenden, Zähigkeit hat man demnach ein Maß für die Turbulenz. Ein weiteres Maß der Turbulenz ist die von Prandtl eingeführte „mittlere freie Weglänge", von der ja auch in dem Vortrag von Herrn Prandtl die Rede war. Es ist dies im wesentlichen der Weg, den ein Teilchen quer zur Stromrichtung infolge der turbulenten Bewegung zurücklegt, bis es sich seiner neuen Umgebung angeglichen hat. Beide Größen lassen sich aus den Versuchsergebnissen ableiten. Die Messungen liefern zunächst Drücke und Geschwindigkeiten in jedem Punkt. Auf Grund einer Kontinuitätsbetrachtung erhält man auch die verhältnis-

mäßig kleinen radialen Komponenten der Geschwindigkeit. Wenn man
nun die auf ein Raumelement wirkenden Kräfte betrachtet, so sind die

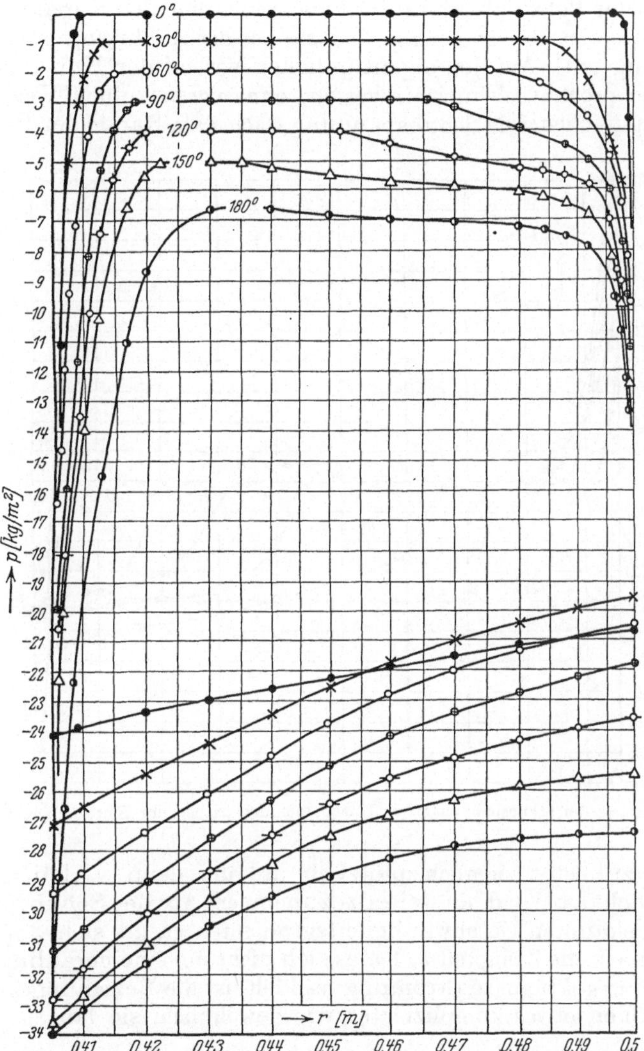

Abb. 5. Verteilung der Gesamtdrücke (obere Kurvenschar) und der statischen Drücke (untere
Kurvenschar) über den Querschnitt. Die Bezifferung der Drücke gilt für den Querschnitt 0°, die Kurven für die folgenden Querschnitte sind jeweils immer um eine Einheit weiter nach unten verschoben.

Drücke auf die Oberfläche und die ein- und austretenden Impulse auf
Grund der bekannten Geschwindigkeiten und Drücke zu ermitteln.
Die einzige noch fehlende Kraft, die von den Schubspannungen herrührt,
ergibt sich aus der Forderung, daß Gleichgewicht zwischen den Kräften

und Impulsen bestehen muß. Abb. 6 zeigt die auf diese Weise erhaltenen
Schubspannungen. Auch hier ist natürlich die größere Ausdehnung der
Reibungsschicht auf der Außenseite des Krümmers (rechts) zu erkennen.
Im Gebiet der Potentialströmung ist zwar auch eine Schubspannung vor-
handen, diese ist aber so gering, daß sie auf der Zeichnung gar nicht in
Erscheinung tritt. Auf den eigentümlichen Verlauf der Kurven auf der
Außenseite möchte ich nur hinweisen, ohne vorerst einen Erklärungs-
versuch zu machen: Die Schubspannung wächst am Rande der Potential-

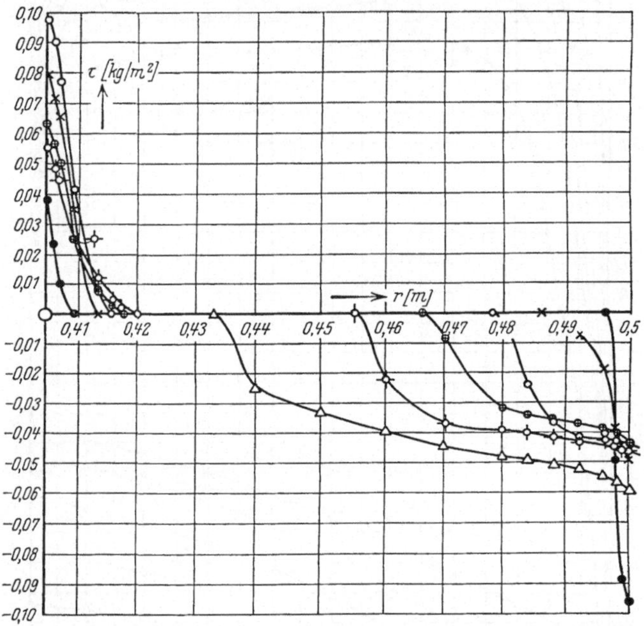

Abb. 6. Verteilung der Schubspannungen τ (Unterscheidungszeichen der Kurven wie in Abb. 5).

strömung zunächst ziemlich plötzlich an, um dann verhältnismäßig
langsam nach der Wand hin weiter zuzunehmen. Aus der Schubspannung
und den bekannten Geschwindigkeitsgradienten ergibt sich die scheinbare kinematische Zähigkeit ε. Da es sich nicht um eine geradlinige, sondern um eine gekrümmte Strömung handelt, ist die Beziehung zwischen
diesen Größen etwas komplizierter wie gewöhnlich, sie lautet

$$\tau = \varrho\,\varepsilon\left(\frac{\partial u}{\partial r} - \frac{u}{r} + \frac{\partial w}{r\,\partial\varphi}\right).$$

Dabei bedeuten τ die Schubspannung, ϱ die Dichte der Luft, ε die
scheinbare kinematische Zähigkeit, u die tangentiale und w die radiale
Komponente der Geschwindigkeit, r und φ die Polarkoordinaten des
betreffenden Punktes. Das Glied $\dfrac{\partial w}{r\,\partial\varphi}$ ist übrigens meistens vernachlässig-
bar klein.

Abb. 7 zeigt die so gefundenen Werte der scheinbaren kinematischen Zähigkeit. Man erkennt daraus, daß nicht nur die Dicke der Reibungsschichten auf den beiden Seiten verschieden ist, sondern daß auch die inneren Vorgänge in diesen Schichten verschieden sind, indem die Tur-

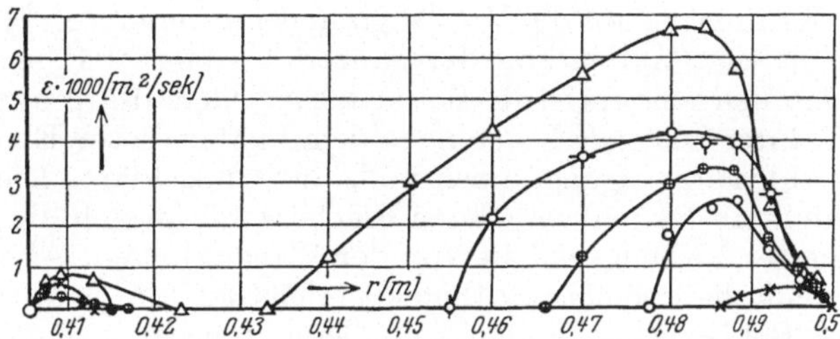

Abb. 7. Verteilung der scheinbaren kinematischen Zähigkeit ε (Unterscheidungszeichen wie in Abb. 5).

bulenz auf der Außenseite (rechts) ganz wesentlich größer ist als auf der Innenseite.

Die Beziehung zwischen der scheinbaren kinematischen Zähigkeit und der Prandtlschen freien Weglänge läßt sich für gekrümmte Stromlinien in folgender Weise ausdrücken

$$l = \sqrt{\dfrac{\varepsilon}{\left| \dfrac{\partial v}{\partial r} + \dfrac{r}{v} \right|}}\,.$$

In Abb. 8 ist dieser Wert für die Reibungsschicht an der Außenwand bei den beiden Winkeln 60° und 120° abhängig vom Wandabstand y

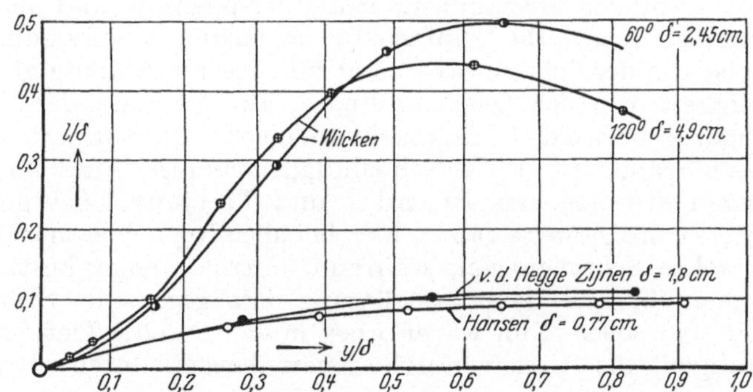

Abb. 8. Freie Weglängen der turbulenten Bewegung an ebenen und gewölbten Flächen.

aufgetragen, und zwar in dimensionsloser Form, indem sowohl die freie Weglänge l als auch der Wandabstand durch die Dicke δ der Reibungsschicht dividiert sind. Als Dicke δ ist dabei die Entfernung von der Wand bis zum Beginn der Potentialströmung genommen. Zum Vergleich sind die entsprechenden Werte der Reibungsschicht an einer ebenen

Wand nach Versuchen von v. d. Hegge Zijnen in Delft[1] und von Hansen in Aachen[2] beigefügt. Die Kurven für die beiden Winkel sind nicht sehr voneinander verschieden, dagegen zeigen sie beide die wesentlich stärkere Turbulenz gegenüber den ebenen Platten.

Die geschilderten Versuchsergebnisse zeigen deutlich den starken Einfluß der Krümmung auf die Vorgänge in den turbulenten Reibungsschichten. Von einer Aufklärung der ganzen Zusammenhänge sind wir aber noch ziemlich weit entfernt. So ist insbesondere die praktisch besonders stark interessierende Frage nach dem Einfluß dieser Erscheinungen auf die Ablösungsvorgänge noch vollständig ungeklärt. Die dickere Reibungsschicht an der hohl gewölbten Fläche würde an sich die Neigung zur Ablösung der Reibungsschicht von der Wand erhöhen. Aber gleichzeitig ist ja auch die scheinbare Zähigkeit erhöht und die damit verbundene größere Schleppwirkung der schnelleren Teilchen auf die wandnahen langsamen, wirkt der Ablösung entgegen. Es kommt also darauf an, welcher der beiden Einflüsse der stärkere ist.

Über die Entstehung der Turbulenz.

Von **W. Tollmien**, Göttingen.

(Aus dem Kaiser Wilhelm-Institut für Strömungsforschung in Göttingen.)

Nach der üblichen Anschauung setzt die Entstehung der Turbulenz mit dem Instabilwerden der Laminarströmung ein. Doch gelang es bisher nicht, diesen einfachen Gedanken theoretisch in befriedigender Weise durchzuführen. Bei den meisten derartigen Untersuchungen nahm man eine zweidimensionale Laminarströmung an, die nur von der Koordinate quer zur Strömung abhängt. Die Störungen sollen sich als Schwingungen in der Strömungsrichtung fortpflanzen und ebenfalls zweidimensional sein. Die einfachste laminare Geschwindigkeitsverteilung ist die der Couette-Strömung mit linearer Abhängigkeit der Geschwindigkeit von der Querkoordinate. Die Methode der kleinen Schwingungen gab nach den Untersuchungen von Hopf[3] und v. Mises[4] vollkommene Stabilität dieses Geschwindigkeitsprofiles. Anfachung von Schwingungen erhielten erst Prandtl und Tietjens[5] bei gewissen Profilen. Merkwürdigerweise gab es hier bei allen Reynoldsschen Zahlen auch angefachte Schwingungen, während unterhalb einer bestimmten Reynoldsschen Zahl die Laminarströmung doch gegen alle Störungen hätte stabil sein sollen. Nun waren aber in den Prandtl-Tietjensschen Untersuchungen die Geschwindigkeitsverteilungen durch Polygone

---

[1] Hegge, B. G. van der Zijnen: Measurements of the velocity distribution in the boundary layer along a plane surface. Thesis. Delft 1924.

[2] Hansen, M.: Die Geschwindigkeitsverteilung in der Grenzschicht an einer eingetauchten Platte. Z. ang. Math. Mech. Bd. 48, S. 185. 1928.

[3] Hopf, L.: Ann. Physik Bd. 44, S. 1. 1914.

[4] Mises, R. von: Beitrag zum Oszillationsproblem. Heinrich-Weber-Festschrift 1912, S. 252.

[5] Prandtl, L.: Z. ang. Math. Mech. Bd. 1, S. 431. 1921; Phys. Z. Bd. 23, S. 19. 1922. Tietjens, O.: Z. ang. Math. Mech. Bd. 5, S. 200. 1925.

angenähert; jeder Einfluß der Krümmung des Profiles, oder physikalisch gesprochen, der Änderung der Rotation des Geschwindigkeitsfeldes war durchgängig vernachlässigt. Vielleicht trat bei Berücksichtigung des Krümmungseinflusses eine Modifikation des Prandtl-Tietjensschen Ergebnisses gerade in dem physikalisch noch unbefriedigenden Punkte ein. Dieser Frage bin ich auf Anregung von Professor Prandtl nachgegangen und erhielt in der Tat das vermutete Ergebnis. Ein bestimmtes laminares Profil, wie es in Wirklichkeit beobachtet wird, erwies sich im richtigen Bereich von Reynoldsschen Zahlen als instabil.

Um den fundamentalen Einfluß der Profilkrümmung zu beleuchten, sei einiges über das Verhalten der Störungen bei großen Reynoldsschen Zahlen gesagt, und zwar gerade für den Grenzfall, daß die Störungen weder angefacht noch gedämpft werden. Roh gesprochen ist es so, daß ein Reibungseinfluß auf die Störungen nur in unmittelbarer Nähe der Wand stattfindet und nach dem Inneren rasch abklingt. Man gelangt so zu einer Art Grenzschichttheorie für die Störungen. Wenn die Krümmung des Profiles überall vernachlässigt wird, tritt in der Tat keine weitere Komplikation auf. Dagegen muß man bei endlicher Krümmung um einen ausgezeichneten Punkt im Inneren noch einen Reibungseinfluß berücksichtigen. Es ist dies der Punkt, wo die Hauptgeschwindigkeit mit der Wellengeschwindigkeit einer störenden Partialschwingung übereinstimmt. Hier bleibt also ein Flüssigkeitsteilchen beim Weiterströmen stets in derselben Störungsphase. Um diesen Punkt muß man also eine zweite Reibungsschicht für die Störungen annehmen. Würde man nämlich hier reibungslos rechnen, so erhielte man hier eine logarithmische Singularität, die Störungskomponente in der Strömungsrichtung wird logarithmisch unendlich. Berücksichtigt man hier in richtiger Weise die Reibung, so verschwindet natürlich die Singularität. Außer der Nivellierung der einen Störungskomponente tritt aber noch ein Phasensprung in derselben auf, ein Phasensprung wohlgemerkt, der auch bei Grenzübergang zur Reibung Null nicht verschwindet.

Das Zusammenwirken der beiden Reibungsschichten bestimmt wesentlich das physikalische Verhalten. Nach den Prandtl-Tietjensschen Untersuchungen wirkt die äußere Reibungsschicht in gewissen Fällen anfachend, die innere Reibungsschicht übt dagegen, wie sich jetzt herausgestellt hat, eine Dämpfung aus.

Die Stabilitätsuntersuchung wurde zahlenmäßig bei der Laminarströmung längs einer Platte durchgeführt, die in einem gleichförmigen Flüssigkeitsstrom von unendlicher Ausdehnung parallel zu diesem eingetaucht ist, wobei die Vorderkante der Platte senkrecht zur Strömungsrichtung verläuft. Diese Geschwindigkeitsverteilung wurde von Blasius nach Ansätzen von Prandtl[1] berechnet und ist dadurch charakterisiert, daß sie an der Wand mit verschwindender Krümmung

---

[1] Prandtl, L.: Über Flüssigkeitsbewegung bei sehr kleiner Reibung. Verh. d. III. Internat. Math.-Kongresses Heidelberg 1904, wieder abgedruckt in „Vier Abhandlungen zur Hydrodynamik und Aerodynamik". Göttingen 1927. Blasius, H.: Grenzschichten in Flüssigkeiten mit kleiner Reibung. Z. Math. Physik Bd. 56, S. 1. 1908.

beginnt und sich nach außen mit scharfer Asymptote an die ungestörte Geschwindigkeit (U_m) anschließt. Die Abb. 1 zeigt diese Geschwindigkeitsverteilung, wobei die Geschwindigkeit U durch die maximale Geschwindigkeit U_m, der Wandabstand y durch

$$\delta = \int_0^\infty \left(1 - \frac{U}{U_m}\right) d\,y \quad \text{(oft als ,,Ver-}$$

drängungsdicke" bezeichnet) dividiert und dimensionslos gemacht ist. Die Verformung des Geschwindigkeitsprofiles beim Weiterströmen längs der Wand durch das Anwachsen von δ kann dabei gegen die starke Veränderung der Geschwindigkeit quer zur Wand vernachlässigt werden. In den Abb. 2 und 3 ist das von den Kurven umschlossene Gebiet der erhaltene Labilitätsbereich der Störungen. α ist dabei bis auf den Faktor 2π die reziproke Wellenlänge der Störung; β_r gibt die Kreisfrequenz, $c_r = \dfrac{\beta_r}{\alpha}$

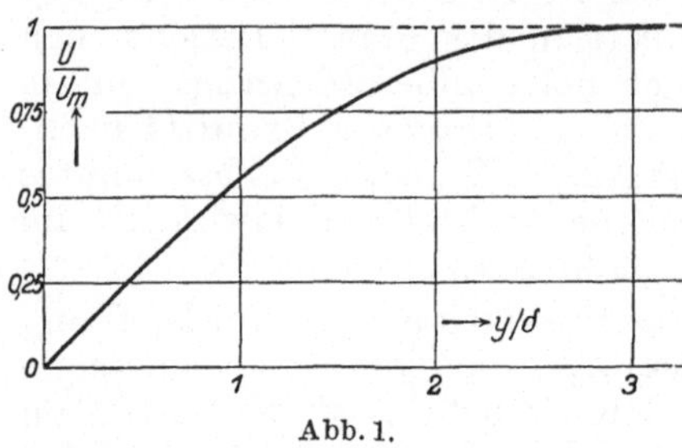

Abb. 1.

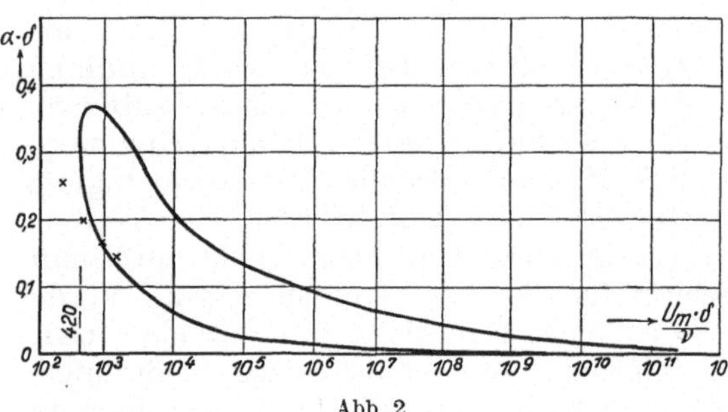

Abb. 2.

die Wellengeschwindigkeit der Störung an. Auffallend ist, daß ein außerordentlich schmaler Bereich von Schwingungen für die Laminarströmung gefährlich wird. Für die Störungsparameter existiert eine obere Grenze, nach deren Überschreitung keine Labilität mehr eintritt:

$$\alpha\,\delta = 0{,}367\,,$$
$$\frac{\beta_r\,\delta}{U_m} = 0{,}148\,,$$
$$\frac{c}{U_m} = 0{,}425\,.$$

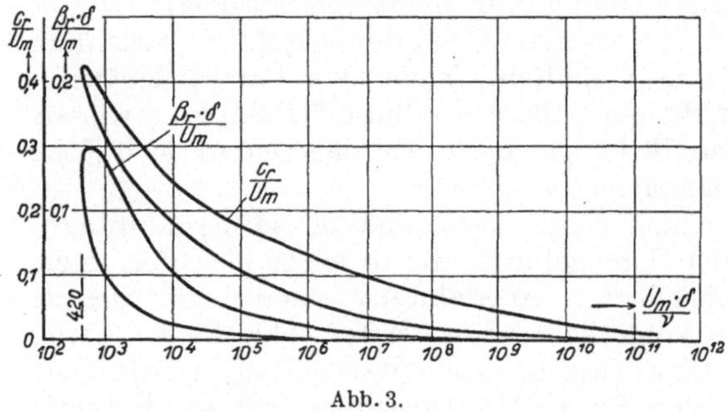

Die Wellenlängen der gefährlichen Störungen

Abb. 3.

sind dabei im Verhältnis zur Grenzschichtdicke sehr groß, das kleinste $\lambda = \dfrac{2\,\pi}{\alpha}$ ist $17{,}1\,\delta$; die untere Grenze für λ läßt sich auch unabhängig von dem örtlich veränderlichen δ durch die physikalischen Konstanten der Strömung ausdrücken und ergibt sich zu $8400\,\dfrac{v}{U_m}$. Photographische

Beobachtungen von Prandtl (l. c.) zur Entstehung der Turbulenz an einem Gerinne, bei dem ganz vorne die Strömung ähnlich der Plattenströmung ist, scheinen auch auf solche großen Wellenlängen zu deuten.

Tietjens hatte l. c. ein Profil untersucht, das von der Wand aus linear bis zum Punkte $\frac{U}{U_m} = 1$, $\frac{y}{\delta} = 2$ (Abb. 1) ansteigt und sich mit einem Knick dann konstant $\left(\frac{U}{U_m} = 1\right)$ fortsetzt. Dies Profil ist also als eine rohe Approximation des unseren anzusehen. Tietjens bekommt den einen Zweig der Gleichgewichtskurve in recht guter Näherung, wie seine in Abb. 2 durch Kreuze bezeichneten Punkte zeigen, jedoch erhält er nur den einen Zweig und damit keine Grenzen für $\alpha \delta$ noch für die Reynoldssche Zahl $R = \frac{U_m \delta}{\nu}$, was an der Vernachlässigung des Krümmungseinflusses liegt.

Als untere Grenze der Reynoldsschen Zahlen des Labilitätsbereiches erhalten wir $R = 420$. Von den Experimentatoren[1] wurde die kritische Zahl um 950 (umgerechnet nach unserer Definition von R) gefunden. Da nach unserer Rechnung bei $R = 420$ gerade noch eine einzige Partialschwingung existiert, die nicht gedämpft wird, während beim experimentell ermittelten Umschlagspunkt schon ein erhebliches Anwachsen der Störungen erfolgt ist, so kann man von einer recht guten Übereinstimmung der Rechnungsergebnisse mit dem Experiment reden.

Für die Einzelheiten der Rechnung muß auf die Veröffentlichung in den Göttinger Nachrichten[2] verwiesen werden. Die Fortführung der Untersuchung ist in Angriff genommen, insbesondere werden die Größe der Anfachung und Dämpfung, die Verteilung der Störungsamplitude und damit das Stromlinienbild der gestörten Strömung betrachtet und die Stabilität anderer Geschwindigkeitsprofile studiert werden. Geplant sind im Göttinger Institut auch Versuche, die durch Anbringung künstlicher Störungen die theoretischen Ergebnisse über den kritischen Störungsbereich nachprüfen sollen.

Über die Anwendung der statistischen Mechanik auf die Theorie der Turbulenz.

Von **J. M. Burgers**, Delft.

1. Es ist bekannt, daß im Falle einer turbulenten Strömung die Berechnung der Geschwindigkeitsverteilung der mittleren Bewegung und des Druckgefälles die Kenntnis gewisser Mittelwerte von aus den Pulsationsgeschwindigkeiten gebildeten Größen erfordert. Die Berechnung der Pulsationsgeschwindigkeiten unmittelbar als Funktionen der Zeit

---

[1] Burgers, J. M.: Proc. of the First Intern. Congress for Applied Mechanics, S. 113. Delft 1924. van der Hegge Zijnen, B. G.: Thesis. Delft 1924. Hansen, M.: Z. ang. Math. Mech. Bd. 8, S. 185. 1928.

[2] Nachrichten der Gesellschaft der Wissenschaften zu Göttingen, Math.-phys. Klasse 1929, S. 21.

ist als ausgeschlossen zu betrachten; der einzige Weg zur Bestimmung der erwähnten Mittelwerte erscheint die Anwendung von Methoden aus der statistischen Mechanik. Vorschläge in dieser Richtung sind schon früher gemacht worden[1]; eine endgültige Lösung ist aber bis jetzt nicht gefunden. Die folgenden Zeilen sind als ein Versuch zu betrachten, die hier auftretenden Probleme in schärferer Weise zu formulieren, wobei namentlich die Frage nach der Abzählung der möglichen Strömungsformen in Betracht gezogen werden soll[2].

Wir beschränken uns auf die zweidimensionale Bewegung in einem Kanal zwischen zwei festen Wänden. Es ist zwar möglich, daß die in Wirklichkeit immer auftretenden Bewegungen in der Richtung der dritten Dimension einen bestimmten Einfluß auf die Turbulenz haben; in Anbetracht der verwickelten Formeln, welche die Behandlung des dreidimensionalen Falles erfordert, scheint es angemessen, vorläufig nur rein zweidimensionale Bewegungen zu betrachten.

Es wird angenommen, daß die Flüssigkeitsmenge Q, welche in der Zeiteinheit und pro Höheneinheit durch einen Querschnitt des Kanals strömt, gegeben ist, und daß die mittlere oder Hauptbewegung von der Zeit unabhängig ist. Die mittlere Bewegung kann deshalb in jedem beliebigen Punkt des Feldes als Zeitmittel über ein bestimmtes genügend großes Intervall $t_0 < t < t_0 + T$ definiert werden. Wenn u, v die Komponenten der wirklichen Bewegung darstellen, $\bar{u}, \bar{v}$ diejenigen der Hauptbewegung, und

$$u = \bar{u} + u', \qquad v = \bar{v} + v' \tag{1}$$

gesetzt wird, so sind u', v' die Komponenten der Pulsationsgeschwindigkeit. Die Geschwindigkeitskomponenten verschwinden an den Wänden des Kanals. Wenn wir die x-Achse entlang der Kanalachse legen, so ist überdies $\bar{v} = 0$, während $\bar{u}$ von x unabhängig ist.

Auf Grund der von Reynolds und Lorentz abgeleiteten Gleichungen für die Hauptbewegung erhalten wir in unserem Falle die bekannte Beziehung:

$$\mu \frac{d\bar{u}}{dy} - \varrho\, \overline{u'v'} = -\, Jy, \tag{2}$$

wo $\overline{u'v'}$ den (von x unabhängigen) zeitlichen Mittelwert von $u'v'$ bedeutet, und J das Druckgefälle darstellt.

Zur Vereinfachung der Schreibweise werden wir die Breite b des Kanals gleich 1 setzen, ebenso die mittlere Geschwindigkeit V der gesamten Menge und die Dichte ϱ der Flüssigkeit. Es wird somit auch $Q = 1$. Nach dem Reynoldsschen Ähnlichkeitsgesetz muß man dann die Viskositätskonstante μ ersetzen durch den reziproken Wert der Reynoldsschen Zahl, d. h. durch: $\dfrac{\mu}{\varrho\,Vb} = R^{-1}$.

---

[1] Man vgl. z. B. von Kármán, Th.: Z. ang. Math. Mech. Bd. 1, S. 250. 1921; Proc. 1st Intern. Congress for Applied Mech., p. 105. Delft 1924; Mises, R. von: Z. ang. Math. Mech. Bd. 1, S. 428. 1921; Burgers, J. M.: Proc. Acad. Amsterdam Bd. 26, S. 582. 1923.

[2] Man vgl. Burgers, J. M.: Proc. Acad. Amsterdam Bd. 32, S. 414, 643, 818. 1929.

Wir führen die Stromfunktion ψ der Pulsationsgeschwindigkeit ein;
dann ist:

$$u' = \frac{\partial \psi}{\partial y}, \qquad v' = -\frac{\partial \psi}{\partial x}. \tag{3}$$

Die Funktion ψ erfüllt an den Wänden die Bedingungen:

$$\psi = \frac{\partial \psi}{\partial y} = 0. \tag{4}$$

Weiter schreiben wir:

$$-u'v' = \frac{\partial \psi}{\partial x}\frac{\partial \psi}{\partial y} = t; \qquad -\overline{u'v'} = \overline{t}. \tag{5}$$

Die Gl. (2) nimmt jetzt die Form an:

$$R^{-1}\frac{d\overline{u}}{dy} + \overline{t} = -Jy. \tag{6}$$

Wir multiplizieren diese Gleichung mit y, und integrieren sie nach
y von $-\frac{1}{2}$ bis $+\frac{1}{2}$; nach einer kleinen Umformung und unter Anwendung der Randbedingungen $\overline{u}(-\frac{1}{2}) = \overline{u}(+\frac{1}{2}) = 0$ erhalten wir
dann:

$$J = 12\,(R^{-1} - \smallint dy\, y\,\overline{t}). \tag{7}$$

Einsetzen dieses Ausdrucks in Gl. (6) ergibt:

$$\frac{d\overline{u}}{dy} = -12y\,(1 - R\smallint dy\, y\,\overline{t}) - R\,\overline{t}. \tag{8}$$

Diese Gleichungen zeigen, in welcher Weise man die anfangs erwähnten
Daten (Verteilung der Geschwindigkeit der Hauptbewegung und Druckgefälle) berechnen kann, sobald die von den Pulsationsgeschwindigkeiten abhängige Größe $\overline{t}$ bekannt ist.

2. Geometrische Abbildung des Strömungsfeldes der
Pulsationsbewegungen. Für die Anwendung der statistischen
Methode ist es erforderlich, eine Beschreibung des Feldes der Pulsationsbewegungen zu erhalten, die nur eine endliche Anzahl von Para-
metern enthält. Wir betrachten dazu in unserem Kanal einen Abschnitt
von großer Länge L; in diesem Abschnitt legen wir ein quadratisches
Punktgitter hinein, mit der Maschenweite ε. Die Anzahl N der Gitterpunkte wird also von der Ordnung L/ε^2.

Wenn die Maschenweite ε genügend klein ist, so dürfen wir annehmen, daß das Feld der Pulsationsgeschwindigkeiten mit genügender Genauigkeit beschrieben werden kann durch die Werte der Stromfunktion ψ in den Gitterpunkten. Wir bezeichnen diese Werte mit
$\psi_1, \psi_2, \ldots, \psi_k, \ldots, \psi_N$ (wo die Gitterpunkte in einer vorgeschriebenen
Weise numeriert erscheinen). Der augenblickliche Zustand des Feldes
der Pulsationsgeschwindigkeiten wird dann durch das System von
N Zahlen ψ_k dargestellt.

Jetzt teilen wir den Zeitraum $t_0 < t < t_0 + T$, der als Grundlage
für die Bestimmung der Mittelwerte diente, in M Teile T/M, wo M so
groß gewählt wird, daß die Änderung des Feldes innerhalb eines Inter-
valles zu vernachlässigen ist. Nehmen wir nun an, daß im zentralen

Moment jedes Intervalls die N Werte ψ_k der Stromfunktion in allen Gitterpunkten bestimmt werden, so erhalten wir M Zahlensysteme, die die „Geschichte" des Feldes der Pulsationsgeschwindigkeiten im Zeitraum $t_0 < t < t_0 + T$ beschreiben.

Wir bilden diese M Zahlensysteme ab in einem N-dimensionalen Raum, worin die ψ_k als Koordinaten erscheinen. In diesem Raum erhalten wir somit eine Gruppe von M Punkten.

Es ist leicht ersichtlich, daß wir zeitliche Mittelwerte jetzt auch definieren können als Zahlmittel in bezug auf diese M Punkte.

Wir teilen unseren N-dimensionalen ψ-Raum in Zellen von gleichen, genügend kleinen Volumen ω ein[1]. Das Zentrum jeder Zelle stellt dann eine bestimmte Konfiguration des Feldes der Pulsationsgeschwindigkeiten dar. Wir betrachten Konfigurationen, die durch Punkte innerhalb einer und derselben Zelle dargestellt werden, als unter sich gleich, und zählen die Anzahl der Punkte in den verschiedenen Zellen. In dieser Weise erhalten wir ein System von Zahlen $n_0, n_1, n_2, \ldots$ (n_0 beziehe sich auf die Zelle, deren Mittelpunkt zusammenfällt mit dem Punkt $\psi_1 = \psi_2 = \ldots = \psi_N = 0$, und die vollständige Abwesenheit von Pulsationen darstellt); diese Zahlen bestimmen, wie oft jede Konfiguration des Feldes der Pulsationsgeschwindigkeiten im Zeitraum $t_0 < t < t_0 + T$ auftritt. Die Anzahl der Zellen ist unendlich groß. Es ist aber $\sum n_i = M$; es wird also n_i gleich Null sein für eine unendlich große Anzahl von Zellen. Zur Vereinfachung unserer weiteren Überlegungen werden wir annehmen, daß es genügt, nur einen endlichen Teil des N-dimensionalen ψ-Raums zu betrachten. Es sei die Anzahl der Zellen innerhalb dieses Teils gleich P; dann erhalten wir ein endliches Zahlensystem $n_0, n_1, \ldots, n_{P-1}$.

Für die Bestimmung der Mittelwerte — d. h. also für die Bestimmung der statistischen Eigenschaften unseres mechanischen Systems — genügt die Kenntnis der Zahlen $n_0, \ldots, n_{P-1}$. Wir werden sagen, daß diese Zahlen einen bestimmten statistischen Zustand kennzeichnen. Die Reihenfolge, in welcher die verschiedenen Konfigurationen des Feldes der Pulsationsgeschwindigkeiten in Wirklichkeit erscheinen, spielt dabei keine Rolle.

3. Wir schreiben noch: $n_i = M \nu_i$. Es ist dann:

$$\sum_i \nu_i = 1 . \tag{9}$$

Der Mittelwert $\bar{t}$ wird jetzt bestimmt durch die Formel:

$$\bar{t}_k = \sum_i \nu_i \, t_{k\,i} . \tag{10}$$

Es bezeichnet hier t_{ki} den Wert, welche die Größe t im Punkte k des im Kanal gelegten Gitters annimmt, wenn die Konfiguration des Feldes der Pulsationsgeschwindigkeiten bestimmt wird durch das Zentrum der i-ten Zelle im ψ-Raum. $\bar{t}_k$ bezeichnet den gesuchten Mittelwert von t im Punkte k des Gitters.

---

[1] Bezüglich der Festsetzung eines konstanten Volumens für alle Zellen des ψ-Raumes vgl. man Burgers: l. c. S. 420, 656, 833.

Wir werden annehmen, daß dieser Mittelwert unabhängig ist von der Koordinate x.

In den Formeln (7), (8) ersetzen wir jetzt die Integration nach den Koordinaten durch Summation in bezug auf die Punkte des Gitters. Wenn wir von dem Umstand Gebrauch machen, daß $\bar{t}$ von x unabhängig ist, so können wir schreiben:

$$\int dy\, y\,\bar{t} = \frac{1}{L}\iint dx\,dy\,y\,\bar{t} = \frac{\varepsilon^2}{L}\sum_k y_k \bar{t}_k\,.\qquad(11)$$

Für $\bar{t}_k$ wird sodann der Wert (10) eingesetzt.

In dieser Weise erhalten wir die folgenden Formeln, welche das Druckgefälle und die Verteilung der Geschwindigkeit der Hauptbewegung liefern für eine gegebene Verteilung der Zahlen n_i, d. h. also für einen gegebenen statistischen Zustand unseres Systems:

$$J = 12\left(R^{-1} - \frac{\varepsilon^2}{L}\sum_k\sum_i \nu_i\, y_k\, t_{ki}\right),\qquad(12)$$

$$\left(\frac{d\bar{u}}{dy}\right)_k = -12\, y_k\left(1 - \frac{R\,\varepsilon^2}{L}\sum_l\sum_i \nu_i\, y_l\, t_{li}\right) - R\sum_i \nu_i\, t_{ki}\,.\qquad(13)$$

Nun erhebt sich die Frage: welches Zahlensystem n_i ergibt uns diejenigen Werte, welche wir in Wirklichkeit beobachten?

Die statistische Methode gibt auf diese Frage folgende Antwort: Wir müssen alle möglichen Zahlensysteme $(n_i)_s$ aufsuchen; jedem System erteilen wir ein Gewicht γ_s. Dann bestimmen wir die „statistischen Mittelwerte":

$$\bar{n}_i = \frac{\sum\limits_s (n_i)_s\gamma_s}{\sum\limits_s \gamma_s}\,,\qquad \bar{\nu}_i = \frac{\sum\limits_s (\nu_i)_s\gamma_s}{\sum\limits_s \gamma_s}\,.\qquad(14)$$

Mit Hilfe dieser Werte können wir den „statistischen Mittelwert von J" berechnen:

$$\bar{J} = 12\left(R^{-1} - \frac{\varepsilon^2}{L}\sum_k\sum_i \bar{\nu}_i\, y_k\, t_{ki}\right).\qquad(15)$$

Es wird angenommen, daß dieser statistische Mittelwert den wirklichen Wert darstellt.

Wir haben also folgende Fragen zu untersuchen:

a) Wodurch werden die möglichen Zahlensysteme n_i gekennzeichnet?
b) Wie wird das Gewicht γ bestimmt?

4. Als mögliche statistische Zustände unseres Systems werden wir diejenigen Zustände betrachten, welche der sog. Dissipationsbedingung genügen, die ausdrückt, daß die Pulsationsbewegungen im Mittel in der Zeiteinheit gerade so viel Energie von der Hauptbewegung erhalten, als sie zufolge der inneren Reibung verlieren. Diese Bedingung wird ausgedrückt durch die Formel:

$$-\iint dx\,dy\,\overline{u'\,v'}\,\frac{d\bar{u}}{dy} = R^{-1}\iint dx\,dy\,\overline{\left(\frac{\partial v'}{\partial x} - \frac{\partial u'}{\partial y}\right)^2}\,.\qquad(16)$$

Wir schreiben:

$$\left(\frac{\partial v'}{\partial x} - \frac{\partial u'}{\partial y}\right)^2 = (- \varDelta\, \psi)^2 = z\,;$$

$$\overline{\left(\frac{\partial v'}{\partial x} - \frac{\partial u'}{\partial y}\right)^2_k} = \bar{z}_k = \sum' v_i z_{ki}\,.$$

Wenn wir wieder die Integrationen durch Summationen ersetzen, und die Formeln (5), (10) und (13) benutzen, so erhalten wir diese Bedingung in der Form einer Beziehung zwischen den Größen v_i:

$$F \equiv \frac{\varepsilon^2}{L} \sum_k (\sum_i v_i t_{ki})^2 - \frac{12\,\varepsilon^4}{L^2} (\sum_k \sum_i v_i y_k t_{ki})^2 +$$

$$+ \frac{12\,\varepsilon^2}{RL} \sum_k \sum_i v_i y_k t_{ki} + \frac{\varepsilon^2}{R^2 L} \sum_k \sum_i v_i z_{ki} = 0\,. \tag{17}$$

Wir führen jetzt einen P-dimensionalen Raum ein, den v-Raum, mit den Koordinaten $v_0, v_1, \ldots, v_{P-1}$. Jeder Punkt dieses Raumes bezeichnet einen statistischen Zustand unseres Systems. Die möglichen Zustände sind nun diejenigen, welche den Bedingungen genügen:

$$\left.\begin{array}{c} \sum_i v_i - 1 = 0\,, \\[4pt] F\,(v_i) = 0 \\[4pt] v_i \geqq 0\,. \end{array}\right\} \tag{18}$$

und dazu noch:

Die erste Gleichung stellt eine Ebene dar, die zweite eine Fläche zweiten Grades. In der Gleichung $F(v_i) = 0$ tritt die Koordinate v_0 nicht auf, weil für $i = 0$ alle ψ_{k0} zu Null werden, was auch das Verschwinden von t_{k0}, z_{k0} für alle k mitbringt. Im $(P-1)$-dimensionalen Raum der Koordinaten $v_1 \ldots v_{P-1}$ ist die Fläche $F = 0$ ein Ellipsoid. Es ist nämlich nach der Schwarzschen Ungleichung:

$$\left[\sum_k y_k^2\right] \cdot \left[\sum_k (\sum_i v_i t_{ki})^2\right] > \left[\sum_k y_k (\sum_i v_i t_{ki})\right]^2\,,$$

oder:

$$\frac{\varepsilon^2}{L}\left[\sum_k (\sum_i v_i t_{ki})^2\right] - \frac{12\,\varepsilon^4}{L^2}\left[\sum_k \sum_i v_i y_k t_{ki}\right]^2 > 0\,. \tag{19}$$

Die Glieder zweiten Grades in F bilden also eine positiv definite Form.

Wir schreiben jetzt die in Gl. (14) auftretenden Summen als Integrale, wie z. B.:

$$\sum_s \gamma_s = \int \ldots \int dv_0 \, dv_1 \ldots dv_{P-1} \gamma\,(v_i)\,, \tag{20}$$

wo die Integration sich erstreckt auf alle Werte der Veränderlichen v_i, welche den Bedingungen (18) genügen. Nach einer von Gibbs angegebenen Methode kann man dieses Integral durch ein anderes ersetzen, das über den ganzen Raum der positiven v_i-Werte erstreckt ist.

Wir betrachten dazu das Integral:

$$I\,(A, B) = \int \ldots \int dv_0 \, dv_1 \ldots dv_{P-1} \gamma\,(v_i)\,,$$

wo die Integration sich erstreckt auf alle Werte der Veränderlichen v_i, welche den Bedingungen genügen:

$$\sum_i v_i - 1 = A\,, \qquad F\,(v_i) = B\,, \qquad v_i \geqq 0\,.$$

Wenn A vergrößert wird, so nimmt der Abstand der Ebene $\sum_i \nu_i - 1 = A$ vom Ursprung zu; wird B vergrößert, so dehnt sich die Fläche $F(\nu_i) = B$. Wir dürfen erwarten, daß das Integral $I(A, B)$ gleichzeitig mit A und B anwächst, und angesichts der großen Zahl von Koordinaten des ν-Raums selbst außerordentlich stark anwächst. Dann wird die Funktion:

$$I(A, B) \cdot e^{-\alpha A - \beta B}$$

ein sehr scharfes Maximum aufweisen für diejenigen Werte A_0, B_0, welche den Gleichungen:

$$\alpha I = \frac{\partial I}{\partial A}, \qquad \beta I = \frac{\partial I}{\partial B}$$

genügen.

Nehmen wir jetzt an, daß die Koeffizienten α, β so bestimmt sind, daß dieses Maximum auftritt für $A_0 = 0$, $B_0 = 0$. Dann wird im Integral:

$$Z = \int\limits_0^\infty \ldots \int\limits_0^\infty d\nu_0 \, d\nu_1 \ldots d\nu_{P-1} \, \gamma(\nu_i) \, e^{-\alpha(\Sigma \nu_i - 1) - \beta F(\nu_i)} \tag{21}$$

nur derjenige Teil des ν-Raums in beträchtlicher Weise beitragen, der den Bedingungen genügt:

$$\sum_i \nu_i - 1 = 0, \qquad F(\nu_i) = 0,$$

d. h. also derselbe Teil, auf welchen sich das Integral (20) bezog.

Demzufolge dürfen wir erwarten, daß wir für die angenäherte Bestimmung von statistischen Mittelwerten wie $\overline{\nu}_i$ eine Formel von folgendem Typus anwenden dürfen:

$$\overline{\nu}_i \cong \frac{\int \ldots \int d\nu_0 \ldots d\nu_{P-1} \, \nu_i \, \gamma(\nu) \, e^{-\alpha(\Sigma \nu - 1) - \beta F(\nu)}}{\int \ldots \int d\nu_0 \ldots d\nu_{P-1} \, \gamma(\nu) \, e^{-\alpha(\Sigma \nu - 1) - \beta F(\nu)}}, \tag{22}$$

worin die Integrationen nunmehr über den ganzen (positiven) ν-Raum zu erstrecken sind.

Zur Bestimmung der Faktoren α, β können wir jetzt von folgender Überlegung Gebrauch machen: jeder zugelassene statistische Zustand sollte den Bedingungen (18) genügen. Es muß also jedenfalls

$$\overline{\sum_i \nu_i - 1} = 0, \qquad \overline{F(\nu_i)} = 0$$

sein. Diese Mittelwerte erhält man aber aus den Formeln:

$$\overline{\sum_i \nu_i - 1} = \frac{1}{Z} \int \ldots \int d\nu_0 \ldots d\nu_{P-1} \, (\Sigma \nu - 1) \, \gamma(\nu) \, e^{-\alpha(\Sigma \nu - 1) - \beta F(\nu)} =$$

$$= -\frac{1}{Z} \frac{\partial Z}{\partial \alpha},$$

$$\overline{F(\nu_i)} = \frac{1}{Z} \int \ldots \int d\nu_0 \ldots d\nu_{P-1} \, F(\nu) \, \gamma(\nu) \, e^{-\alpha(\Sigma \nu - 1) - \beta F(\nu)} = -\frac{1}{Z} \frac{\partial Z}{\partial \beta}.$$

Wir werden also dazu geführt, zu fordern, daß α, β den Bedingungen:

$$\frac{\partial Z}{\partial \alpha} = 0, \qquad \frac{\partial Z}{\partial \beta} = 0 \tag{23}$$

genügen sollen.

5. Es bleibt jetzt die Frage zu erörtern nach dem Gewicht, das wir die verschiedenen möglichen statistischen Zuständen beilegen sollen. Diese Frage bildet den schwierigsten Teil unserer Aufgabe.

Eine Möglichkeit bietet sich dar, das Gewicht zu bestimmen durch die Anzahl der verschiedenen Reihenfolgen, worin die M Punkte im ψ-Raum zu einer „Geschichte" des Feldes im Zeitraum $t_0 < t < t_0 + T$ angeordnet werden können. Diese Anzahl ist gegeben durch den bekannten Ausdruck:

$$\frac{M!}{(n_0)!\,(n_1)!\ldots(n_{P-1})!}.$$

Unter Anwendung der Stirlingschen Approximation erhalten wir dann für γ die angenäherte Formel:

$$\gamma \cong e^{M(\lg M - \Sigma\,\nu_i\lg\nu_i)}. \tag{24}$$

Vom physikalischen Standpunkt konnte man dagegen einwenden, daß tatsächlich die M augenblicklichen Zustände des Feldes nicht in jeder beliebigen Reihenfolge angeordnet werden können, wenn man die Intervalle T/M als sehr klein ansetzt; möglicherweise ist es nur erlaubt, nicht zu sehr verschiedene Felder unter sich zu permutieren. Die Formel (24) würde dann ein zu großes Gewicht liefern. Als äußerstes Gegenstück könnte man vielleicht auch die Annahme

$$\gamma = 1 \tag{25}$$

untersuchen.

Die Auswertung der Integrale (22) auf Grundlage der einen oder der anderen Formel für γ scheint schwierig. Im Falle der Formel (24) kann man jedoch einen angenäherten Ausdruck für $\overline{\nu_i}$ erhalten, indem man Gebrauch macht von der Tatsache, daß die Exponentialfunktion

$$e^{M(\lg M - \Sigma\,\nu_i\lg\nu_i) - \alpha(\Sigma\,\nu_i - 1) - \beta F(\nu_i)}$$

in einem bestimmten Punkt des ν-Raumes ein sehr scharfes Maximum hat. Dieser Punkt bestimmt sich aus den Gleichungen:

$$- M\,(\lg\nu_i + 1) - \alpha - \beta\frac{\partial F}{\partial\nu_i} = 0. \tag{26}$$

Weil dieser Punkt sodann maßgebend ist für die Werte der $\overline{\nu_i}$, ergeben die Gl. (26) sofort die Werte der letzteren Größen. Die Werte von α und β werden dann erhalten aus den Beziehungen:

$$\Sigma\,\overline{\nu_i} - 1 = 0, \qquad F(\overline{\nu_i}) = 0, \tag{27}$$

welche jetzt an die Stelle der Gl. (23) treten.

Aus Gl. (26) erhält man (mit einer neuen Konstanten A):

$$\overline{\nu_i} = A\,e^{-\frac{\beta}{M}\frac{\partial F}{\partial\nu_i}}. \tag{28}$$

Diese Beziehung stellt eine implizite Gleichung für die $\overline{\nu_i}$ dar. Sie ergibt zu einer interessanten Bemerkung Anlaß: Die Forderung der Konvergenz der Summe $\Sigma\overline{\nu_i}$ bringt mit sich die Bedingung, daß die Größen $\beta\,\partial F/\partial\nu_i$ für die weiter entfernten Zellen des ψ-Raums unbeschränkt große positive Werte annehmen sollen, damit die Exponentialfunktion hier genügend schnell gegen Null geht. Es ist nun:

$$\frac{\partial F}{\partial v_i} = \frac{\varepsilon^2}{L} \sum_k \left(R^{-2} z_{ki} - \varphi_k t_{ki} \right), \tag{29}$$

wo geschrieben ist:

$$\varphi_k = \frac{24\,\varepsilon^2}{L}\, y_k \sum_l \sum_j \overline{v_j}\, y_l\, t_{lj} - 2 \sum_j \overline{v_j}\, t_{kj} - \frac{12\, y_k}{R}. \tag{30}$$

Für die hier eingeführte Funktion φ_k können wir auch schreiben:

$$\varphi_k = \frac{24\,\varepsilon^2}{L}\, y_k \sum_l y_l\, \overline{t_l} - 2\, \overline{t_k} - \frac{12\, y_k}{R}$$

oder:

$$\varphi = 24\, y \int\limits_{-\frac12}^{+\frac12} dy\, y\, \overline{t} - 2\, \overline{t} - 12\, y\, R^{-1}. \tag{30a}$$

Es ist ersichtlich, daß φ eine Funktion von y darstellt, die durch die Zahlen $\overline{v_j}$ vollständig bestimmt ist, und nicht von der Lage der i-ten Zelle im ψ-Raum abhängt. Es ist also $\partial F/\partial v_i$ als eine homogene Funktion zweiten Grades in den ψ_k zu betrachten.

Weil nun z_{ki} immer positiv ist, t_{ki} dagegen sowohl positiv als negativ sein kann, ist es erstens erforderlich, daß $\beta > 0$ ist; zweitens muß φ der Bedingung genügen, daß

$$\iint dx\, dy \left(\frac{1}{R^2} (\varDelta\, \psi)^2 - \varphi\, \frac{\partial \psi}{\partial x}\, \frac{\partial \psi}{\partial y} \right) > 0 \tag{31}$$

sein soll für alle Funktionen ψ, die den Randbedingungen (4) genügen. Wäre dies nicht der Fall, so könnte man im ψ-Raum Richtungen finden, in denen $\partial F/\partial v_i$ unbeschränkt große negative Werte annahm. Eine allgemeine Untersuchung der Bedingung (31) ist mir nicht gelungen. Mit Hilfe einer speziellen Wahl für ψ kann man aber zeigen, daß wenn φ eine monotone Funktion ist, sie zumindestens der Bedingung genügen muß:

$$|\varphi| < \frac{a}{R^2 \left(\dfrac{1}{2} + y \right)^2}, \quad \text{bzw.} \quad < \frac{a}{R^2 \left(\dfrac{1}{2} - y \right)^2},$$

wo a eine Zahl ist, die von der für ψ getroffenen Wahl abhängig ist, und jedenfalls nicht unter 177 liegen wird. In Verbindung mit (8) kann man hieraus eine untere Grenze für J bestimmen; man erhält $J > \dfrac{1}{4\,a}$, woraus folgt für den Widerstandskoeffizienten:

$$C = \frac{S}{\varrho V^2} = \frac{1}{2}\, J > \frac{1}{8\,a}.$$

($S =$ Schubspannung an der Wand). — Zu gleicher Zeit erhält man eine Näherungsformel für die Verteilung der Geschwindigkeit $\overline{u}$ im mittleren Teil des Kanals. Diese Formel ergibt aber gegenüber den experimentellen Daten eine zu stark gekrümmte Kurve. Für weitere Einzelheiten sei auf die zweite der in Anm. 2 (S. 22) zitierten Abhandlungen verwiesen.

Allgemeine Folgerungen aus der Prandtlschen Grenzschichttheorie.

Von **T. Levi-Civita**, Rom.

Durchdringende Anschauung und qualitative Beobachtung führten im Jahre 1904 Herrn Prandtl[1] zur Erkenntnis, daß bei Strömungen von natürlichen Flüssigkeiten (von kleiner Zähigkeit) zwei Zustände prinzipiell zu unterscheiden sind: eine Potentialströmung (wie in der Mechanik der idealen Flüssigkeiten), die bis fast an die festen Wände reicht, und eine kompliziertere Strömung in der unmittelbaren Nähe der Wände, in einer dünnen Grenzschicht, wo Trägheit und Reibung mitwirken.

Das große Verdienst Prandtls ist, das wesentliche Verhalten dieser Erscheinung in solchen Grenzschichten bei verschwindend kleiner Zähigkeit untersucht und für sie im Einklang mit der Erfahrung verhältnismäßig einfache Differentialgleichungen gegeben zu haben. Diese Gleichungen erklären sehr befriedigend eine Reihe bekannter Erscheinungen, wie Prandtl selbst im einfachsten Falle und allgemeiner v. Kármán[2] gezeigt hat. Herrn v. Kármán verdankt man ebenfalls eine Umwandlung des Differentialsystems in eine einzige Integralgleichung, welche für plausible Näherungsansätze sich vortrefflich eignet.

Überdies hat neulich Herr v. Mises[3] eine rasche formale Rechtfertigung des Prandtlschen Grenzüberganges angegeben und das Differentialsystem auf eine klassische, wenn auch gleichfalls nicht gelöste Aufgabe der Fourierschen Wärmeleitungstheorie zurückgeführt.

Diese Untersuchungen beziehen sich alle auf den zweidimensionalen Fall[4].

Es bietet aber keine prinzipielle Schwierigkeit (wie die genannten Autoren vorausgesehen haben), die Grenzschichtgleichungen auch für den reellen Fall einer dreidimensionalen Strömung, welche ein beliebig begrenztes Hindernis umschließt, herzustellen.

Ich habe die dazu erforderlichen Rechnungen im einzelnen ausgeführt und dabei einige Grundregeln des absoluten Differentialkalküls

---

[1] Über Flüssigkeitsbewegung bei sehr kleiner Reibung. Verh. des dritten Int. Math. Kongresses, S. 484—491. Leipzig: Teubner 1905; neu abgedruckt in Vier Abh. zur Hydrodynamik und Aerodynamik von L. Prandtl und A. Betz. Göttingen 1927.

[2] Über die Oberflächenreibung von Flüssigkeiten. Vorträge aus dem Gebiete der Hydro- und Aerodynamik, S. 146—167, 155. Innsbruck 1922. Berlin: Julius Springer 1924.

[3] Bemerkungen zur Hydrodynamik. Z. ang. Math. Mech. Bd. 7, S. 425—431. 1927.

[4] Zusatz bei der Korrektur. Herr Prof. Prandtl hatte die Güte, mich bei einer privaten Unterhaltung in Aachen auf die bemerkenswerte Göttinger Dissertation von Herrn Dr. E. Boltze aufmerksam zu machen. Vgl. Grenzschichten an Rotationskörpern in Flüssigkeiten mit kleiner Reibung. Göttingen: Kästner 1908. In dieser Abhandlung wurden die Gleichungen des axialsymmetrischen Falles ohne ausführliche Erläuterung angegeben und numerisch verwertet.

im Interesse der Eleganz und Durchsichtigkeit verwendet. Das ist aber nur Vorarbeit. Der eigentliche Zweck meines Vortrages ist vielmehr:

1 die Übergangsgesetze der zwei Strömungszustände physikalisch zu rechtfertigen und genau zu formulieren;

2. daraus den Ausdruck des Widerstandes, wenigstens für den äußerst wichtigen Fall eines stationären Vorganges, zu entnehmen und somit zur Beseitigung des berühmten d'Alembertschen Paradoxons zu gelangen.

Zwar wird eine solche Beseitigung vorläufig qualitativ sein. Ich beabsichtige aber demnächst das Problem für die Kugel in Angriff zu nehmen, und hoffe es, sei es streng, sei es durch numerische Verfahren so weit auflösen zu können, daß ein Vergleich der berechneten mit den beobachteten Widerständen möglich wird.

Indessen will ich noch hervorheben, daß der Übergang der zwei Strömungszustände (wirbelfreie und Prandtlsche) in der Wirklichkeit sehr kompliziert erscheint, so daß z. B. Herr Hopf[1] veranlaßt wurde, neben den zwei genannten einen dritten reibungslosen, aber nicht wirbellosen Strömungszustand einzuführen.

Ich glaube jedoch und werde im folgenden die Gründe erklären, warum es gerade im Geiste des Prandtlschen Limesüberganges liegt, daß die reellen Verhältnisse sich durch zwei und nur zwei Strömungszustände schematisieren lassen. Die Übergangsbedingungen, die wesentlich schon bei v. Kármán, Hopf und v. Mises explizit vorkommen, fordern aber, auch wenn vorläufig eine fiktive Trennungsfläche betrachtet wird, keine Undurchdringlichkeit zweier Strömungszustände, sondern eine Mischung, und es ist gerade dieser Austausch der Flüssigkeiten, welcher in der Grenzschichttheorie als eigentliche (und einzige) Ursache des Mechanismus des Widerstandes erscheint.

1. Übliche Form der Bewegungsgleichungen.

Es sei μ die Dichte eines Flüssigkeitsteilchens, v und $b = \dfrac{dv}{dt}$ (Vektoren) seine Geschwindigkeit und seine Beschleunigung, F die ihm eingeprägte äußere Kraft (pro Masseneinheit), und endlich χ die von der Umgebung (pro Volumeneinheit) ausgeübte Kraft, welche in bekannter und bald zu erörternder Weise mit dem Spannungstensor Φ zusammenhängt.

Die (vektorielle) Bewegungsgleichung lautet

$$\frac{dv}{dt} = F + \frac{1}{\mu}\chi,$$

neben der die Kontinuitätsgleichung zu berücksichtigen ist. Handelt es sich, wie wir voraussetzen wollen, um eine inkompressible Flüssigkeit, so hat man einfach die Bedingung, daß die Divergenz des Geschwindigkeitsfeldes v null ist:

$$\operatorname{div} v = 0.$$

---

[1] Handbuch der Physik Bd. 7, S. 123. Berlin: Julius Springer 1927.

Bezieht man sich vorläufig auf gewöhnliche kartesische Koordinaten x^i ($i = 0, 1, 2$) und versteht unter v_i, F_i, χ_i die Komponenten der entsprechenden Vektoren, so kann man die soeben angeführten Gleichungen in skalarer Form schreiben:

$$\frac{dv_i}{dt} = F_i + \frac{1}{\mu}\,\chi_i \qquad (i = 0, 1, 2), \tag{1}$$

$$\sum_{0}^{2}{}_{i} \frac{\partial v_i}{\partial x^i} = 0. \tag{2}$$

Die Komponenten Φ_{ik} des (symmetrischen) Spannungstensors Φ haben bekanntlich folgende Bedeutung: Φ_{ik} ist die k-te Komponente der Spannung (Druck oder Zug), welche ein zur i-ten Achse normales Flächenelement auf der Seite erfährt, welche der negativen Richtung der i-ten Achse zugewandt ist; oder umgekehrt, indem man i und k vertauscht. Demzufolge bedeutet Φ_{ii} die Normalspannung, als Druck positiv gerechnet (wie üblich in der Hydrodynamik, nicht aber in der Elastizitätstheorie).

Für eine ideale Flüssigkeit reduzieren sich die Spannungen auf senkrecht gerichtete Drücke, so daß, wenn man mit p (Funktion der Lage und eventuell der Zeit) die Druckintensität bezeichnet,

$$\Phi_{ik} = p\,\delta_{ik}$$

zu setzen ist, wo δ_{ik}, wie üblich, 0 für $i \neq k$, und 1 für $i = k$ bedeutet.

In einer zähen Flüssigkeit kommen hierzu weitere Glieder, die von der Deformationsgeschwindigkeit abhängen. Setzt man zur Abkürzung

$$e_{ik} = \frac{1}{2}\left(\frac{\partial v_i}{\partial x^k} + \frac{\partial v_k}{\partial x^i}\right), \tag{3}$$

so hat man

$$\frac{1}{\mu}\,\Phi_{ik} = \frac{1}{\mu}\,p\,\delta_{ik} - 2\,\nu\,e_{ik} \qquad (i, k = 0, 1, 2), \tag{4}$$

wo ν der sogenannte kinematische Zähigkeitskoeffizient ist.

Die χ_i haben den allgemeinen Ausdruck

$$\chi_i = -\sum_{0}^{2}{}_{k} \frac{\partial \Phi_{ik}}{\partial x^k}. \tag{5}$$

Indem man die Φ_{ik} durch ihre Werte (4) ersetzt und (2) beachtet, bekommt man für $\frac{1}{\mu}\,\chi_i$ die übliche Form

$$\frac{1}{\mu}\,\chi_i = -\frac{1}{\mu}\,\frac{\partial p}{\partial x^i} + \nu\,\Delta_2 v_i, \tag{6}$$

wo Δ_2 den Differentialoperator $\sum_{0}^{2}{}_{k} \frac{\partial^2}{(\partial x^k)^2}$ bedeutet.

2. Übergang zu allgemeinen (krummlinigen) Koordinaten.

Versteht man unter x^i nicht mehr kartesische, sondern irgendwelche krummlinige Koordinaten, so empfiehlt es sich vor allem, die entsprechende Form des Quadrates ds^2 des Linienelementes vor Augen zu haben. Es sei also

$$ds^2 = \sum_{0 \ ik}^{2} a_{ik}\, dx^i\, dx^k, \qquad (7)$$

wo die a_{ik} als (reguläre) Funktionen der Koordinaten zu betrachten sind. Für einen beweglichen Massenpunkt $(x^0,\ x^1,\ x^2)$ sind die kontravarianten Komponenten des Geschwindigkeitsvektors v (in bezug auf die gewählten Koordinaten) durch

$$v^i = \frac{dx^i}{dt} \qquad (i = 0,\ 1,\ 2) \qquad (8)$$

definiert.

Das Quadrat dieser Geschwindigkeit beträgt offenbar $v^2 = \dfrac{ds^2}{dt^2}$, so daß die lebendige Kraft (auf die Masseneinheit bezogen) sich in der Form

$$T = \tfrac{1}{2} v^2 = \tfrac{1}{2} \sum_{0 \ ik}^{2} a_{ik}\, v^i\, v^k \qquad (9)$$

schreiben läßt.

Momente oder kovariante Komponenten des Vektors v werden wir auch bald brauchen. Sie sind einfach lineare Kombinationen der v^i, und zwar die folgenden:

$$v_i = \sum_{0 \ k}^{2} a_{ik}\, v^k. \qquad (10)$$

Beschleunigung.   Die Lagrangeschen Binome

$$\frac{d}{dt}\frac{\partial T}{\partial v^i} - \frac{\partial T}{\partial x^i}$$

identifizieren sich, wie man auch die Koordinaten x wählt, mit den kovarianten Komponenten b_i der Beschleunigung, d. h. des betreffenden Vektors b[1].

Selbstverständlich muß man bei der Ausführung der totalen Ableitung $\frac{d}{dt}$ beachten, daß $\frac{\partial T}{\partial v^i}$ sowohl von den x^k als von den v^k $(k = 0, 1, 2)$ abhängt; der explizite Wert erscheint deshalb ziemlich kompliziert. Es gelingt aber ohne Schwierigkeit, alle Lagrangeschen Binome

$$b_i = \frac{d}{dt}\frac{\partial T}{\partial v^i} - \frac{\partial T}{\partial x^i} \qquad (11)$$

mit Hilfe der kovarianten Ableitungen des Vektors v, d. h. des einfachen Systems (10), auszudrücken. Dazu genügt es, zu berücksichtigen, daß

---

[1] Das ist eine wesentlich seit Lagrange bekannte Tatsache. Die Einzelheiten der methodischen Rechtfertigung findet man z. B. bei Levi-Civita und Amaldi: Lezioni di Meccanica razionale Bd. 2, Teil 1, S. 378.

in kartesischen Koordinaten die Komponenten b_i der Beschleunigung
in der Form

$$b_i = \frac{\partial v_i}{\partial t} + \sum_{k}^{2}{}_0\, v_{i\,|\,k}\, v^k \tag{12}$$

geschrieben werden können, wo $v_{i\,|\,k}$ für die gewöhnliche Ableitung $\dfrac{\partial v_i}{\partial x^k}$
steht und v^k identisch mit v_k ist [wegen (10), wo $a_{i\,k} = \delta_{i\,k}$].

Andererseits definieren nach den fundamentalen Regeln des absoluten Differentialkalküls[1] die rechten Glieder der Formeln (12), auf
irgendwelche Koordinaten bezogen, ein kovariantes einfaches System
(Vektor) insofern selbstverständlich v_i ebenfalls kovariante (v^k kontravariante) Komponenten eines Vektors v und $v_{i\,|\,k}$ die betreffenden kovarianten Ableitungen bedeuten. Da in kartesischen Koordinaten die
zweiten Glieder der Formeln (12) mit b_i zusammenfallen, so besteht
wegen des Tensorcharakters beider Glieder die Identität auch in allgemeinen Koordinaten, w. z. b. w.

Kontinuitätsgleichung. Leitet man die v_i kontravariant oder die v^k
kovariant ab, so erhält man die reziproken Komponenten eines und
desselben gemischten Tensors, nämlich

$$v_i{}^{|k} \quad \text{oder} \quad v^i{}_{|k},$$

welche in kartesischen Koordinaten sich natürlich auf $\dfrac{\partial v_i}{\partial x^k}$ reduzieren.
Die Divergenz des Vektorfeldes v hat bekanntlich neben der invarianten
Definition

$$\sum_{k}^{2}{}_0\, v_k{}^{|k} = \sum_{k}^{2}{}_0\, v^k{}_{|k},$$

einen für praktische Zwecke bequemeren Ausdruck, nämlich

$$\frac{1}{\sqrt{a}} \sum_{k}^{2}{}_0 \frac{\partial (\sqrt{a}\, v^k)}{\partial x^k},$$

wo a die Diskriminante $\|a_{i\,k}\|$ der quadratischen Form (7) bezeichnet.
Die nachher zu verwendende Kontinuitätsgleichung lautet somit

$$\operatorname{div} v = \sum_{k}^{2}{}_0\, v_k{}^{|k} = \frac{1}{\sqrt{a}} \sum_{k}^{2}{}_0 \frac{\partial (\sqrt{a}\, v^k)}{\partial x^k} = 0\,[2]. \tag{2'}$$

Spannungstensor Φ und **Molekularkraft** $\dfrac{1}{\mu}\chi$ (pro Volumeneinheit). Führt man in den Formeln (3), welche die $e_{i\,k}$ definieren, kovariante an Stelle von gewöhnlichen Ableitungen ein, so bekommt man

$$e_{i\,k} = \tfrac{1}{2}\,(v_{i\,|\,k} + v_{k\,|\,i}), \tag{3'}$$

d. h. die kovarianten Komponenten eines Tensors, die in kartesischen
Koordinaten sich auf (3) reduzieren.

---

[1] Vgl. z. B. meinen Abs. Differentialkalkül (deutsche Ausgabe von
A. Duschek), S. 75. Berlin: Julius Springer 1928.

[2] Ibidem, S. 75.

Die Definitionsgleichungen (4) der Spannungskomponenten in kartesischen Koordinaten (für welche $a_{ik} = \delta_{ik}$) können offenbar

$$\Phi_{ik} = p\,a_{ik} - 2\,\mu\,\nu\,e_{ik} \tag{4'}$$

geschrieben werden, und diese haben ohne weiteres wegen (3') Tensorcharakter und bleiben dementsprechend für irgendwelche Koordinaten gültig.

Die kovarianten und ebenso die kontravarianten Ableitungen $\Phi_{ik}^{\ \ |l}$ der Φ_{ik} reduzieren sich in kartesischen Koordinaten auf gewöhnliche Ableitungen. Man entnimmt somit aus (5), daß die

$$\frac{1}{\mu}\,\chi_i = -\frac{1}{\mu}\sum_{0}^{2}{}_k \Phi_{i\,k}^{\ |k} \tag{5'}$$

die kovarianten Komponenten des Vektors $\dfrac{1}{\mu}\,\chi$ $\left(\text{bis auf den Faktor } -\dfrac{1}{\mu}\right.$ der Divergenz des Tensors $\Phi\Big)$ in allgemeinen Koordinaten darstellen.

Indem man die Φ_{ik} durch ihre expliziten Ausdrücke (4') und darin die e_{ik} durch (3') ersetzt, erhält man (da die a_{ik} in bezug auf kovariante oder kontravariante Differentiation sich wie Konstante verhalten)

$$\frac{1}{\mu}\,\chi_i = -\frac{1}{\mu}\sum_{0}^{2}{}_k a_{ik}\,p^k + \nu\sum_{0}^{2}{}_k (v_{i|k})^k + \nu\sum_{0}^{2}{}_k (v_{k|i})^k\,.$$

Die erste Summe ist nichts anderes als

$$p_i = \frac{\partial p}{\partial x^i}\,.$$

Da in euklidischen Mannigfaltigkeiten — und eine solche ist natürlich der physikalische Raum der klassischen Mechanik — die kovarianten und kontravarianten Ableitungen unbedingt vertauschbar sind, so hat man

$$(v_{k|i})^k = (v_k^{\ |k})_i\,.$$

Das dritte Glied der rechten Seite der vorigen Formel verschwindet demzufolge wegen (2'), und es bleibt

$$\frac{1}{\mu}\,\chi_i = -\frac{1}{\mu}\frac{\partial p}{\partial x^i} + \nu\sum_{0}^{2}{}_k (v_{i|k})^k\,. \tag{6'}$$

Die letzte Summe nimmt in kartesischen Koordinaten die übliche Form $\Delta_2 v_i$ an.

Wir wollen noch eine Umformung der Formel (6') angeben, welche für die Ausrechnung in allgemeinen Koordinaten sich besser eignet.

Wegen $\operatorname{div} \boldsymbol{v} = 0$ darf man statt $\displaystyle\sum_{0}^{2}{}_k (v_{i|k})^k$ auch

$$\sum_{0}^{2}{}_i \{(v_{i|k})^k - (v_{k|i})^k\} = 2\sum_{0}^{2}{}_k (\omega_{ik})^k$$

schreiben, wo der antisymmetrische Tensor

$$\omega_{ik} = \frac{1}{2}\,(v_{i|k} - v_{k|i}) = \frac{1}{2}\left(\frac{\partial v_i}{\partial x^k} - \frac{\partial v_k}{\partial x^i}\right) \tag{13}$$

den Wirbel definiert.

3*

Wie aus (13) ersichtlich, sind die ω_{ik} durch einfache Differentiationen aus den gegebenen Größen v_i zu entnehmen.

Nun ist bekanntlich die Divergenz eines antisymmetrischen Tensors wie ω_{ik} ein Vektor, dessen kontravariante Komponenten den Ausdruck haben:

$$\frac{1}{\sqrt{a}} \sum_{0}^{2} {}_{l} \frac{\partial\,(\sqrt{a}\,\omega^{i\,l})}{\partial x^{l}}\,,$$

wo, wie früher, a die Determinante $\|a_{ik}\|$ bedeutet, während die kovarianten Komponenten gerade die vorigen $\sum_{0}^{2} {}_{k} (\omega_{ik})^{k}$ sind[1]. Man hat somit

$$\sum_{0}^{2} {}_{k} (\omega_{ik})^{k} = \frac{1}{\sqrt{a}} \sum_{0}^{2} {}_{jl} a_{ij} \frac{\partial\,(\sqrt{a}\,\omega^{jl})}{\partial x^{l}}\,,$$

und endlich aus (6′)

$$\frac{1}{\mu}\,\chi_i = -\,\frac{1}{\mu}\,\frac{\partial p}{\partial x^i} + 2\,\nu\,\frac{1}{\sqrt{a}} \sum_{0}^{2} {}_{jl} a_{ij} \frac{\partial\,(\sqrt{a}\,\omega^{jl})}{\partial x^{l}}\,. \tag{14}$$

Zur vollständigen Ausrechnung der χ_i muß man selbstverständlich auch die lineare Transformation

$$\omega^{ik} = \sum_{0}^{2} {}_{jh} a^{ij}\, a^{hk}\, \omega_{jh} \tag{15}$$

benutzen.

Mit den Ausdrücken (11) oder (12) der b_i und (6′) oder (14) der $\frac{1}{\mu}\,\chi_i$ lauten die Bewegungsgleichungen:

$$b_i = F_i + \frac{1}{\mu}\,\chi_i \qquad (i = 0,\,1,\,2)\,, \tag{1′}$$

denen die schon früher in allgemeinen Koordinaten gegebene Kontinuitätsgleichung

$$\operatorname{div} v = \frac{1}{\sqrt{a}} \sum_{0}^{2} {}_{k} \frac{\partial\,(\sqrt{a}\,v^{k})}{\partial x^{k}} = 0 \tag{2′}$$

hinzuzufügen ist.

3. Prandtlsche Begründung der Grenzschichttheorie.

Wenn ein fester Körper K in einer zähen (übrigens unbegrenzten) Flüssigkeit eingetaucht ist, so wird erfahrungsgemäß in etlichen technisch wichtigen Fällen[2] die Strömung der Flüssigkeit in kaum merklichem Abstand von den Körperwänden ϖ sich wie eine reibungs- und wirbelfreie abspielen, also formell so, als ob $\nu = 0$, und $v = \operatorname{grad} \varphi$ (φ einwertiges Geschwindigkeitspotential) wäre: dieses Gebiet reicht daher vom Unendlichen bis fast zu ϖ; der entsprechende Strömungszustand heißt

---

[1] Vgl. l. c. (1, S. 34), S. 76.
[2] Für welche die sogenannte Reynoldsche Zahl groß genug ausfällt.

nach Prandtl einfach die freie Strömung. Nur in der unmittelbaren Nähe der Wand, in der sogenannten Grenzschicht, macht sich die Wirkung der Zähigkeit bemerkbar und wird sogar wesentlich durch Turbulenz und Wirbelerzeugung. Die Dicke dieser an ϖ anhaftenden Schicht, wo solche kompliziertere Erscheinungen vorkommen, hängt sowohl von ν wie von den Dimensionen von ϖ ab (eigentlich, mit den Worten von Herrn Prandtl, von dem Wege der Flüssigkeit längs der Wand). Übrigens (und dies hat seinen Grund in der Dimensionsformel $l^2 t^{-1}$ von ν) erkennt man unmittelbar aus den Differentialgleichungen (1), (2) und den Ausdrücken (6) der $\dfrac{1}{\mu}\chi_i$, daß die Bewegungsgesetze sich nicht ändern, wenn gleichzeitig alle geometrischen linearen Abmessungen (und folglich v_i und F_i) mit λ, hingegen $\dfrac{1}{\mu}p$ und ν mit λ^2 multipliziert werden.

Außerdem darf man wenigstens als grobe Erfahrungstatsache annehmen, daß im stationären Zustande, wenn ceteris paribus nur die Dimensionen des Körpers K und die asymptotische Geschwindigkeit der freien Strömung in einem bestimmten Verhältnisse vergrößert oder verkleinert — sagen wir mit λ' multipliziert — werden, dann die Dicke der kritischen Schicht ungefähr unverändert bleibt.

Die Verbindung beider obengenannter Umstände scheint die Erwartung zu rechtfertigen, daß, falls man $\lambda' = \dfrac{1}{\lambda}$ wählt und so bei Festhalten von K die zu seiner Oberfläche ϖ normalen Abmessungen mit λ und den Zähigkeitskoeffizienten mit λ^2 multipliziert, die in Frage stehenden Vorgänge in der zugehörigen Grenzschicht ungefähr in derselben Weise stattfinden werden. Die Dicke dieser Grenzschicht wird unendlich klein mit λ. Verfügt man über diesen Parameter, so kann man insbesondere das Grenzverhalten der Erscheinung im Falle einer sehr kleinen Zähigkeit $\nu' = \nu\lambda^2$ aufsuchen.

Dies ist die formale Grundlage des Erfolges der Prandtlschen Theorie[1]. Anschaulicher wird jedoch (wie auch in der ursprünglichen Prandtlschen Darstellung) die Einführung einiger sehr plausibler geometrisch-physikalischer Hypothesen und die daraus entspringende Vereinfachung der Differentialgleichungen.

4. Geometrische Vorbemerkungen.

Da für unsere Untersuchung die unmittelbare Umgebung von ϖ maßgebend ist, scheint es vor allem angebracht, den normalen Abstand x^0 (von ϖ aus [nach außen positiv] gerechnet) als eine der Bezugskoordinaten zu benutzen. Die Flächenfamilie

$$x^0 = \text{konst.}$$

besteht somit aus Flächen ϖ', die parallel zu ϖ verlaufen und lauter gemeinsame Normalen haben. Das Quadrat der Entfernung ds^2 zweier benachbarter Punkte P und P' hat, wenn die Projektion Q von P' auf

---

[1] Vgl. v. Mises: l. c. 3, S. 30.

die durch P gehende ϖ' und der normale Abstand $dx^0 = P'Q$ eingeführt wird, offenbar den Ausdruck

$$ds^2 = dl'^2 + dx^{0\,2}, \tag{16}$$

wo $dl' = PQ$ das Bogenelement auf ϖ' bezeichnet.

Wählt man außer $x^0 = \text{konst.}$ zwei Familien von Regelflächen

$$x^i = \text{konst.} \qquad (i = 1, 2),$$

die als Erzeugende die gemeinsamen Normalen der ϖ' haben, so wird durch ihre Schnittlinien mit einer ϖ' ein krummliniges Liniensystem auf diese Fläche definiert, und man hat daher

$$dl'^2 = \sum_{1}^{2}{}_{ik} a'_{ik}\, dx^i\, dx^k, \tag{17}$$

wo die a'_{ik} unter passenden Regularitätsbedingungen für ϖ, die wir selbstverständlich voraussetzen, als reguläre (zweimal stetig derivierbare) Funktionen von x^0, x^1, x^2 zu betrachten sind und natürlich

$$a' = \| a'_{ik} \| > 0 \tag{18}$$

gilt. Auf ϖ selbst $(x^0 = 0)$ wollen wir

$$a'_{ik}(0, x^1, x^2) = a_{ik}(x^1, x^2)$$

setzen und dementsprechend

$$dl^2 = \sum_{1}^{2}{}_{ik} a_{ik}\, dx^i\, dx^k. \tag{19}$$

Die zwei Familien $x^1 = \text{konst.}$, $x^2 = \text{konst.}$ von Regelflächen kann man speziell so wählen, daß sie abwickelbar und orthogonal ausfallen, wobei sie dann jede ϖ' längs der Krümmungslinien schneiden.

Ist dann

$$dl^2 = H_1^2\, dx^{1\,2} + H_2^2\, dx^{2\,2} \tag{19'}$$

das Quadrat des Bogenelements der Wandfläche ϖ, so nimmt (17) die besondere Form

$$dl'^2 = \frac{H_1^2}{(1 + x^0/a_1)^2}\, dx^{1\,2} + \frac{H_2^2}{(1 + x^0/a_2)^2}\, dx^{2\,2} \tag{17'}$$

an, in welcher a_1 und a_2 die Hauptkrümmungsradien von ϖ im Punkte (x^1, x^2) bezeichnen und dementsprechend wie H_1, H_2 nur von x^1, x^2 abhängen. Dies ist vorläufig entbehrlich. Es wird genügen, an (16) und (17) anzuknüpfen, jedoch mit der Verabredung, daß wie x^0 auch die Parameter x^1 und x^2 die Bedeutung von Längen haben, so daß die a'_{ik}, a_{ik}, a^{ik} usw. alle reine Zahlen bezeichnen.

In bezug auf irgend ein solches ds^2 fallen die kovarianten und kontravarianten Komponenten v_0, v^0 irgend eines Feldvektors v zusammen, sei es miteinander, sei es mit der Normalkomponente zu ϖ'; und andererseits dürfen die übrigen Komponenten v_i oder v^i $(i = 1, 2)$ in gewöhnlichem Sinne als Tangentialkomponenten bezeichnet werden. Insbesondere sind für den Gradient einer Funktion $\varphi(x^0, x^1, x^2)$: $\dfrac{\partial \varphi}{\partial x^0}$ die normale, $\dfrac{\partial \varphi}{\partial x^i}$ $(i = 1, 2)$ die tangentialen Komponenten.

5. Prandtlsche Hypothese — Zugehörige (nichteuklidische) Maßbestimmung des Raumes — zweidimensionales Problem.

Eine zähe Flüssigkeit haftet an der Wand. Die (sei es kovarianten, sei es kontravarianten) Tangentialkomponenten v_i, v^i $(i = 1, 2)$ der Geschwindigkeit v müssen daher auf ϖ verschwinden. Sie ändern sich aber rasch in der schmalen Grenzschicht (§ 3), indem sie von Null zu ihren der freien Strömung entsprechenden, im allgemeinen von Null verschiedenen Werten stetig übergehen. Es müssen also

a) die Normalgradienten $\dfrac{\partial v_i}{\partial x^0}$ der v_i $(i = 1, 2)$ groß gegen Tangentialgradienten, d. h. gegen andere Derivierte der Form $\dfrac{\partial v_i}{\partial x^j}$ $(j > 0)$ angenommen werden. Entsprechendes für die Größenordnung der Ableitungen der v^i. Wir werden allgemeiner voraussetzen, daß auch die Ableitungen der v_i und v^i (sowohl nach den x wie nach t) sich in derselben Weise verhalten wie die v_i.

Die Normalkomponente ist auch auf der Wand Null; und bleibt bis an die freie Strömung nicht beträchtlich von Null verschieden. Es ist somit berechtigt,

b) v^0 als klein gegen die Tangentialgeschwindigkeit (sagen wir gegen die v^i) zu behandeln; und ebenso die entsprechenden Ableitungen.

Dagegen wollen wir nicht ausschließen, daß (wie für die v^i, so auch für v^0) die Operation $\dfrac{\partial}{\partial x^0}$ weit überwiegender als $\dfrac{\partial}{\partial x^j}$ $(j > 0)$ anzusehen ist. Genauer werden wir voraussetzen, daß

c) $\dfrac{\partial v^0}{\partial x^0}$ gerade von derselben Größenordnung wie die Tangentialderivierten $\dfrac{\partial v^i}{\partial x^j}$ $(i, j > 0)$ ausfällt.

Es sei nun $\varphi(x^0, x^1, x^2)$ eine Funktion, die sich nicht wie die v^i verhält, sondern in vergleichbarer Weise in allen Richtungen (d. h. mit x^0 und mit den zwei anderen Koordinaten) variiert, so daß erstens,

d) was die numerischen Werte anbelangt, in der Grenzschicht einfach

$$\varphi(x^0, x^1, x^2) = \varphi(0, x^1, x^2)$$

gesetzt werden darf; zweitens, wenn man φ mit einer $v(v_1, v_2$ oder $v^1, v^2)$ vergleicht, die Zuwächse in der Normalrichtung

$$\Delta \varphi = \frac{\partial \varphi}{\partial x^0} dx^0 \quad \text{und} \quad \Delta v = \frac{\partial v}{\partial x^0} dx^0$$

in bezug auf die betreffenden Anfangswerte φ und v, von verschiedener Größenordnung ausfallen, indem $\dfrac{\Delta \varphi}{\varphi}$ gegen $\dfrac{\Delta v}{v}$ vernachlässigt werden darf. Dann entnimmt man aus

$$\frac{\partial(\varphi v)}{\partial x^0} dx^0 = \varphi \frac{\partial v}{\partial x^0} dx^0 + v \frac{\partial \varphi}{\partial x^0} dx^0 ,$$

daß

e) angenähert

$$\frac{\partial(\varphi\,v)}{\partial x^0} = \varphi\,\frac{\partial v}{\partial x^0}$$

gilt, als ob φ gar nicht von x^0 abhinge.

Das ist namentlich der Fall, wenn als φ etwa die a'_{ik}, a'^{ik}, usw. genommen werden.

Endlich ist noch die wesentliche Tatsache zu berücksichtigen, daß die Zähigkeit sehr gering ist. Genauer werden wir ν so klein annehmen, daß

f) mit dem Faktor ν behaftete Glieder nur dann merklich werden, wenn sie im Sinne der Voraussetzung a) die höchste Größenordnung, und zwar die der $\frac{\partial^2 v_i}{(\partial x^0)^2}$ erreichen.

Auf a) bis f) fußend, sind wir jetzt imstande, die früheren Ausdrücke beträchtlich zu vereinfachen.

Zunächst entnimmt man aus (16) und (17), daß die dreidimensionale Diskriminante unseres ds^2 sich auf das zweidimensionale a der Formel (19) reduziert. Weiter heben wir hervor, daß die Endformeln vermöge der eingeführten Annäherungen d) und e) mit denjenigen übereinstimmen, die sich auf ein vereinfachtes Bogenelement beziehen würden, und zwar auf den Ausdruck (16), in dem von vornherein $x^0 = 0$ gesetzt ist. Man bekommt dann

$$ds^2 = dl^2 + dx^{0^2}, \tag{20}$$

wo dl^2 sich auf die Wand ϖ bezieht.

Dieses Bogenelement definiert die Metrik eines Riemannschen Raumes, die im allgemeinen nicht euklidisch ist. Um sich davon zu überzeugen, genügt es zu bemerken, daß, wenn wir gemäß (9) und (20) die lebendige Kraft der Masseneinheit einführen, d. h.

$$T = \mathsf{T} + \tfrac{1}{2}\,v^{0^2}, \tag{21}$$

wo

$$\mathsf{T} = \tfrac{1}{2}\sum_{\substack{i\,k \\ 1}}^{2} a_{ik}\,v^i\,v^k, \tag{22}$$

wir aus der Lagrangeschen Bewegungsgleichung (die sich auf die Koordinate x^0 bezieht)

$$v^0 = \frac{d x^0}{d t} = \text{konst.}$$

bekommen und insbesondere $x^0 = \text{konst.}$ für die geodätischen Linien, die aus irgend einem Punkte von ϖ in Tangentialrichtung ausgehen. ϖ enthält daher alle solchen geodätischen Linien und ist somit eine geodätische Fläche (Ebene im euklidischen Falle) der Metrik (20).

Ihre Gaußsche Krümmung ist aber jedenfalls die der Form (19), welche mit der ursprünglichen (totalen) Krümmung der Wand (Produkt der zwei reziproken Hauptkrümmungsradien) zusammenfällt.

Da diese Krümmung im allgemeinen nicht Null ist (z. B. für eine Kugel hat sie den Wert $\frac{1}{a^2}$, wo a den Radius der Kugel bezeichnet), so kann dementsprechend die Metrik (20) nicht euklidisch sein, weil in einer solchen Metrik, wie im gewöhnlichen Raume, jede geodätische Fläche eine Ebene ist und somit verschwindendes Krümmungsmaß besitzt.

Es ist vielleicht der Mühe wert, zu bemerken, daß allerdings im zweidimensionalen Falle, wo ϖ eine geschlossene Linie in einer Ebene bezeichnet, auch die reduzierte Form (20) des Bogenelementes euklidisch ausfällt[1].

6. Reduzierte Ausdrücke.

Als metrische Grundform für die einzuführenden zulässigen Vereinfachungen ist zunächst der strenge Ausdruck (16) (von x^0 abhängig) zu betrachten. Dementsprechend müssen wir statt (21), (22) mit

$$T' = \mathsf{T}' + \tfrac{1}{2}\,v^{0^2} \tag{21'}$$

und

$$\mathsf{T}' = \tfrac{1}{2}\sum_{1}^{2}{}_{i\,k}\,a'_{i\,k}\,v^i\,v^k \tag{22'}$$

anfangen, wo die $a'_{i\,k}$ sich auf (17') beziehen.

Man kann aber von jetzt an d) anwenden und bemerken, daß in den Endformeln, insofern $\dfrac{\partial}{\partial x^0}$ nicht vorkommt, ohne weiteres $a'_{i\,k} = a_{i\,k}$ zu setzen ist, weil die Grenzschicht sehr schmal ist. Dagegen wird man die $\dfrac{\partial a'_{i\,k}}{\partial x^0}$, $\dfrac{\partial^2 a'_{i\,k}}{(\partial x^0)^2}$ usw. nur nachträglich wegen e) unterdrücken können.

Divergenz. Aus (2') und e) erhält man unmittelbar

$$\operatorname{div} \boldsymbol{v} = \frac{1}{\sqrt{a}}\sum_{1}^{2}{}_{i}\frac{\partial(\sqrt{a}\,v^i)}{\partial x^i} + \frac{\partial v^0}{\partial x^0} \cdot \tag{23}$$

Wegen c) ist dem letzten Gliede eine mit dem übrigen vergleichbare Größenordnung zuzuschreiben.

Die erste Summe entspricht offenbar der [auf die Metrik (19) sich beziehenden] Divergenz des (tangentialen) Vektors v^1, v^2.

Beschleunigung. Bei Berücksichtigung von (21') nehmen die kovarianten Komponenten (11) der Beschleunigung die Form

$$b_0 = \frac{dv^0}{dt} - \frac{\partial \mathsf{T}'}{\partial x^0}, \tag{24}$$

$$b_i = \frac{d}{dt}\left(\frac{\partial \mathsf{T}'}{\partial v^i}\right) - \frac{\partial \mathsf{T}'}{\partial x^i} \tag{25}$$

an, wo T' die binäre Form (22') bedeutet.

Da die v^i auch von x^0 wesentlich abhängen, hat man

$$\frac{dv^i}{dt} = \frac{\overline{dv^i}}{dt} + \frac{\partial v^i}{\partial x^0}\,v^0,$$

wo das obere Zeichen ‾ Beschränkung auf zweidimensionales Verhalten

---

[1] Das wurde schon von Herrn Prandtl hervorgehoben (l. c. 1, S. 20), und durch das v. Misessche formale Verfahren bestätigt (vgl. Zitat 3 in derselben Seite).

(Abhängigkeit von x^1, x^2 allein) bedeuten soll. Das letzte Glied hat gerade dieselbe Größenordnung der ersteren, weil die aus der Derivation $\dfrac{\partial}{\partial x^0}$ herrührende Erhöhung durch den erniedrigenden Faktor v^0 kompensiert wird. Andererseits würde das explizite Vorkommen von x^0 in T' in $\dfrac{d}{dt}\left(\dfrac{\partial \mathsf{T}'}{\partial v^i}\right)$ den Beitrag

$$\frac{\partial^2 \mathsf{T}'}{\partial x^0 \, \partial v^i} \frac{d\,x^0}{dt} = \frac{\partial^2 \mathsf{T}'}{\partial x^0 \, \partial v^i}\, v^0$$

bringen. Wegen b) darf man aber diesen Beitrag gegenüber denjenigen vernachlässigen, welche, wie

$$\frac{\partial^2 \mathsf{T}'}{\partial x^j \, \partial v^i} \frac{d\,x^j}{dt} = \frac{\partial^2 \mathsf{T}'}{\partial x^j \, \partial v^i}\, v^j \qquad\qquad (j > 0)\,,$$

dem Umstande entspringen, daß in den Koeffizienten von T' auch x^1, x^2 enthalten sind. Es wird somit berechtigt, in den Ausdrücken der b_i, T statt T' zu schreiben. Man bekommt also, wenn man wieder durch das obere Zeichen die Ignorierung von x^0 andeutet,

$$b_i = \overline{\frac{d}{dt}\left(\frac{\partial \mathsf{T}}{\partial v^i}\right) - \frac{\partial \mathsf{T}}{\partial x^i}} + v^0 \sum_{1\,j}^{2} \frac{\partial^2 \mathsf{T}}{\partial v^j \, \partial v^i} \frac{\partial v^j}{\partial x^0} \qquad (i = 1, 2)\,. \tag{25'}$$

Wirbel und **Molekularkraft.** Aus der Schiefsymmetrie der kovarianten Komponenten ω_{ik} des Wirbels folgt natürlich dieselbe Eigenschaft für die durch (15) definierten kontravarianten Komponenten ω^{ik}. So ergibt sich erstens

$$\omega^{00} = 0\,.$$

Wegen $a^{h0} = 0\,(h > 0)$ und $\omega_{00} = 0$ hat man ferner, mit Bezug auf unser ds^2 (16) (indem man als Summenindex wieder k statt j einführt),

$$\omega^{i0} = \sum_{1\,k}^{2} a'^{ik}\, \omega_{k0}$$

und für i, $k > 0$

$$\omega^{ik} = \sum_{1\,jh}^{2} a'^{ij}\, a'^{hk}\, \omega_{jh}\,.$$

Gemäß (13) steht ω_{jh} für $\dfrac{1}{2}\left(\dfrac{\partial v_j}{\partial x^h} - \dfrac{\partial v_h}{\partial x^j}\right)$, so daß mit Berücksichtigung von a) und b) die soeben geschriebenen Formeln ergeben als Hauptwerte der ω^{ik} $(i, k = 0, 1, 2)$

$$\omega^{00} = 0\,, \qquad \omega^{i0} = \frac{1}{2} \sum_{1\,k}^{2} a'^{ik} \frac{\partial v_k}{\partial x^0}\,, \qquad \omega^{ik} = 0 \qquad (i, k = 1, 2)\,. \tag{26}$$

Um diese für die Auswertung der $\dfrac{1}{\mu}\chi_i$ zu benützen, muß man an die Formel (14) anknüpfen. Für unser ds^2 hat man zuerst wegen $a_{0j} = 0$ $(j > 0)$ und $\omega^{00} = 0$

$$\frac{1}{\mu}\chi_0 = -\frac{1}{\mu}\frac{\partial p}{\partial x^0} + 2\nu \frac{1}{\sqrt{a'}} \sum_{1\,l}^{2} \frac{\partial(\sqrt{a'}\,\omega^{0l})}{\partial x^l}\,,$$

$$\frac{1}{\mu}\chi_i = -\frac{1}{\mu}\frac{\partial p}{\partial x^i} + 2\nu \frac{1}{\sqrt{a'}} \sum_{1\,j}^{2} a'_{ij} \sum_{0\,l}^{2} \frac{\partial(\sqrt{a'}\,\omega^{jl})}{\partial x^l} \qquad (i > 0)\,.$$

In den mit ν behafteten Gliedern nur die zweimalige Derivation der v^i $(i > 0)$ nach x^0 bringt wegen f) einen nicht verschwindenden Beitrag.

So bekommt man unmittelbar, indem man die Hauptwerte (26) und dann e) anwendet,

$$\frac{1}{\mu}\,\chi_0 = -\,\frac{1}{\mu}\,\frac{\partial p}{\partial x^0}\,,$$

$$\frac{1}{\mu}\,\chi_i = -\,\frac{1}{\mu}\,\frac{\partial p}{\partial x^i} + \nu \sum_{\substack{j\,k \\ 1}}^{2} a'_{i\,j}\, a'^{\,j\,k}\, \frac{\partial^2 v_k}{(\partial x^0)^2} \qquad (i > 0)\,. \tag{27}$$

Diese letzten Ausdrücke lassen sich noch vereinfachen, weil $\sum_{\substack{j \\ 1}}^{2} a'_{i\,j}\, a'^{\,j\,k} = \delta_{i\,k}$ für $k \neq i$ verschwindet, und für $k = i$ den Wert 1 hat. Es bleibt also nur

$$\frac{1}{\mu}\,\chi_i = -\,\frac{1}{\mu}\,\frac{\partial p}{\partial x^i} + \nu\,\frac{\partial^2 v_i}{(\partial x^0)^2}\,. \tag{28}$$

7. Endgültiges Differentialsystem.

Die äußere Kraft $\boldsymbol{F}$ sei wie üblich als konservativ vorausgesetzt, und es bezeichne $U(x^0,\, x^1,\, x^2)$ die entsprechende Kräftefunktion. Die Bewegungsgleichungen (2′) lauten dann $b_i = \frac{\partial U}{\partial x^i} + \frac{1}{\mu}\,\chi_i$, wobei die in der vorigen Ziffer gewonnenen Approximationen einzuführen sind.

Für $i = 0$ bekommt man einfach nach (24) und (27)

$$\frac{\partial}{\partial x^0}\Big(\mathsf{T}' + U - \frac{1}{\mu}\,p\Big) = 0\,. \tag{29}$$

Es ist dabei zu bemerken, daß in (29)

$$\frac{d v^0}{d t} = \frac{\partial v^0}{\partial t} + \frac{\partial v^0}{\partial x^0}\,v^0 + \frac{\partial v^0}{\partial x^1}\,v^1 + \frac{\partial v^0}{\partial x^2}\,v^2$$

vernachlässigt worden ist, und zwar aus folgendem Grunde.

In unseren Abschätzungen haben wir als maßgebende Größenordnung die der b_i, d. h. der $\frac{d v^i}{d t}$ $(i > 0)$ angenommen. Wegen b) und c) hat also $\frac{d v^0}{d t}$ eine geringere Größenordnung.

Für $i > 0$ ergibt sich zufolge (25′) und (28)

$$\frac{\overline{d}}{dt}\Big(\frac{\partial \mathsf{T}}{\partial v^i}\Big) - \frac{\partial \mathsf{T}}{\partial x^i} + v^0 \sum_{\substack{j \\ 1}}^{2} \frac{\partial^2 \mathsf{T}}{\partial v^i\,\partial v^i}\,\frac{\partial v^j}{\partial x^0} + \frac{\partial}{\partial x^i}\Big(\frac{1}{\mu}\,p - U\Big) = \nu\,\frac{\partial^2 v_i}{(\partial x^0)^2}\,. \tag{30}$$

In der Gleichung (29) tritt — nebenbei bemerkt — das Trinom $\mathsf{T}' + U - \frac{1}{\mu}\,p$ auf. Für uns aber hat bloß ein qualitativer Umstand Interesse, nämlich das Verhalten von $\frac{\partial p}{\partial x^0}$. Seinem Wesen nach ist der (normale) Druck p eine von vornherein unbekannte Funktion der Lage. Es könnte demnach sehr wohl vorkommen, daß p (gerade so wie die v^i) so rasch mit x^0 variiert, daß es nicht zulässig wäre, es in der Grenzschicht als von x^0 unabhängig anzusehen, wie wir [vgl. d)] ohne weiteres für die·gegebenen Funktionen a'_{ik} und $U(x^0,\ x^1,\ x^2)$ voraussetzen dürfen.

Nun zeigt die Gleichung (29), wenn man sie folgendermaßen schreibt:

$$\frac{\partial p}{\partial x^0} = \mu\,\frac{\partial(\mathsf{T}' + U)}{\partial x^0},$$

daß der normale Gradient von p in der Grenzschicht nur von demjenigen der erwähnten Funktionen a'_{ik} und U abhängt $\left(\text{nicht etwa von } \frac{\partial v_i}{\partial x^0}\right)$, so daß ihm keine abnormen Werte zukommen. Wir werden demnach weiter unten berechtigt sein, in p sowie in U die Abhängigkeit von x^0 zu unterdrücken, und namentlich, wenn man zur Abkürzung

$$\frac{1}{\mu}\,p - U = q\,(\,x^1, x^2) \tag{31}$$

setzt, q als eine bekannte Funktion von x^1, x^2 (und eventuell von t) zu betrachten, deren Bestimmung aus der freien Strömung zu gewinnen ist. Man hat nur die Lösung der gegebenen Aufgabe für eine ideale Flüssigkeit unter entsprechenden Anfangs- und Grenzbedingungen ins Auge zu fassen, daraus die auf der Wand ϖ geltenden Werte von p zu entnehmen und endlich, gemäß (31), q zu bilden.

Die Funktion $\frac{1}{\mu}\,U - p$, welche in den Gleichungen (30) vorkommt (nach x^1, x^2, nicht aber nach x^0 deriviert), ist also dort einfach durch q zu ersetzen.

Die reduzierten Bewegungsgleichungen (30) für die Grenzschicht werden somit:

$$\overline{\frac{d}{dt}\left(\frac{\partial \mathsf{T}}{\partial v^i}\right)} - \frac{\partial \mathsf{T}}{\partial x^i} + v^0 \sum_{1}^{2}{}_j \frac{\partial^2 \mathsf{T}}{\partial v^j\,\partial v^i}\,\frac{\partial v^j}{\partial x^0} + \frac{\partial q}{\partial x^i} = \nu\,\frac{\partial^2 v_i}{(\partial x^0)^2}\quad (i = 1,\ 2),\quad \text{(I)}$$

wobei

$$\mathsf{T} = \tfrac{1}{2}\sum_{1}^{2}{}_{ik}\,a_{ik}\,v^i\,v^k$$

durch das Bogenelement dl der Wand festgelegt wird und selbstverständlich die in bezug auf diese Form reziproken Komponenten v_i, v^i durch die linearen Beziehungen

$$v_i = \sum_{1}^{2}{}_k\,a_{ik}\,v^k,\qquad v^i = \sum_{1}^{2}{}_k\,a^{ik}\,v_k$$

verknüpft sind.

Neben (I) ist natürlich immer noch die Kontinuitätsgleichung $\operatorname{div} v = 0$ zu befriedigen, d. h., mit Berücksichtigung auf die reduzierte Form (23),

$$\frac{1}{\sqrt{a}}\sum_{1}^{2}{}_i \frac{\partial(\sqrt{a}\,v^i)}{\partial x^i} + \frac{\partial v^0}{\partial x^0} = 0. \tag{II}$$

Das System (I), (II) besteht also aus drei Gleichungen in den ebenso vielen unbekannten Funktionen $v^0 = v_0$, v_1, v_2.

8. Randbedingungen auf der Wand und beim Übergang zur freien Strömungs — Grenzform der letzteren für verschwindendes v.

Fassen wir, um einen bestimmten Fall zu nehmen, den besonders wichtigen ins Auge, wo der Körper K in Ruhe ist und in einer unendlich ausgedehnten stationären Strömung von asymptotischer Geschwindigkeit V in positiver x-Richtung eingetaucht sein möge. Es sei vorläufig $\varphi(x^0,\ x^1,\ x^2)$ das (einwertige) Geschwindigkeitspotential, welches, im Falle einer idealen Flüssigkeit und eines stationären Zustandes, das Problem lösen würde.

Wie schon hervorgehoben, darf man erfahrungsmäßig annehmen, daß die Prandtlsche in der Grenzschicht herrschende Strömung sehr rasch in die Potentialströmung übergeht.

Wir müssen jetzt die mathematischen Bedingungen eines solchen Überganges erörtern. Es sei τ die Trennungsfläche. Ihre Gleichung kann unter der Form

$$x^0 = \delta\,(x^1,\ x^2) \tag{32}$$

geschrieben werden, wo δ die (im allgemeinen nicht konstante) normale Dicke der Grenzschicht bedeutet.

In dem zwischen ϖ und τ eingeschlossenen Raume S gelten die Gleichungen (I), (II).

An der Wand ϖ haftet die Flüssigkeit, so daß die Geschwindigkeit v gleich Null zu setzen ist, was mit den drei Randbedingungen

$$v^0 = v^1 = v^2 = 0 \tag{33}$$

sich deckt.

Nun würde eine strenge Anschmiegung an die freie Strömung längs τ natürlich die Gleichheit daselbst vom Geschwindigkeitsvektor v und $\operatorname{grad}\varphi$, welche den zwei Zuständen entsprechen, fordern.

Es ist aber prinzipiell zu bemerken, daß die Scheidung nicht scharf ist. Es besteht dagegen eine gewisse Durchdringung der beiden Strömungen und namentlich ein der direkten Beobachtung wohl zugänglicher, manchmal so bedeutender Austausch der Flüssigkeitsteilchen, daß z. B. Herr Hopf sich zur Einführung einer mittleren Schicht, anstatt der schematischen Trennungsfläche τ veranlaßt sah[1].

Wir werden der Idealisierung der Übergangsschicht als geometrische Fläche τ treu bleiben; dabei aber nicht eine durchaus strenge Angleichung der beiden Strömungszustände verlangen. Wir werden uns mit einer nur angenäherten Übereinstimmung der Geschwindigkeiten v und $\operatorname{grad}\varphi$ begnügen.

Unter ihren kovarianten Komponenten v_i $(i = 0,\ 1,\ 2)$, $\dfrac{\partial\varphi}{\partial x^i}$ sind die normalen v_0, $\dfrac{\partial\varphi}{\partial x^0}$ verschwindend klein im Verhältnis zur tangentialen (richtiger zum maximalen Wert des absoluten Betrages des Geschwindigkeitsvektors), so daß in konsequenter Annäherung die

---

[1] l. c. S. 31.

Gleichheit der Geschwindigkeitsvektoren schon durch die z w e i Randbedingungen

$$v_i = \frac{\partial \varphi\,(0,\,x^1,\,x^2)}{\partial x^i} \quad \text{auf } \tau \quad (i = 1,\,2) \tag{34}$$

ausgedrückt wird: rechts sollte man eigentlich $x^0 = \delta\,(x^1,\,x^2)$ einführen;
es ist aber berechtigt (§ 5, d), einfach $x^0 = 0$ zu setzen.

Da wir die (verhältnismäßig kleinen) Normalkomponenten nicht
berücksichtigen, so bleibt gemäß der Erfahrung die Möglichkeit offen,
daß die ganze Erscheinung auch eine (mäßige) Mischung aufweist.

Hier liegt der physikalische Grund, der uns rät, auf die s t r e n g e
Gleichheit der Geschwindigkeiten zu verzichten, d. h., neben (34) die

dritte Gleichung $v_0 = \dfrac{\partial \varphi}{\partial x^0}$ n i c h t zu fordern.

Vom mathematischen Standpunkte aus wird übrigens, wie wir im

nächsten § einsehen werden, der Verzicht auf $v_0 = \dfrac{\partial \varphi}{\partial x^0}$ einfach unent-

behrlich, weil sonst mehr Randbedingungen vorhanden sein würden,
als überhaupt mit (I), (II) verträglich sind.

Dies vorausgeschickt, kehren wir zu (I), (II) zurück. Wenn man
darin, anstatt von v^0 und x^0 proportionale Größen

$$\mathfrak{v} = \frac{1}{\sqrt{\nu}}\,v^0, \qquad \mathfrak{x} = \frac{1}{\sqrt{\nu}}\,x^0$$

einsetzt, so verschwindet, wie unmittelbar ersichtlich, jede Spur von ν
aus dem Differentialsystem (I), (II), während auch die Randbedingungen (33) davon frei bleiben.

Andererseits nimmt die Gleichung (32) der (tatsächlich von ϖ nicht
erheblich abweichenden) Übergangsfläche τ die Form

$$\mathfrak{x} = \frac{1}{\sqrt{\nu}}\,\delta\,(x^1,\,x^2) \tag{32'}$$

an. Im Falle eines sehr kleinen ν — und die ganze Betrachtung ist haupt-
sächlich diesem Fall gewidmet — wird die Übergangsfläche (32') einfach
ins Unendliche geworfen.

Dies zeigt uns, indem wir zu den ursprünglichen Argumenten x^0, v^0
zurückkehren, daß der physikalische Vorgang in der uns interessierenden
Grenzschicht nicht erheblich modifiziert wird, falls die Randbedingung
(34), statt auf die unbekannte Fläche τ, auf die unendliche Ferne, d. h.
auf $\lim\limits_{x^0 \to \infty}$ sich bezieht.

Man darf daher mit Vorteil an Stelle der Randbedingung (34) die
asymptotische Bedingung

$$\lim_{x^0 \to \infty} v_i = \frac{\partial \varphi\,(0,\,x^1,\,x^2)}{\partial x^i} \quad (i = 1,\,2) \tag{34'}$$

eintreten lassen.

D i e s e und (33) e r s c h ö p f e n f ü r d e n s t a t i o n ä r e n Z u s t a n d
d i e m i t d e n F e l d g l e i c h u n g e n (I), (II) z u v e r b i n d e n d e n N e b e n-
b e d i n g u n g e n.

Für nichtstationäre Vorgänge erleiden die Gleichungen (34') leicht
angebbare Modifikationen, und überdies muß man natürlich die betreffenden Anfangsbedingungen in Rechnung ziehen.

9. Konstantenabzählung, die sich auf das vorige System übertragen läßt.

Die drei Feldgleichungen (I), (II) sind offenbar in bezug auf

$$\frac{\partial v^0}{\partial x^0}, \quad \frac{\partial^2 v_1}{(\partial x^0)^2}, \quad \frac{\partial^2 v_2}{(\partial x^0)^2}$$

auflösbar.

Da diese gerade die höchsten Ableitungen nach x^0, die überhaupt vorkommen, sind, so bietet das Differentialsystem in den drei unbekannten Funktionen v^0, v_1, v_2 normales Verhalten in bezug auf die unabhängige Veränderliche x^0. Als Orientierungskriterium (welches im Kleinen und für analytische Funktionen in den klassischen Existenzsätzen seine strenge Begründung findet) kann man den Willkürlichkeitsgrad der Lösung in derselben Weise beurteilen, als ob keine andere unabhängige Veränderliche vorhanden wären, also als ob es sich um gewöhnliche Differentialgleichungen handelte.

Insgesamt würde dann die allgemeine Lösung 5 Integrationskonstanten besitzen. Begrifflich ist dieser Schluß auch auf unser partielles System anwendbar; nur sind die Konstanten (in bezug auf x^0) durch willkürliche Funktionen von x^1, x^2 zu ersetzen. Da (33) und (34') zusammen, gerade 5, auf besondere x^0-Werte sich beziehende Bedingungen ausmachen, so haben wir zugleich die eindeutige Existenz der Lösungen von (I), (II) unter den Zusatzbedingungen (33), (34') plausibel gemacht.

Es folgt überdies die in der vorigen Ziffer vorweggenommene Behauptung, daß eine weitere Rand- (oder asymptotische) Bedingung — namentlich die strenge Gleichheit der Normalkomponenten v_0 und $\dfrac{\partial \varphi}{\partial x^0}$ auf τ — im allgemeinen nicht mit (33), (34') vereinbar ist.

Die Wertverteilung von v^0 auf τ muß vielmehr aus der Integration des in Frage stehenden Systems gewonnen werden. Zu beachten ist jedoch, daß wie in der vorigen Ziffer erklärt wurde, wieder gestattet ist, die gesuchten Werte von v^0 auf der Trennungsfläche τ durch ihre asymptotischen Werte

$$v_\infty (x^1, x^2) = \lim_{x^0 \to \infty} v^0 (x^0, x^1, x^2) \tag{35}$$

zu ersetzen.

10. Fluß — Resultierende (dynamische) Kraft D auf den Körper K.

Wenn S ein Gebiet des gewöhnlichen Raumes bezeichnet, σ seinen Rand, n den nach S gerichteten Einheits-Normalvektor und v den Vektor eines in S stetig derivierbaren Vektorfeldes, so besteht der Divergenzsatz

$$\int_S \operatorname{div} v \, dS = - \int_\sigma v_n \, d\sigma,$$

wo $v_n = v \cdot n$ die Normalkomponente von v bezeichnet. Wie schon 1868 von Beltrami[1] festgestellt wurde, gilt dieselbe Beziehung in jedem Riemannschen Raume.

---

[1] Opere matematiche Bd. 2, S. 104 bis 107.

Das interessiert uns für die Prandtlsche Grenzschicht, wo, wenn die Metrik (20) zugrunde gelegt ist, die Gleichung (II) sich streng mit div $v = 0$ deckt. Man hat daher für jede geschlossene Fläche σ

$$\int_\sigma v_n \, d\sigma = 0 \, ,$$

d. h. der totale Fluß ist Null, was physikalisch von vornherein für eine inkompressible Flüssigkeit im gewöhnlichen Raume einleuchtend ist. Die vorige Überlegung zeigt überdies, daß die für die Grenzschichttheorie vorgenommenen Approximationen die strenge Gültigkeit des Divergenzsatzes nicht berühren.

Nimmt man speziell als geschlossene Fläche σ den Rand $\varpi + \tau$ der Grenzschicht, so bleibt, da die Flüssigkeit an der Wand ϖ haftet und folglich wegen (33) v_n auf ϖ verschwindet,

$$\int_\tau v_n \, d\tau = 0 \, .$$

Die linke Seite ist nichts anderes als der integrale Austausch zwischen den zwei Strömungszuständen. Sein Verschwinden war ebenfalls von vornherein anschaulich, da auch die reduzierten Gleichungen sowohl Inkompressibilität als Abwesenheit von Hohlräumen voraussetzen.

Fassen wir jetzt die (geringe) Flüssigkeitsmasse k ins Auge, welche (in einem bestimmten Zeitpunkte t) in der dünnen Prandtlschen Grenzschicht (also zwischen ϖ und τ) enthalten ist.

Die Änderung des auf das materielle System k sich beziehenden Gesamtimpulses während des Zeitelementes dt besteht im stationären Zustande ausschließlich aus der Summe der Bewegungsgrößen, welche den in dt durch τ ein- und austretenden Partikeln entsprechen.

Einem Element $d\tau$ entspricht der Beitrag

$$- d\tau \, (v_n \, dt) \, \mu v \, ,$$

wo n wie früher die nach dem Inneren (der Grenzschicht) gerichtete Normale bezeichnet.

Die Resultante der äußeren auf k wirkenden Kräfte besteht aus drei Anteilen:

$\mathfrak{R}_\tau$, welcher aus den Normaldrücken auf τ zusammengesetzt ist;
— $\mathfrak{R}$, welcher die (im allgemeinen nicht mehr normalen) Spannungen auf ϖ (d. h. auf die flüssigen Elemente, die an ϖ haften) verkörpert;
$\mathfrak{S}_k$, welcher die Summe der im Inneren der Grenzschicht wirkenden Massenkräfte bezeichnet.

Durch Anwendung des (ersten) Impulssatzes auf die substantielle Teilmenge k, hat man

$$- \int_\tau \mu \, v_n \, v \, d\tau = \mathfrak{R}_\tau - \mathfrak{R} + \mathfrak{S}_k \, . \tag{36}$$

Da $\mathfrak{R}_\tau$ die Gesamtwirkung einer stationären Strömung auf eine eingetauchte, feste (wenn auch fiktive), starre Fläche τ darstellt, so weiß man — hierin liegt die allgemeine Fassung des sogenannten d'Alembertschen Paradoxons [1] —, daß die Strömung keinen Einfluß auf die Resultante $\mathfrak{R}_\tau$ ausübt. Sie ist dieselbe wie im Falle des Gleichgewichtes unter denselben Massenkräften. Wir haben (§ 7) vorausgesetzt, daß diese Kräfte von einer eindeutigen Kräftefunktion $U(x^0,\ x^1,\ x^2)$ herrühren.

Es sei U auch im Innern des festen Körpers K regulär fortsetzbar. Dann wird das Archimedische Prinzip anwendbar, wonach einfach

$$\mathfrak{R}_\tau = -\,\mathfrak{S}_{K+k}\,,$$

in dem $\mathfrak{S}_{K+k}$ die Resultierende aller (reellen in k und fiktiven in K) wirkenden Massenkräfte bezeichnet.

Im zweiten Giede der Formel (36) tritt die Summe $\mathfrak{R}_\tau + \mathfrak{S}_k$ $= -\,\mathfrak{S}_{K+k} + \mathfrak{S}_k$ auf. Der additive Charakter der Resultantenbildung läßt offenbar die letzte Differenz auf $-\,\mathfrak{S}_K$ reduzieren.

Nach den im § 8 gewonnenen Schlüssen sind unter v und v_n auf der Trennungsfläche τ ihre asymptotischen Bestimmungen zu verstehen. Andererseits ist es wohl gestattet (wegen der Dünnheit der Grenzschicht) als Integrationsgebiet ϖ, an Stelle der (vielfach benutzten aber doch unbekannten) τ, anzusehen. So ergibt sich aus (36), indem man $\mathfrak{R}$ isoliert:

$$\mathfrak{R} = -\,\mathfrak{S}_K + \int\limits_{\widetilde{\omega}} \mu\, v_n^{(\infty)}\, \boldsymbol{v}^{(\infty)}\, d\varpi. \tag{36'}$$

Seiner Definition nach ist $\mathfrak{R}$ nichts anderes als die Gesamtkraft der auf den eingetauchten Körper K von der Flüssigkeit ausgeübten Druckkräfte. Nach (36') erscheint sie als Summe von zwei Anteilen: der erste, $-\,\mathfrak{S}_K$, erscheint, wenn man wieder das Archimedische Prinzip benutzt, als die von den Massenkräften herrührende **statische Wirkung**; der zweite,

$$\boldsymbol{D} = \int\limits_{\widetilde{\omega}} \mu\, v_n^{(\infty)}\, \boldsymbol{v}^{(\infty)}\, d\varpi, \tag{III}$$

stellt dagegen die tatsächliche **Strömungswirkung** dar: in $\boldsymbol{D}$ soll namentlich die Erklärung des Widerstandes gesucht werden.

Ich beabsichtige demnächst einige Bemerkungen an (III) anzuknüpfen; besonders aber die erforderlichen Integrationen für die einfachsten Körperformen und namentlich für die Kugel, wenigstens abschätzungsweise, zu versuchen und mit den Erfahrungsergebnissen zu vergleichen.

Es sei noch gestattet, dimensionslose Parameter sowohl in den Feldgleichungen (I), (II), als in den Randbedingungen (33), (34') einzuführen und eine daraus sich unmittelbar ergebende Folge zu erwähnen.

Man setze einerseits

$$v^i = V\mathfrak{v}^i \qquad (i = 0,\ 1,\ 2), \tag{37}$$

woraus für die entsprechenden kovarianten Komponenten v_i, $\mathfrak{v}_i$ die

---

[1] Vgl. Cisotti: Sul paradosso di d'Alembert. Atti del R. Istituto Veneto Bd. 65, S. 1291—1295. 1906, oder, in einer etwas anderen Fassung (Fehlen von Wirbeln und Massenkräften), Lagally: Handb. d. Physik Bd. 8, S. 51. Berlin: Julius Springer 1927.

nämlichen Relationen

$$v_i = V \mathfrak{v}_i \qquad (i = 0, 1, 2)$$

folgen, und andererseits

$$x^i = a \, \mathfrak{x}^i,$$

wo V die asymptotische Geschwindigkeit der freien Strömung und a eine Länge (etwa den Radius im Falle der Kugel) bezeichnet. Wenn man unter $\mathfrak{T}$ die quadratische Form T versteht, in welcher die Argumente $\mathfrak{v}$ an Stelle der v vorkommen und außerdem mit den Ansätzen

$$q = \frac{V^2}{a} \, \mathfrak{q}, \qquad \varphi = V a \, \mathfrak{f},$$

q und φ durch die dimensionslosen Größen $\mathfrak{q}$ und $\mathfrak{f}$ ersetzt und die Reynoldsche Zahl

$$\frac{1}{\varepsilon} = \frac{V a}{\nu} \tag{38}$$

einführt, so bekommt man aus den Feldgleichungen (I), (II) Randbedingungen (33) und asymptotischen Bedingungen (34') beziehungsweise:

$$\overline{\frac{d}{dt}\left(\frac{\partial \mathfrak{T}}{\partial \mathfrak{v}^i}\right) - \frac{\partial \mathfrak{T}}{\partial \mathfrak{x}^i}} + \mathfrak{v}^0 \sum_{j}^{2} \frac{\partial^2 \mathfrak{T}}{\partial \mathfrak{v}^j \partial \mathfrak{v}^i} \frac{\partial \mathfrak{v}^j}{\partial \mathfrak{x}^0} + \frac{\partial \mathfrak{q}}{\partial \mathfrak{x}^i} = \varepsilon \frac{\partial^2 \mathfrak{v}^i}{(\partial \mathfrak{x}^0)^2} \quad (i = 1, 2); \quad \text{(I*)}$$

$$\frac{1}{\sqrt{a}} \sum_{i}^{2} \frac{\partial (\sqrt{a} \, \mathfrak{v}^i)}{\partial \mathfrak{x}^i} + \frac{d \mathfrak{v}^0}{d \mathfrak{x}^0} = 0; \tag{II*}$$

$$\mathfrak{v}^i = 0 \quad \text{auf } \varpi \qquad (i = 0, 1, 2); \tag{33*}$$

$$\lim_{\mathfrak{x}^0 \to \infty} \mathfrak{v}_i = \frac{\partial \mathfrak{f}(0, \mathfrak{x}^1, \mathfrak{x}^2)}{\partial \mathfrak{x}^i} \qquad (i = 1, 2). \tag{34*}$$

Aus der Theorie der idealen Flüssigkeiten her ist es wohl bekannt, daß die Funktionen $\mathfrak{q}$ und $\mathfrak{f}$ nur von der geometrischen Form des Körpers K (und den gegebenen Massenkräften, wenn solche überhaupt existieren) abhängen.

Hieraus geht hervor, daß die durch (I*), (II*), (33*), (34*) vollständig definierten Funktionen $\mathfrak{v}^i$ ($i = 0, 1, 2$) ebenfalls nur von der Gestalt von K und von der inversen Reynoldschen Zahl ε abhängen können.

Kombiniert man dies mit (37) und mit dem in (III) in die Augen fallenden Umstande, daß die v^i quadratisch im Widerstandsgesetze vorkommen, so darf man von einer quadratischen Abhängigkeit des vom Körper erfahrenen (dynamischen) Widerstandes $\boldsymbol{D}$ von der asymptotischen Strömungsgeschwindigkeit V sprechen. Da jedoch der Koeffizient von V^2 in $\boldsymbol{D}$ noch die inverse Reynoldsche Zahl ε wesentlich enthält, so hat vorläufig dieser Schluß nur einen formalen Wert, wie übrigens in ähnlichen Fällen wiederholt durch bloße Dimensionsbetrachtungen hervorgehoben worden ist.

Bemerkung über die ideale Strömung um einen Körper bei verschwindender Zähigkeit.

Von K. Friedrichs, Aachen.

Es besteht die Vermutung, daß die Strömung um einen Körper beim Grenzübergang zu verschwindender Zähigkeit in die Helmholtz-Kirchhoffsche Strömung mit Totwasser und Diskontinuitätsflächen übergeht. Zur Erhärtung dieser Vermutung soll gezeigt werden, daß an der Hinterseite des Körpers notwendig ein Totwasser entstehen muß, sobald man folgende Annahmen über die Grenzströmung macht. Dabei werden der Einfachheit halber nur ebene Strömungen vorausgesetzt.

1. Die Stromfunktion $\psi(x,y)$ sei analytisch in einem Gebiet G, das sich an ein Stück $\varGamma$ der Hinterseite anschließt, insbesondere auch auf $\varGamma$ selbst.

2. Die Stromfunktion genügt der Differentialgleichung

$$\varDelta\psi = f(\psi) \tag{1}$$

für ideale Strömungen mit zunächst unbekannter — aber analytischer — Funktion f.

3. An der Hinterseite $\varGamma$ ist die Bedingung des Haftens erhalten geblieben. D. h. dort ist

$$\frac{\partial\psi}{\partial x} = 0, \qquad \frac{\partial\psi}{\partial y} = 0. \tag{2}$$

4. An der Hinterseite $\varGamma$ existiert ein Staupunkt.

Zunächst kann man annehmen, daß auf $\varGamma$

$$\psi = 0 \tag{3}$$

ist. Sodann müssen im Staupunkt alle drei zweiten Ableitungen von ψ verschwinden, denn zwei von ihnen verschwinden wegen der Bedingung des Haftens (2); da es aber im Staupunkt eine von $\varGamma$ wegführende Linie mit $\psi = 0$ gibt, so verschwindet auch die dritte. Im Staupunkt ist also insbesondere $\varDelta\psi = 0$. Wegen (1) ist dort auch $f = 0$ und also allgemein

$$f(0) = 0. \tag{4}$$

Nun besitzt bekanntlich Gl. (1) bei jeder Funktion f nur eine analytische Lösung mit den Anfangswerten (2) und (3). Die Funktion $\psi \equiv 0$ ist eine Lösung wegen (4); also ist sie die einzige Lösung. D. h.: An die Hinterseite schließt sich ein Totwasser an.

Diskussionsbemerkung zum Vortrag von K. Friedrichs.

Von L. Prandtl, Göttingen.

Zu der Frage, ob man beim Grenzübergang zu verschwindender Zähigkeit die Stromfunktion der stationären Bewegung auf der Rückseite der Platte usw. als analytisch voraussetzen darf, möchte ich bemerken, daß man nicht viel Anlaß hat, dies zu tun, sofern man nicht

4*

ein ruhendes Totwasser annehmen will. In meinem Vortrag auf dem Internationalen Mathematiker-Kongreß zu Heidelberg 1904 (s. Verhandlungen dieses Kongresses, S. 486) habe ich darauf hingewiesen, daß bei ebenen stationären Bewegungen Gebiete mit geschlossenen Stromlinien vorkommen können, in denen die Rotation (rot $\mathfrak{v}$) je konstant ist. Wo sich Wirbel mit verschieden starker Rotation berühren, hat die Rotation also einen Sprung (oder, wenn man noch nicht zur Grenze über-

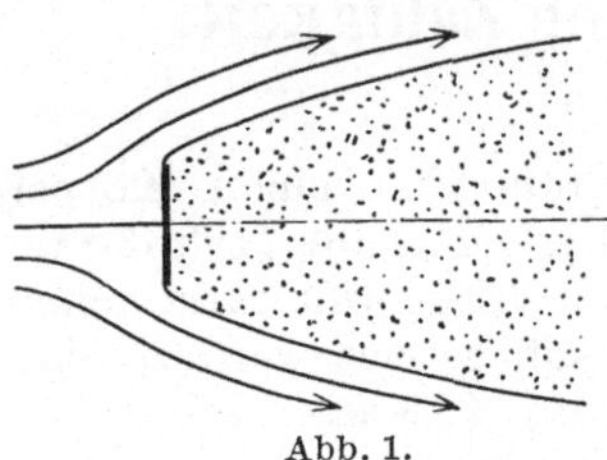

Abb. 1.

gegangen ist, eine „Grenzschicht"). Im rotationssymmetrischen Fall wird nach meiner Betrachtung von 1904 die Rotation im Wirbelgebiet proportional dem Abstand von der Achse. In diesem Fall ist die Hoffnung auf analytisches Verhalten also größer.

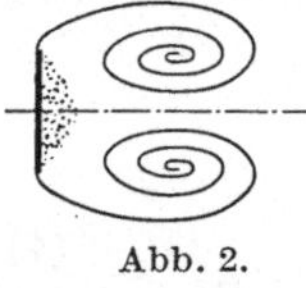

Abb. 2.

Zu dem speziellen Problem, was im Grenzfall der stationären Bewegung mit verschwindender Zähigkeit aus der Bewegung um eine zur Strömung senkrechte Platte wird, so habe ich früher einmal in einem längeren Briefwechsel mit Herrn Oseen die Ansicht verfochten, daß die Helmholtz-Kirchhoffsche Strömung mit Trennungsschichten und Totwasser dahinter diesen Grenzfall darstellt, vgl. Abb. 1. Die Entstehung hat man sich über Trennungsschichten der Art von Abb. 2 zu denken. Die beiden Wirbel werden immer größer (Abb. 3) und wandern schließlich ins Unendliche, das Totwasser hinter sich lassend[1]. Im übrigen ist diese ganze Frage sehr

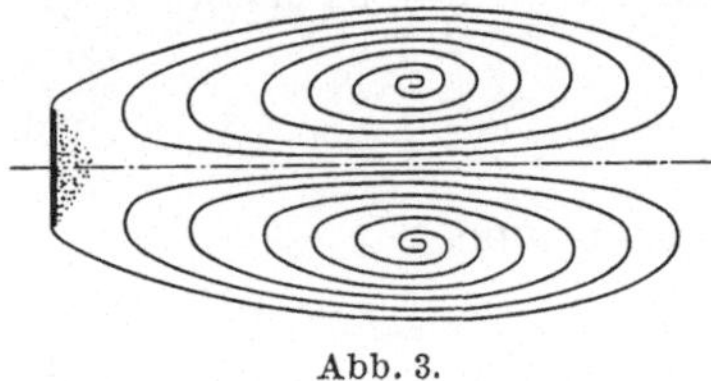

Abb. 3.

---

[1] In Anwendung des Thomsonschen Satzes über die Konstanz der Zirkulation längs einer flüssigen Linie findet man, daß die Stärke des Geschwindigkeitssprungs einer Trennungsschicht, die in die Länge gestreckt wird, umgekehrt proportional der Länge abnimmt. Die spiraligen Trennungsschichten der Wirbel werden aber durch ihre drehende Bewegung dauernd weiter verlängert, so daß die einzelnen Geschwindigkeitssprünge immer kleiner und kleiner werden, während gleichzeitig die verschiedenen Windungen der Trennungsschicht immer dichter aneinanderrücken. In einem späteren Stadium der Bewegung kann man sich also jedes Element des Wirbelgebietes so eng von Trennungsflächen geringen Geschwindigkeitssprungs durchsetzt denken, daß sich praktisch ein stetig ausgebreitetes Drehungsfeld ergibt.

Die Längenerstreckung des Wirbelgebietes wird man als mit der Zeit dem Wege $v\,t$ proportional wachsend annehmen dürfen. Die Breite wächst gemäß einer naheliegenden Vermutung ebenso wie die Breite des endgültigen Totwassers, die genähert proportional $\sqrt{b\cdot x}$ ist (b = Plattenbreite, x = Abstand). Mit $x \sim v\,t$ ergibt sich eine Breite proportional $\sqrt{b\cdot v\,t}$. Die Lieferung von Zirkulation in der Zeit t ist proportional $v\cdot v\,t$. Ein bestimmter Bruchteil davon erfüllt das Innere der Wirbelgebiete, also wird die Wirbeldichte oder Rotation proportional

$$\frac{v^2\,t}{v\,t\cdot\sqrt{b\cdot v\,t}} = \sqrt{\frac{v}{b\,t}}\,,$$ nimmt also mit der Zeit unbegrenzt ab, d. h. die Strömung hinter der Trennungsschicht konvergiert gegen ein ruhendes Totwasser.

akademischer Art, da in Wirklichkeit alle Trennungsschichten so hoch-
gradig labil sind, daß sie ganz kurz nach ihrem Entstehen bereits in
unregelmäßige Wirbel zerfallen. Was den Praktikern etwas nutzen
könnte und einen wirklichen Beitrag zum Widerstandsproblem darstellen würde, wäre eine Berechnung der mittleren Bewegung der turbulenten Strömung, die nach Auflösung der Trennungsschichten in
Wirbel einsetzt. Dies ist eine der Aufgaben, die wir uns in Göttingen
gesetzt haben, bei der wir aber auch die Hilfe anderer Forscher dank-
bar annehmen werden.

La solution approchée du problème de Dirichlet.

Communication de Prof. Dr. N. Kryloff et Assist. N. Bogoliouboff, Kiew.

Résumé.

Pour la resolution approchée de l'équation intégrale de seconde
éspèce

$$\varphi(\sigma) + \frac{1}{\pi}\int_0^L \varphi(s)\,\frac{d\omega(\sigma,s)}{ds}\,ds = f(s)\,, \quad \text{où} \quad \omega(\sigma,s) = \operatorname{arctg}\frac{y(\sigma)-y(s)}{x(\sigma)-x(s)}\,, \quad (1)$$

à laquelle se réduit (au moyen de l'introduction de la notion du potentiel
de double couche) le problème de Dirichlet, on peut considerer le système
suivant des équations linéaires

$$\varphi_n(s_i) + \frac{1}{\pi}\sum_{j=0}^n \varphi_n(s_j)\,\Delta_i\,\omega(s_i,s_j) = f(s_i), \quad \text{où} \quad \Delta_j\,\omega(s_i,s_j) = \int_{s_j-\frac{\Delta s_j}{2}}^{s_j+\frac{\Delta s_j}{2}} \frac{d\omega(s_i,s)}{ds}\,ds, \quad (2)$$

qu'on obtient en divisant le contour C en n parties, de longueur égales
respectivement à Δs_i, et en prenant les points s_i au milieu de chacun
d'eux.

Vu que $\Delta_i\omega(s_i, s_j)$ est l'angle sous laquel on voit l'élement Δs_j du
point s_i on constate que la formation de ce système est assez commode
au point de vue de la pratique, car $\Delta_j\omega(s_i, s_j)$ peut être pris immédiatement du dessin.

En se bornant au cas où le contour C est régulier, convexe, et avec
le rayon de courbure borné, on peut démontrer non seulement la con-
vergence du procédé, mais encore apprécier l'erreur de n-ième approximation en établissant la formule de majoration suivante

$$|\varphi_n(s_i) - \varphi(s_i)| < \frac{\pi+2\alpha L}{\pi+\alpha L}\cdot\frac{C\pi\max|R_n(s_i)|}{L}\,,$$

$$\text{où} \quad \frac{1}{r} = \alpha\left[1 + \frac{\pi-\alpha L}{\pi(\alpha L+\pi)}\right], \qquad L = \text{longueur de } C\,, \tag{3}$$

et où r est le plus grand de deux nombres: du rayon maximum de
courbure de C et de la distance maximum de deux points quelconques
du C.

Cette majoration de l'erreur (3) peut être complétement explicitée en calculant

$$R_n(s_i) = \frac{1}{\pi} \sum_{j=1}^{n}{}' \left[\int_{s_j - \frac{\Delta s_j}{2}}^{s_j + \frac{\Delta s_j}{2}} \varphi(s) \frac{d\omega}{ds} \, ds - \varphi(s_j) \int_{s_j - \frac{\Delta s_j}{2}}^{s_j + \frac{\Delta s_j}{2}} \frac{d\omega}{ds} \, ds \right],$$

ce que peut être faite de bien des manières. On a par ex.

$$|R_n(s_i)| < \frac{L \overline{\Delta s}^2}{24\pi} \left\{ \max\left| \varphi''(s) \frac{d\omega}{ds} \right| + 2\max\left| \frac{d^2\omega}{ds^2} \varphi'(s) \right| \right. \tag{4}$$

$$\left. + \frac{\overline{\Delta s}}{2} \max\left| \frac{d^3\omega}{ds^3} \varphi'(s) \right| \right\}$$

où $\overline{\Delta s} = \max \Delta s_i, (i = 1, 2, \ldots n)$;

$$|\varphi| < \left(\frac{\pi + 2\alpha L}{\pi + \alpha L} \right) \frac{r\pi}{L} \max |f(s)| = M;$$

$$|\varphi'| < \max |f'| + M \int_0^L \left| \frac{d^2\omega}{ds\,d\sigma} \right| ds;$$

$$|\varphi''| < \max |f''| + M \int_0^L \left| \frac{d^3\omega}{d\sigma^2\,ds} \right| ds.$$

Pour l'expression approchée du potentiel $V = \frac{1}{\pi} \int_0^L \varphi \frac{d \log r}{dn} ds$ on peut prendre

$$V_n(x,y) = \frac{1}{\pi} \sum \varphi_n(s_j) \Delta_j \omega[(x,y)s_j],$$

(où $\omega_j[(x,y),s_i]$ est l'angle sous lequel on voit Δs_i du point (x,y) pris à l'intérieur du contour C) et établir la formule de majoration pour l'erreur de la n-ième approximation

$$|V(x,y) - V_n(x,y)| < \frac{\overline{\Delta s}}{2} \left\{ \max |f'| + L\,M \max\left| \frac{d^2\omega(s,\sigma)}{ds\,d\sigma} \right| \right\}. \tag{5}$$

Pour se faire une idée de la possibilité de l'application pratique de la méthode ci dessus exposée on présente ici les resultats du calcul effectif qui a été fait, selon la demande des auteurs, par Prof. Ing. B. Meisel pour le cas de l'ellipse aux demi-axes $a = 20$ cm, $b = 15$ cm et pour les conditions frontières $V_c = x^2 + y^2$. Le contour de l'ellipse a été divisé en 16 parties, or grace à la symétrie le nombre des inconnues dans le système (2) des équations linéaires à resoudre se réduisit à 4. L'ellipse a été dessiné en sa grandeur naturelle, tous les angles ont été pris du dessin aves une erreur au moins égal à $1/4°$ et tout le calcul a été fait à l'aide d'une règle logarithmique de 25 cm. Pour la comparaison ont été calculées dans quelques points à l'intérieur du contour les valeurs exactes de V au moyen de la formule

$$V = 0{,}28\,(x^2 - y^2) + 288 \,,$$

et les valeurs approchées de V à l'aide de la formule (5). Les résultats sont données dans le tableau suivant:

Ce tableau montre que le maximum de l'erreur relatif se rapporte au centre de l'ellipse, c'est à dire au point le plus éloigné du contour. Il est à noter que le calcul a été fait exprès assez

Coordonnés en cm		V_{16}	V	$\dfrac{V_{16} - V}{V}$ en %
x	y			
0	0	312	288	+ 8,3 %
15	0	362	351	+ 3 %
0	10	255	260	— 2 %
5	9	273	272,3	+ 0,25 %
12	3	329	325,8	+ 1 %

grossièrement à l'aide des procédés qu'on emploie ordinairement dans la pratique courante de l'ingénieur et tout porte à croire que l'erreur peut être considérablement reduite en correspondance avec l'augmentation de la précision des procédés du calcul.

Application de la méthode des réduites à la solution approchée des équations différentielles aux dérivées partielles du type elliptique.

(Estimation des erreurs qu'on commet en s'arrêtant à la m-ième approximation dans le calcul des valeurs et des fonctions singulières. Cas général de l'équation non homogène.)

Par Prof. Dr. **N. Kryloff** et Assist. **N. Bogoliouboff**, Kiew.

Résumé de la communication.

Les différentes méthodes élaborées dans les travaux récents de Prof. Dr. N. Kryloff et de son assistant M. N. Bogoliouboff peuvent être étendues aux problèmes de plusieurs dimensions. A titre d'ex. on présente ici le court résumé des résultats obtenus pour la solution approchée de l'équation différentielle aux dérivées partielles du type elliptique.

$$L(u) \equiv \frac{\partial\left(a\dfrac{\partial u}{\partial x}\right)}{\partial x} + \frac{\partial\left(b\dfrac{\partial u}{\partial y}\right)}{\partial y} + \lambda\,c\,u = f(x, y)\,, \ a > 0; \left.\begin{array}{c} \\ \\ \end{array}\right\} \quad (1)$$

$$b > 0; \ u = 0 \ \text{sur} \ C \,.$$

Conditions restrictives. I. le contour C est régulier, convexe et son rayon de courbure est borné, 2. les coefficients a, b, c, f de (1) sont dérivables jusqu'à un certain ordre de sorte que $u\,(x,\ y)$ admet à son tour le nombre correspondant des dérivées partielles qui se trouvent majorées (par des formules assez compliquées) explicitement en fonction des maxima des dérivées des coefficients et de la différence $\lambda_i - \lambda$, où λ_i est la valeur singulière la plus proche de la valeur considérée du paramètre λ.

Remarque à propos de la méthode des démonstrations. On construit une fonction spéciale $\Omega\,(x,\,y)$ telle que

$$\Omega\,(x,\,y) = 0 \ \text{ sur } \ C;$$

$$\frac{d\Omega}{dn} > 0 \ \text{ sur } \ C; \qquad \Omega\,(x,\,y) > 0 \ \text{ à l'intérieur du } \ C$$

et certaines sommes

$$\sum_{i,j}^{i+j\leqq m} A_{ij}^{(m)}\,\Psi_{ij} \ \text{ où } \ \Psi_{ij} = \Omega\,(x,y)\,x^i\,y^j$$

approximant dans le domaine S limité par C la fonction $z\,(x,\,y)$ s'annulant sur le contour de sorte que l'erreur de m-ième approximation

$$z\,(x,\,y) - \sum_{ij} A_{ij}^{(m)}\,\Psi_{ij}$$

se trouve majorée explicitement en fonctions des modules des dérivées de $z\,(x,\,y)$. Les coefficients $a_{ij}^{(m)}$ de l'approximation $u_m\,(x,\,y)$ de l'intégrale $u\,(x,\,y)$

$$u_m(x,\,y) = \sum_{i,j}^{i+j\leqq m} a_{ij}^{(m)}\,\Psi_{ij}$$

se déterminent d'après la méthode des réduites, du système des équations linéaires algébriques

$$\int\limits_{S} \{L\,(u_m) - f\}\,\Psi_{ij}\,d\sigma = 0.\underset{i+j\,\leqq\,m}{}$$

(sûrement résoluble par ex. pour la valeur de λ telle que $\lambda c < 0$).

Enumération des quelques résultats obtenus.

1. Cas $\lambda_c < 0$. Si $u\,(x,\,y)$ possède un tel nombre des dérivées qu'une certaine fonctions $\omega\,(x,\,y)$ (égale à une continuation spéciale de $\dfrac{u\,(x,\,y)}{\Omega\,(x,\,y)}$ dans un carré contenant C dans son intérieur) admet des dérivées $\dfrac{d_{\omega}^{v+\mu}}{d\,x^{v}\,d\,y^{\mu}}$ $(v,\mu = 0,1\ldots p)$ alors on trouve

$$|\,u(x,\,y) - u_m\,(x,\,y)\,| < \frac{\max H \cdot E}{m^{p-2}} \cdot \sqrt{\frac{l}{L}}$$

où H, E, l, L sont certaines constantes qui se déterminent par des formules assez compliquées d'après les données du problème (propriétés du contour C).

2. Calcul des valeurs singulières du paramètre à l'aide de la méthode des réduites. Soit $D_m\,(\lambda)$ — le déterminant du système des équations linéaires provenant de la méthode des réduites dans le cas de l'équation (1) homogène $(f = 0)$

$$\int\limits_{s} L\,(u_m)\,\Psi_{ij}\,d\sigma_{\underset{i+j\,\leqq\,m}{}} = \int\limits_{s} L\,(u_m)\,\Theta_j\,d\sigma_{\underset{j\,=\,1,\,2\ldots k_m}{}} = 0\,, \tag{2}$$

où k_m est le nombre des combinaisons de i, j telle que $i + j \leqq m$ et où Θ_j sont les fonctions Ψ_{ij} énumérées au moyen d'un seul indice. Il est aisé de voir que $D_m(\lambda)$ (le polynome en λ du dégré k_m) ne peut admettre que les racines réelles et positives. Enumérons ces racines dans l'ordre de leur croissance en comptant chaque racine le nombre des fois égal à sa multiplicité $\lambda_1^{(km)}$, $\lambda_2^{(km)} \ldots \lambda_{km}^{(km)}$. On peut montrer que non seulement $\underset{m \to \infty}{\lambda_k^{(km)} \to \lambda_k}$ (où λ_k est k-ième valeur singulière relatif à l'équation (1)) mais encore que

$$
0 \leqq \lambda_k^{(km)} - \lambda_k < \left\{ \left[1 + \frac{\sqrt{\dfrac{1}{\lambda_k} \sum_{i=1}^{k} A^2}}{m^{p-1}} \right]^2 \frac{1}{\left[1 - \dfrac{\sqrt{\sum_{i}^{k} B_j^2}}{m^p} \right]^2} - 1 \right\} \lambda_k .
$$

où A_i et B_i sont certaines constantes qui peuvent être explicitées et qui dépendent d'une manière assez compliquée des propriétés du contour C et aussi des dérivées partielles des fonctions singulières, lesquelles à son tour peuvent être majorées d'après les données du problème.

3. Calcul approché des fonctions singulières. En orthogonalisant et en normalisant (auprès de la fonction $c(x, y)$) les solutions particulières u_m de (2) qui correspondent à une même racine de $D_m(\lambda) = 0$ et qui seront linéairement indépendantes on s'assure que les fonctions ainsi obtenues seront aussi orthogonales aux autres fonctions obtenues de la même manière, mais correspondantes aux autres racines de $D_m(\lambda)$.

Par les raisonnements assez compliqués on peut établir que dans le voisinage de ce système des fonctions singulières approchées se trouve un système des fonctions singulières relatives à (1) et on peut estimer par certaines formules de majoration (où intervient toute une série des constantes dépendantes des données de la question) l'erreur qu'on commet en s'arrêtant à la m-ième approximation, or les formules s'y rapportant sont par trop longues pour être détaillées ici.

4. Cas général de l'équation non homogène. L'étude du cas général sous la seule condition $\lambda \neq \lambda_i$ conduit aussi à la majoration de l'erreur $u(x, y) - u_m(x, y)$ de m-ième approximation au moyen de la formule du type $|u - u_m| < \dfrac{N}{m^{p-2}}$, où la constante N dépend à son tour de toute une série des constantes formées d'après les données du problème et où intervient explicitement la différence entre la valeur considérée du λ et la valeur singulière le plus proche de λ.

Pour conclure remarquons que toutes ces majorations des erreures peuvent être aisement améliorées en utilisant les particularitées de la question (par ex. les propriétés du contour C). De même, l'analyse, ci-dessus résumé, peut être étendu pour les cas des contours de beaucoup plus généraux ainsi que pour d'autres types des équations aux dérivées partielles et intégro-différentielles.

Some Studies of the Flow Past Cylinders.

By **A. Thom**, Ph. D., D. Sc., A. R. T. C., Glasgow.

The windchannel of Glasgow University has a working cross section
of about 65 cm $\times$ 65 cm, and a maximum wind speed of 12 m/s.
It is therefore useless to attempt work at high values of Reynold's
Number, as this can be done so much better in larger channels. I have,
therefore, of recent years concentrated on those air flow problems for
which a low Reynold's Number is not a drawback. A mathematical investigation carried out in 1927[1] showed that the thickness of the boundary layer over a curved surface is of the order

$$\delta = c \sqrt{\frac{v}{\dfrac{dv}{ds}}}, \tag{1}$$

where v = coefficient of kinematic viscosity. v = velocity outside the
boundary layer, s is measured along the flow and c is in the neigh-
bourhood of 2. For a circular cylinder of radius "a" this can be written

$$\delta = c a \sqrt{\frac{2}{hR}}, \tag{2}$$

where $\quad h = -\dfrac{1}{2\sqrt{1-p_1}}\dfrac{dp_1}{d\theta}\quad$ and $\quad p_1 = (p - p_0) \div \dfrac{1}{2}\varrho V^2$.

V being the velocity of the stream, p the pressure at the point, and p_0
the static pressure in the free stream.

It is evident from (2) that, in an experimental study of the boundary
layer alone a low value of $R \left(= \dfrac{2Va}{v} \right)$ is advantageous, provided it is
obtained by using a low wind speed, since it increases the thickness of
the layer. The boundary layer over the front portion of a cylinder
11,5 cm diameter was explored by taking measurements of total head
on a small glass Pitot tube (diameter 0,4 mm). The results agree very well
with the theoretical values as can be seen by a reference to R. and M.
No. 1176 of the Aeronautical Research Committee. The theory obviously
breaks down when $dp_1/d\theta$ becomes positive as "δ" is then unreal, but
this is the region where the breakaway occurs.

Measurements were also made in the boundary layer right round a
cylinder rotating in an air stream having a speed one half the circum-
ferential speed of the cylinder. The results are shown in Fig. 1 and 3.
The thickness of the boundary layer is of the same order as that mentioned above, namely

$$\delta \doteq 2a \div \sqrt{R}.$$

Inside this distance the velocity is everywhere in the same direction
as the surface motion, so that the air in the inner skin can only leave the
surface by turbulence.

---

[1] See Reports and Memoranda of the Aeronautical Research Committee
No. 1176.

The boundary layer for a stationary surface mentioned above can only be applied when a knowledge of the pressure distribution is available, and at ordinary values of R this can only be obtained, at present, by experiment. Lamb, Bairstow[1] and others have given solutions for the flow past cylinders at low values of R, but it is impossible to carry out windchannel tests in this region. Accordingly I decided to try out an arithmetical method of solving the general equations of steady viscous flow, which I had just developed, by using it to obtain the flow past a cylinder at $R = 10$, and to carry out windchannel tests at as low a value of R as possible. A similar method of solution has been used by Liebmann (1918) and Müller (1926) for the solution of $\nabla^2 \psi = 0$, but I was unaware of this until 1928 by which time I had developed the method for both inviscid and viscous flow. The method is one of successive approximations. An approximate field is assumed and divided into squares. The values of the stream function and of the vorticity at the corners of each square are noted and used to calculate the value at the centre of the square. The quantities so found are used in the same way to find the next approximation to the values at the original corners. The relations used to determine the

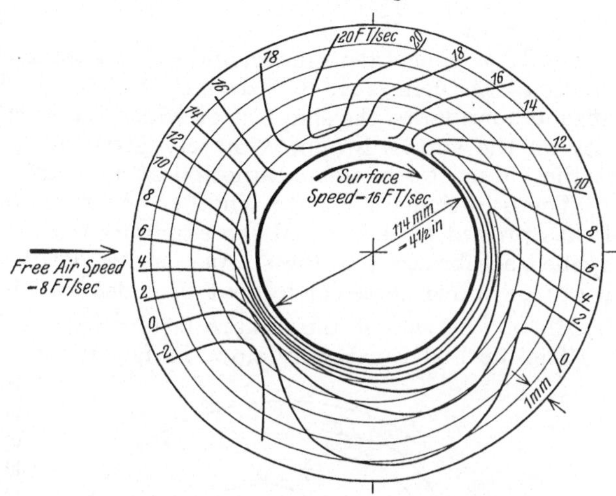

Fig. 1. Velocity distribution close to a Rotating Cylinder.

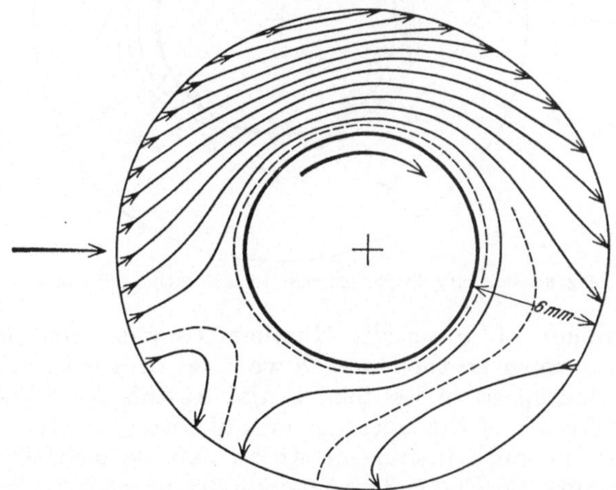

Fig. 2. Streamlines close to a Rotating Cylinder.

[1] The Resistance of a Cylinder Moving in a Viscous Fluid. Bairstow, Cave and Lang. Phil. Tr. A. Vol. 223.

central value from the corner values are based on the fundamental equations of steady viscous flow and are:

$$\zeta_C = \zeta_M - \frac{1}{16\,\nu}\{(\zeta_A - \zeta_C)(\psi_B - \psi_D) + (\zeta_B - \zeta_D)(\psi_C - \psi_A)\},$$

$$\psi_C = \psi_M - n^2\zeta_C,$$

where $2n$ = side of the square, and ψ_M, ζ_M are arithmetic means of the values at the corners A, B, C and D. Additional relations are necessary at solid boundaries, the simplest of which is that the value of the vorticity on the surface is approximately given by $\zeta_0 = \psi_1 \div y_1^2$ where ψ_1 is the value of the stream function at a distance y_1 from the surface.

The question arises as to whether or not the process is convergent. It has proved to be so in all the examples where I have used it. When applied algebraically to the simple case of flow between parallel walls, it can be shown to be convergent provided Vn/ν is small, $2n$ being the length of the side of the square (approximate criterion $Vn/\nu < \sqrt{20}$).

The method is naturally slow, in fact it took many weeks to complete the solution for the flow past a circular cylinder at $R = 10$, but the value obtained for the drag ($K_D = 1{,}7$) was in excellent agreement with that obtained experimentally by Relf. (See Fig. 7).

The theoretical field thus found is shown in Figs. 4 and 5 the former giving the streamlines and the latter contours of vorticity.

Last year we measured the pressure distribution round circular cylinders at many values of Reynold's Number varying from R 28 to R 17000. To get down to the lowest R we used a cylinder 0,66 mm diameter and a wind speed of less than 1 m/s. At this speed the pressures to be dealt with are of the order 0,02 mm of water, and the Chattock Tilting Gauge is the only instrument which can be used. The collected results are shown on Fig. 6. One noteworthy point is the fact that the pressure on the front generator rises above $\tfrac{1}{2}\,\varrho\,V^2$ at the lower values of R. The effect of the size of the pressure hole was investigated. It was found that the pressure recorded was, not the pressure at the position corresponding to the centre of the hole but that at a point nearer the front of the cylinder by one quarter of the hole diameter. This is well shown in Fig. 6 where the correction $-\dfrac{1}{2}\dfrac{d}{D}$ has been applied to all values of θ. This

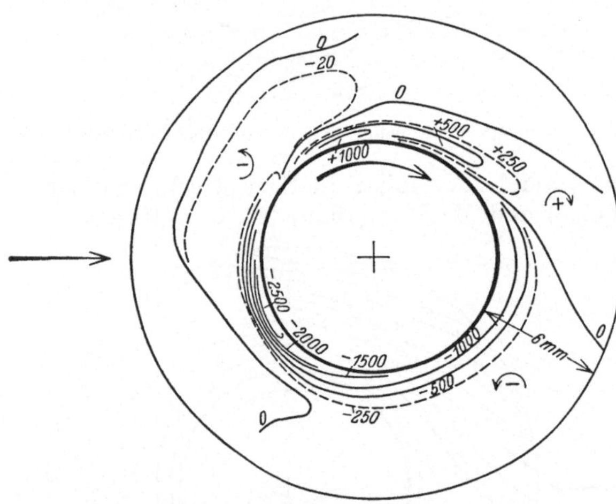

Fig. 3. Vorticity distribution close to a Rotating Cylinder.

procedure has brought the results of measurements with different sizes
of hole into excellent agreement.

The drag produced by the normal pressure was found for each experiment. The results are shown on Fig. 7 which also shows the total drag

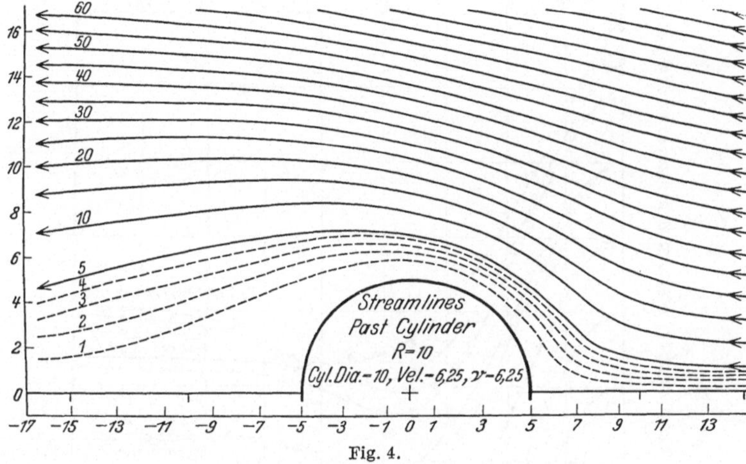

Fig. 4.

as determined by Relf. The difference is the skin drag. It is interesting
to note that the value thus obtained for the skin drag is in substantial

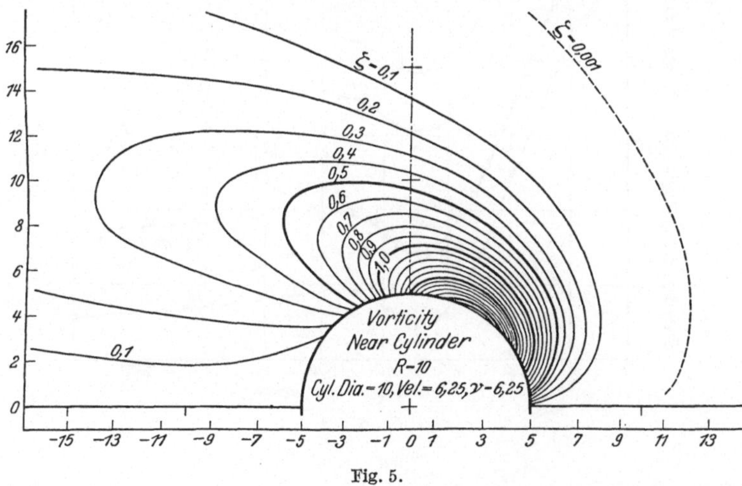

Fig. 5.

agreement with that found by theory (R. and M. No. 1176) namely
$2 \div \sqrt{R}$. Some further details of the above calculations and experiments
are contained in the publications of the Aeronautical Research Committee, Reports and Memoranda No. 1176 and 1194.

I have recently made and used an instrument which I believe to
be new, namely, a vorticity meter. It consists of a central cylinder

having two holes about 90° apart. When the pressure in these holes is equal the instrument is facing upstream. Two small pitot heads are attached to the cylinder at equal distances on either side (Fig. 8).

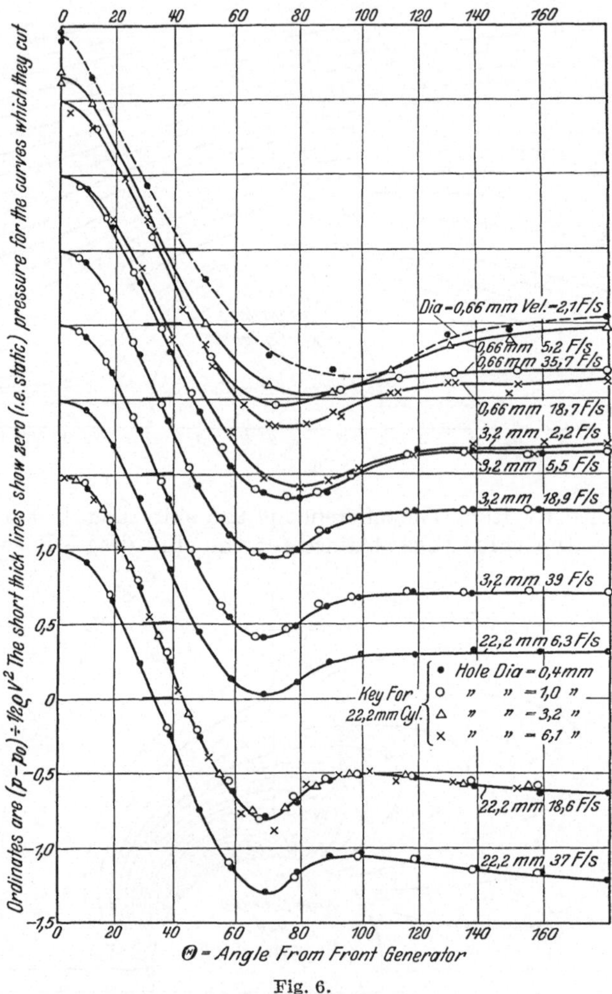

Fig. 6.

The pressure difference in these tubes is a measure of the vorticity existing throughout the region. If x lies along the direction of motion then it can be shown that for steady motion

$$\frac{\partial}{\partial y}\left(\frac{p}{\varrho} + \frac{1}{2}u^2\right) = 2\,v\,\frac{\partial \zeta}{\partial x} - 2\,u\,\zeta\,,$$

so that $2\,u\varrho\,\zeta = -\dfrac{\partial}{\partial y}$ (Total head) $+\,2\,\mu\,\dfrac{\partial \zeta}{\partial x}$.

The second term is small and can be neglected unless turbulence has caused the effective value of μ to be very high. A model of the instrument was tried in a field in which the distribution of vorticity had previously been determined by a recognised method. The results were in

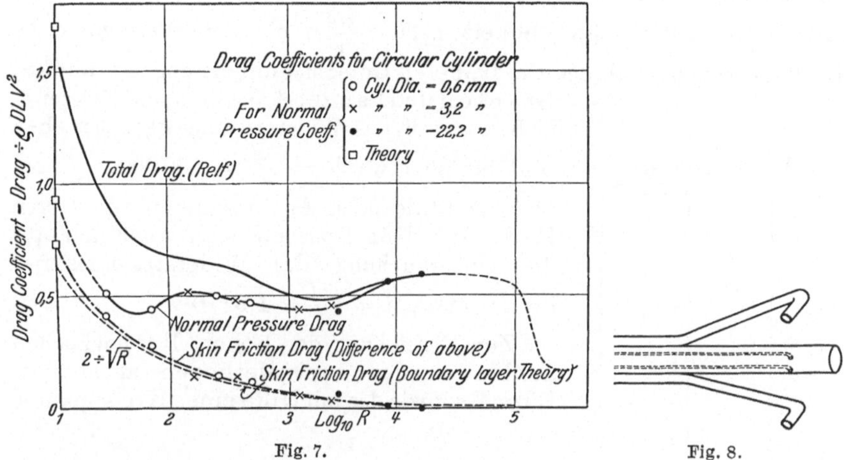

Fig. 7.   Fig. 8.

good general agreement considering the size of the instrument (about 3 cm overall). An instrument maker could probably produce a very much smaller model which might be an advantage.

For published particulars of other work carried out at Glasgow on the subject of the aerodynamics of the cylinder the following papers may be consulted:

Reports and Memoranda of the "Aeronautical Research Committee".
R. and M. No. 1018: Experiments on the Air Forces on Rotating Cylinders. A. Thom.
R. and M. No. 1082: The Pressures Round a Cylinder Rotating in an air current. A. Thom.
R. and M. No. 1176: The Boundary Layer of the Front Portion of a Cylinder. A. Thom.
R. and M. No. 1194: An Investigation of Fluid Flow in Two Dimensions. A. Thom.
Proceedings of the "Institute of Engineers and Shipbuilders in Scotland". 1925. The Aerodynamics of the Rotating Cylinder. A. Thom.
The Journal of "The Royal Aeronautical Society". Vol. XXXII. Aerodynamics of a spinning sphere. J. W. Maccoll.

Über turbulente Wasserströmungen in geraden Rohren bei sehr großen Reynoldsschen Zahlen.

Von J. Nikuradse, Göttingen.

(Aus dem Kaiser Wilhelm-Institut für Strömungsforschung.)

Der Bericht, der hier gegeben wird, bezieht sich auf Untersuchungen von turbulenten Wasserströmungen in geraden Rohren bei sehr großen Reynoldsschen Zahlen. Diese Untersuchungen sind in dem von Herrn

Prof. Prandtl geleiteten Kaiser Wilhelm-Institut für Strömungsforschung in Göttingen durchgeführt worden. Untersucht wurden nicht nur das Widerstandsgesetz, sondern auch die Abhängigkeit der Geschwindigkeitsverteilung sowie des Impulsaustausches von der Reynoldsschen Zahl. Dabei wurde die Reynoldssche Zahl, bezogen auf den Rohrdurchmesser d und die mittlere Geschwindigkeit $\bar{u}\left(\Re = \dfrac{\bar{u}\cdot d}{\nu}\right)$, bis zum Wert von etwa $3\cdot 10^6$ gesteigert, während die früheren Untersuchungen von Ombeck[1], Stanton und Pannell[2], Jakob und Erk[3] u.a. sich nur auf das Widerstandsgesetz beziehen und bis zu etwa $\Re = \dfrac{\bar{u}\cdot d}{\nu} = 460\,000$ gehen. Die nachfolgenden Ausführungen von Herrn Prof. Schiller beziehen sich auch nur auf die Untersuchung des Widerstandsgesetzes bis zu etwa $\Re = \dfrac{\bar{u}\cdot d}{\nu} = 1,9\cdot 10^6$.

Zur Erreichung der hohen Reynoldsschen Zahlen wurden zwei Methoden angewandt. Einmal wurde das mit Hilfe einer Kreiselpumpe

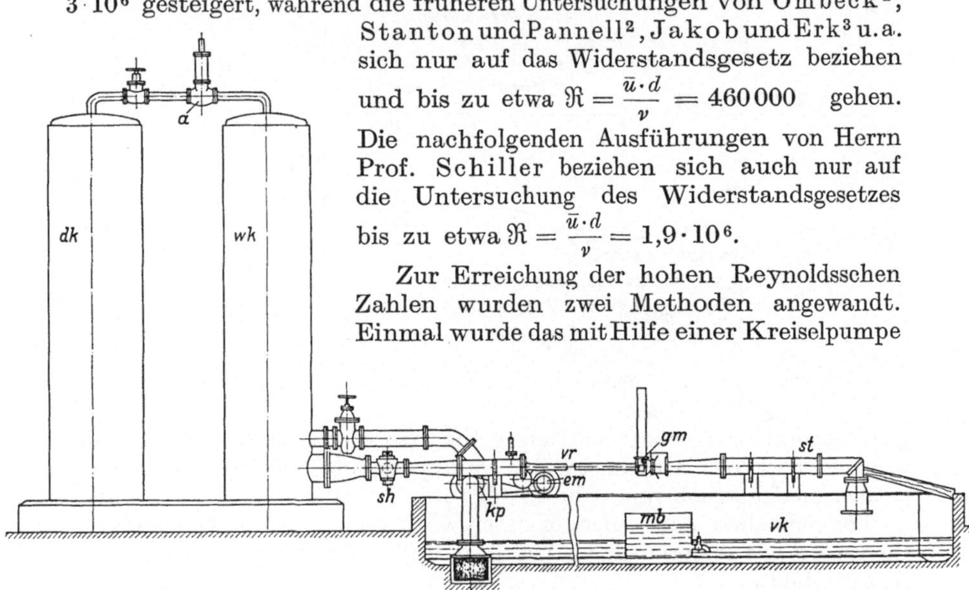

Abb. 1. Gesamtanlage.

dk Druckluftkessel.
wk Wasserkessel.
a Arca-Regler.
sh Schnellschlußhahn.
kp Kreiselpumpe.
em Antriebsmotor für die Kreiselpumpe.

vr Versuchsrohr.
gm Geschwindigkeits-Meßapparat.
mb Meßbottich für die Mengenmessungen.
st Strahlvernichter.
vk Vorratskanal.

kp (Abb. 1) durch das Versuchsrohr vr getriebene Wasser erwärmt. Durch die Erwärmung des Wassers wurde die kinematische Zähigkeit $\nu = \dfrac{\mu}{\varrho}$ ($\mu =$ Zähigkeitskonstante, $\varrho =$ Wasserdichte) herabgesetzt und dadurch die Reynoldssche Zahl gesteigert. Zweitens wurde eine große Druckhöhe im Wasserkessel wk hergestellt, die das Wasser dann mit großer Geschwindigkeit durch das Versuchsrohr schießen ließ. Zur Erreichung der großen Druckhöhe wurde das Wasser in dem Kessel unter

[1] Ombeck, H.: Druckverlust strömender Luft in geraden zylindrischen Rohrleitungen. Mitteilungen über Forschungsarbeiten, herausgegeben vom V. d. I., H. 159. 1914.
[2] Stanton, T. E. and J. R. Pannell: Phil. Trans. Roy. Soc. London A. Bd. 214. 1914.
[3] Jakob, M. und S. Erk: Der Druckabfall in glatten Rohren und die Durchflußziffer von Normaldüsen. Mitteilung über Forschungsarbeiten, herausgegeben vom V. d. I., H. 267. 1924.

einem Luftdruck bis etwa 5 Atmosphären gehalten. Durch Zwischenschaltung des bekannten Arcareglers a zwischen Druckluft- dk und Wasserkessel wk wurde für konstante Druckhöhe während des Ausströmens gesorgt. Da die Zeit des Ausströmens beschränkt war, wurde mit einem Schnellschlußhahn sh, der mit Druckluft gesteuert wurde und zwischen Wasserkessel und Versuchsrohr lag, für das momentane Öffnen und Schließen des Ausflusses gesorgt. Schließlich ist zu erwähnen, daß beide Methoden: die Herabsetzung der kinematischen Zähigkeit durch Erwärmung des Wassers und die Steigerung der Geschwindigkeit durch große Druckhöhe im Wasserkessel auch kombiniert angewandt wurden.

Von den Vorversuchen, welche die Zuverlässigkeit der Hauptversuche

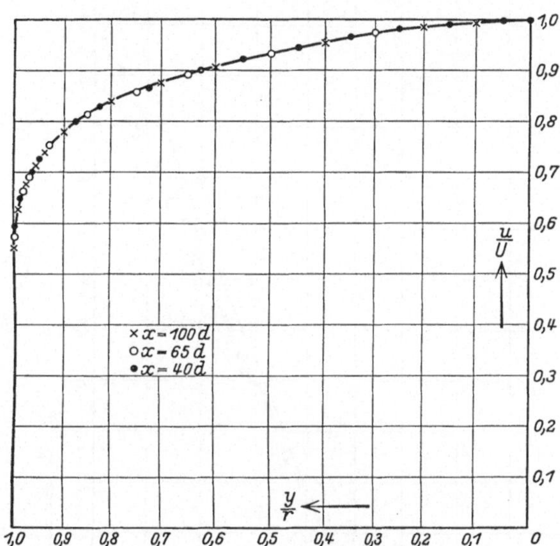

Abb. 2.   Dimensionslose Geschwindigkeitsverteilungen für verschiedene Rohrlängen bei $\Re = 900\,000$.

sicherstellten, seien hier nur die Versuche über den Anlaufeinfluß erwähnt. Bei einigen Reynoldsschen Zahlen bis zu $\Re = 900\,000$ wurden Geschwindigkeitsprofile für verschiedene $\dfrac{x}{d}$ ($x =$ Entfernung vom Einlauf) gemessen. Das kleinste $\dfrac{x}{d}$, das in den Hauptversuchen vorkam, war 55; nach den Anlaufversuchen war mindestens von $\dfrac{x}{d} = 40$ ab die Strömung voll ausgebildet, wie die in Abb. 2 eingetragenen Geschwindigkeitsprofile für verschiedene $\dfrac{x}{d}$ bei $\Re = 900\,000$ zeigen.

Man bezieht das Druckgefälle $\dfrac{d\,p}{d\,x}$ auf die Geschwindigkeitshöhe der mittleren Geschwindigkeit $\left(\bar{q} = \varrho\,\dfrac{\bar{u}^2}{2}\right)$ und gelangt so zur Definition der dimensionslosen Widerstandszahl λ:

$$\frac{d\,p}{d\,x} = \frac{\lambda\,\varrho\,\dfrac{\bar{u}^2}{2}}{d}, \qquad\qquad \lambda = \frac{d\,p}{d\,x}\cdot\frac{d}{\bar{q}}.$$

Im Blasiusschen [1] Widerstandsbereich ist $\lambda = 0{,}316\left(\dfrac{\nu}{\bar{u}\cdot d}\right)^{1/4}$.

---

[1] Blasius, H.: Das Ähnlichkeitsgesetz bei Reibungsvorgängen in Flüssigkeiten. Mitteilungen über Forschungsarbeiten, herausgegeben vom V. d. I., H. 131. 1913.

Wie schon erwähnt, ist die Abhängigkeit der Widerstandszahl λ von der Reynoldsschen Zahl bis etwa $\Re = \dfrac{\bar{u} \cdot d}{v} = 460\,000$ schon früher untersucht, die durch unsere Messungen bestätigt wurde. Die

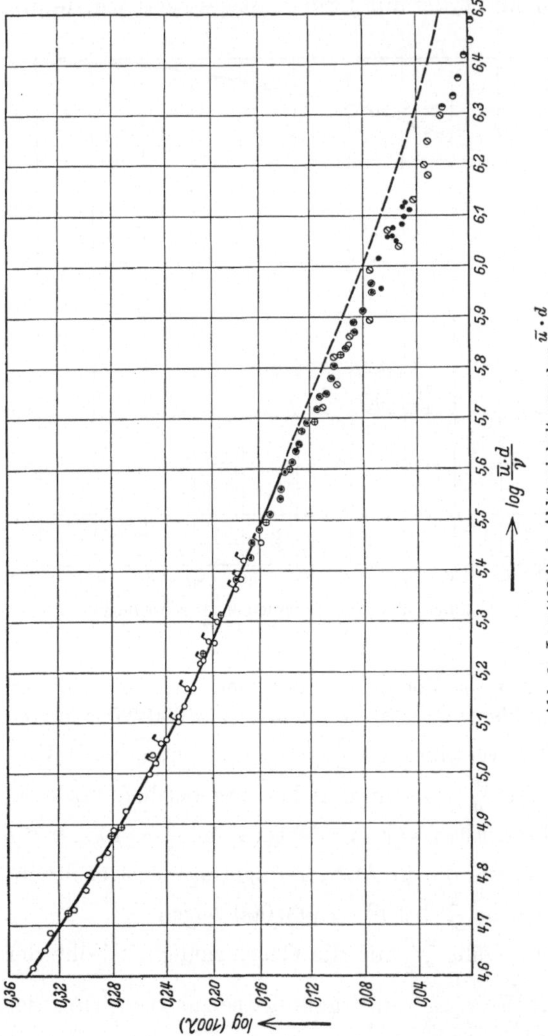

Abb. 3. Log (100 λ) in Abhängigkeit von log $\dfrac{\bar{u}\cdot d}{v}$.

Abb. 3 zeigt diese Abhängigkeit der Widerstandszahl von der Reynoldsschen Zahl im logarithmischen Maßstabe. Die in dieser Abbildung eingetragenen Punkte sind durch unsere Messungen gewonnen. Die eingezeichnete Kurve ist nach der Formel $\lambda = 0,00714 + 0,6104\,\Re^{-0,35}\left(\Re = \dfrac{\bar{u}\cdot d}{v}\right)$ berechnet; diese Formel ist von Ch. H. Lees[1] nach Messungen von Stanton und Pannell[2] aufgestellt. Der ausgezogene Teil stellt den bereits früher untersuchten Bereich dar. Von etwa $\log\left(\dfrac{\bar{u}\cdot d}{v}\right) = 5,6$ ab beobachtet man eine zunehmende Abweichung von der durch die Leessche Formel berechneten Kurve. Die Messungen zeigen, daß die Neigung der Kurven log λ in Abhängigkeit von log $\Re$ im untersuchten Bereich von etwa $^1/_4$ (Blasiussches Gesetz) auf etwa $^1/_6$ schwach abnimmt. Die Vermutung, daß mit wachsender Reynoldsscher Zahl die Strömung den Zustand erreicht, in dem die Widerstandszahl von der Reynoldsschen Zahl unabhängig ist, trifft jedenfalls in dem jetzt untersuchten Bereich nicht zu.

---

[1] Lees, Ch. H.: Proc. Roy. Soc. London A. Bd. 91, S. 46. 1915.
[2] s. S. 64, Fußnote 2.

Die Geschwindigkeit in Wandnähe kann man wie im Blasiusschen Bereich gut durch Potenzgesetze in Abhängigkeit vom Wandabstand ausdrücken. Die Abb. 4 läßt durch die Neigung der dort eingezeichneten Geraden den Exponenten des Wandgesetzes erkennen; er wird mit wachsender Reynoldsscher Zahl kleiner, von $^1/_7$ im Blasiusschen Bereich bis etwa $\Re = 100\,000$ nimmt er auf etwa $^1/_{10}$ bei $\Re = 3 \cdot 10^6$ ab. Die Änderung des Exponenten mit wachsender Reynoldsscher Zahl wird dabei

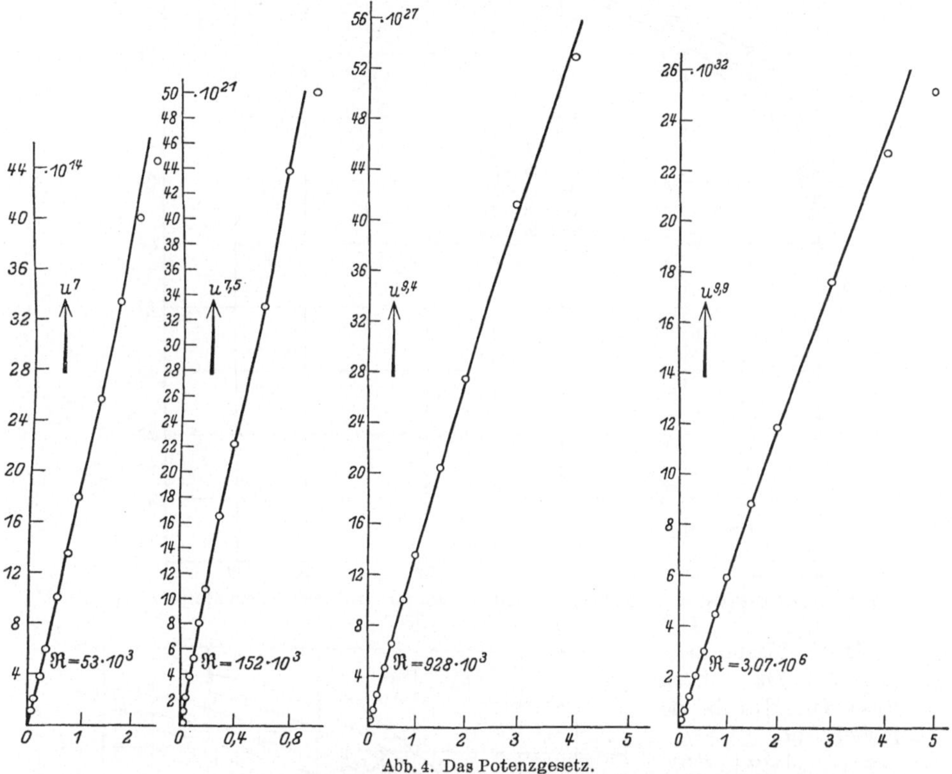

Abb. 4. Das Potenzgesetz.

immer schwächer. Die Meßeinrichtung erlaubte noch eine Steigerung der Reynoldsschen Zahl auf das Doppelte, doch ließ die schwache Änderung des Widerstands- bzw. Geschwindigkeitsgesetzes mit der Reynoldsschen Zahl diese weitere Steigerung nicht lohnend erscheinen.

Die Geschwindigkeitsverteilungen in dimensionsloser Darstellung (Abb. 5) zeigen ein Vollerwerden mit wachsenden Reynoldsschen Zahlen, während die Geschwindigkeitsverteilungen bei rauhen Wänden, wie die Messungen von W. Fritsch[1] zeigen, mit steigender Rauhigkeit spitzer werden. Das spricht dagegen, daß für steigende Reynoldssche

---

[1] Fritsch, W.: Der Einfluß der Wandrauhigkeit auf die turbulente Geschwindigkeitsverteilung in Rinnen. Abhandlungen aus dem Aerodynamischen Institut der Technischen Hochschule Aachen, H. 8, 1928.

Zahlen in technisch glatten Rohren der Einfluß der kleinen Rauhigkeiten mehr und mehr hervortritt.

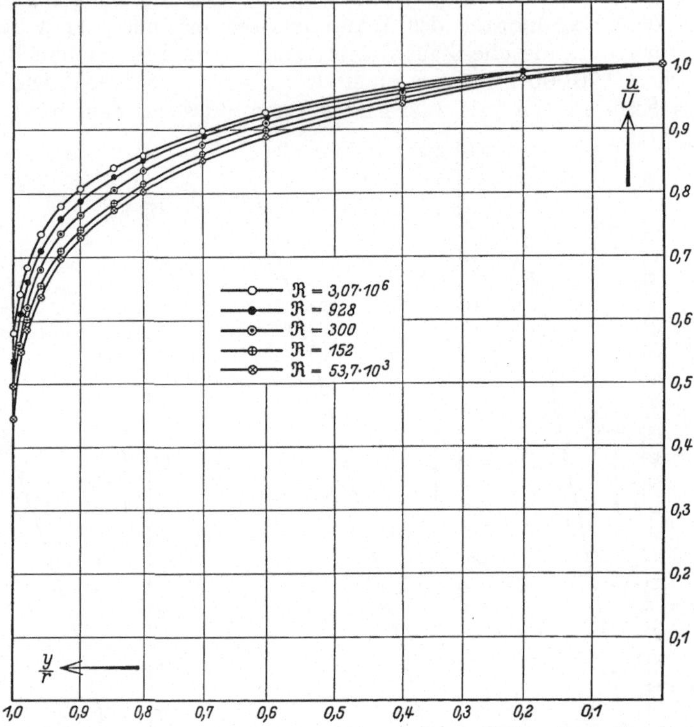

Abb. 5. Dimensionslose Geschwindigkeitsverteilungen für verschiedene Reynoldssche Zahlen.

Der Mischungsweg l ist nach Prandtl durch die Beziehung

$$\frac{\tau}{\varrho} = l^2 \left|\frac{d\,u}{d\,y}\right| \cdot \frac{d\,u}{d\,y}$$

definiert, wo τ die Schubspannung ist. In Abb. 6 ist der relative Mischungsweg $\frac{l}{b}$ ($b =$ halbe Kanal- oder Rohrbreite) über $\frac{y}{b}$ aus unseren Messungen und solchen von Fritsch[1] bei rauhen Kanalwänden

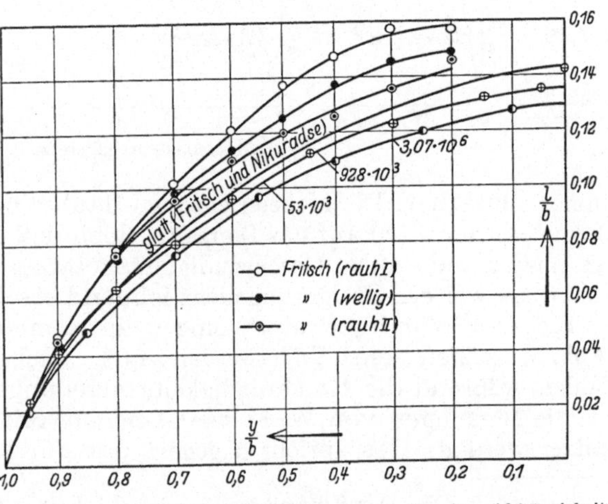

Abb. 6. Dimensionsloser Mischungsweg l/b in Abhängigkeit von y/b.

[1] s. S. 67, Fußnote 1.

zusammengestellt. Da eine schwache Abnahme des relativen Mischungsweges bei glatten Rohren mit steigender Reynoldsscher Zahl, dagegen bei steigender Rauhigkeit eine Zunahme erfolgt, so läßt sich hierdurch der Schluß bekräftigen, daß ein Rauhigkeitseinfluß in technisch glatten Rohren mit wachsenden Reynoldsschen Zahlen nicht hervortritt.

Rohrwiderstand bei hohen Reynoldsschen Zahlen.

Von Ludwig Schiller in Leipzig.

Trotz seiner verhältnismäßig geringen technischen Bedeutung ist das Widerstandsgesetz des „technisch glatten" Rohres im Laufe der letzten Jahrzehnte Gegenstand zahlreicher experimenteller Untersuchungen gewesen. Dies beruht wohl im wesentlichen auf der sicher berechtigten Annahme, daß innerhalb eines gewissen Bereichs das „technisch glatte" Rohr auch „hydraulisch glatt" sich verhält, daß also die geringen von Fall zu Fall auftretenden Verschiedenheiten der „Glätte" noch nicht dazu nötigen, den Parameter der „Rauhigkeit" zu berücksichtigen, das Problem also vereinfacht ist. Andererseits ist jedoch damit zu rechnen, daß mit zunehmender Reynoldsscher Zahl, richtiger abnehmender Grenzschichtdicke, auch die kleinen Rauhigkeiten des technisch glatten Rohres allmählich für die Strömungsform Bedeutung gewinnen. Ein Entscheid darüber, ob und von wann an dies der Fall ist, führt dazu, den Meßbereich nach höheren R-Werten auszudehnen und gleichzeitig eine Erhöhung der Meßgenauigkeit anzustreben. Dies war das Ziel der im folgenden wiederzugebenden Messungen, gleichzeitig noch eine systematische Untersuchung des Einflusses der „Anlauflänge" (Abstand vom Rohreinlauf) auf den Widerstandsbeiwert. Die Messungen wurden durch meinen Mitarbeiter Herrn Hermann im Physikalischen Institut Leipzig, Abteilung für angewandte Mechanik und Thermodynamik, im Laufe des letzten Jahres mit dankenswerter Unterstützung der Helmholtz-Gesellschaft durchgeführt[1].

1. Definitionen und frühere Ergebnisse.

Den Widerstandsbeiwert ψ definieren wir durch die Gleichung für den Druckabfall:

$$\varDelta p = \psi \, \frac{l}{r} \, \frac{\varrho \, v^2}{2} \, .$$

(l = Meßlänge, r = Rohrhalbmesser, ϱ = Flüssigkeitsdichte, v = mittlere Strömungsgeschwindigkeit), die Reynoldssche Zahl des Rohres:

$$R = \frac{v \cdot r}{v} \, ,$$

$$\left(v = \frac{\mu}{\varrho} = \frac{\text{Zähigkeit}}{\text{Dichte}} = \text{kinematische Zähigkeit} \right).$$

<hr>

[1] Nähere experimentelle Details usw. findet man in dem Büchlein: R. Hermann und Th. Burbach: Strömungswiderstand und Wärmeübergang in Rohren. Leipzig: Akademische Verlagsgesellschaft m. b. H. 1930, dem auch die Abbildungen des vorliegenden Aufsatzes entnommen sind.

Der status quo ante ist gegeben durch die Messungen von

Stanton und Pannell, Meßbereich $R = 2000$ bis $215\,000$,

mit der empirischen Gleichung (nach Lees):

$$\psi = 0{,}0036 + 0{,}2395 \cdot R^{-0{,}35},$$

und die von Jakob und Erk (Meßbereich $R = 43\,000$ bis $230\,000$) mit der Gleichung:

$$\psi = 0{,}00357 + 0{,}2395 \cdot R^{-0{,}35}\,*.$$

2. Versuchsanlage.

Eine schematische Übersicht über die Versuchsanlage zeigt Abb. 1. Eine Kreiselpumpe (max. Leistung 63,5 PS; Fördermenge 5 m³/min

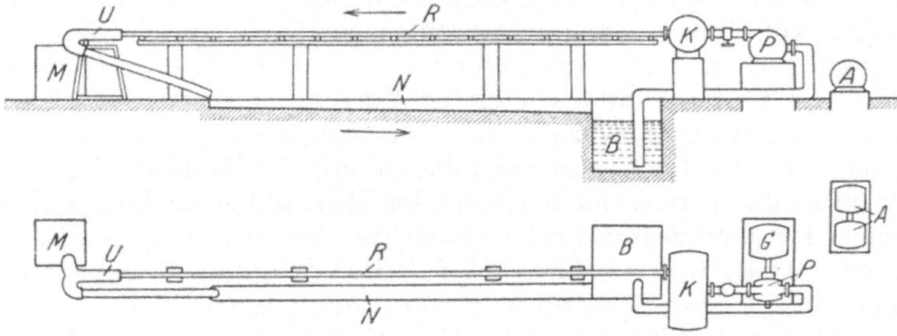

Abb. 1. Grund- und Aufriß der Versuchsanlage.

bei 40 m WS., kleinere Mengen bis 50 m WS.) der Firma C. H. Jaeger & Co., Leipzig, wird durch einen Gleichstrommotor (55 kW) der AEG angetrieben. Ein Zu- und Gegenschaltaggregat gestattet, die Umdrehungszahl von 50 bis 1400 Touren/min in 200 Stufen zu verändern. Die Schwankungen der Tourenzahl während eines Meßzeitraumes (3 bis 5 Minuten) hielten sich in den Grenzen von ± 0,5 %. In den Mengenmessungen wurden diese Schwankungen automatisch ausgeglichen; den entsprechenden Manometerschwankungen wurde durch zahlreiche Ablesungen und Mittelung Rechnung getragen.

Die Pumpe saugt das Betriebswasser aus einem Vorratsbassin an

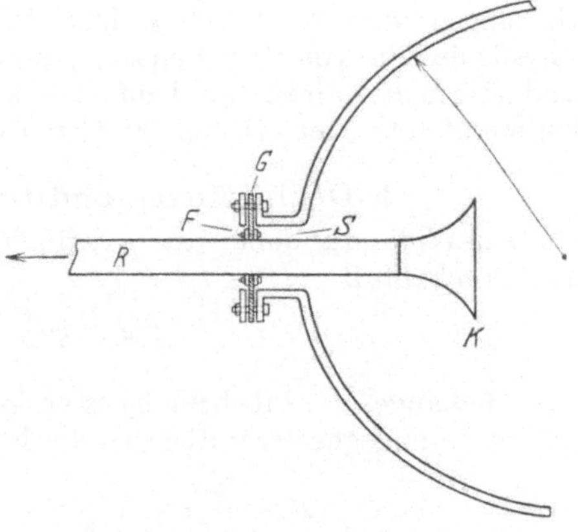

Abb. 2. Elastische Flanschverbindung.

und drückt es in einen liegenden Kessel (2 m lang, 1 m Durchmesser), der oben einen Luftdom und Entlüftungshahn trägt. Ein Mannloch ge-

---

* Die sehr weitgehende Übereinstimmung der Koeffizienten in den beiden Gleichungen darf nicht zu einer Überschätzung der Meßgenauigkeit verführen. Bei

stattet, ohne die Justierung des Rohres zu gefährden, innerhalb des
Kessels verschiedene Mundstücke auf das Versuchsrohr aufzusetzen.

Weiterhin gelangt das Wasser in das Versuchsrohr, von dort durch
eine Schwenkvorrich-
tung entweder in einen
Meßbottich oder in
eine Rinne, die die
Rückbeförderung in
das Vorratsbassin ver-
mittelt.

Die Verbindung des
Versuchsrohrs mit dem
Kessel erfolgte (vgl.
Abb. 2 u. 3) zur Ver-
meidung der Über-
tragung von Erschüt-
terungen lediglich
durch einen Gummi-
ring (5 mm stark mit
zwei Leinwandeinla-
gen). Dies bringt gleich-

Abb. 3. Kessel mit elastischer Flanschverbindung, Widerlager
und Justierlager.

zeitig den Vorteil mit sich, daß die Justierung des Versuchsrohres unabhängig von der Lage der Ebene des Flansches am Kessel erfolgen kann.

Versuchsrohre wa-
ren ein Messingrohr
von 6,8 cm l. W. und
15,1 m Länge und ein
Kupferrohr von 5,0 cm
l. W. und 15,3 m Länge,
zusammengesetzt aus
je 3 Stücken von 4,2
bis 6,3 m Länge.

Als Lager für die
Rohre dienten vier
Steinpfeiler (Abb. 4),
die auf der Zement-
sohle errichtet und zu-
nächst durch Doppel-
T-Träger überbrückt
waren. Auf diesen
wurde mit je 1 m Ab-

Abb. 4. Gesamtansicht der Versuchsanlage.

stand je ein Justierlager angebracht (Abb. 5), das nach jeder Richtung
20 mm Verschiebung gestattet. Die Horizontaljustierung erfolgte durch
kommunizierende Röhren, die Geraderichtung längs der ganzen Länge
durch ein dem Versuchsrohr gleiches Rohr von 110 cm Länge mit zwei

Stanton und Pannell unterscheiden sich die Mittelwerte des Widerstands-
beiwertes zweier Rohre von $r = 0,1805$ und $0,3563$ cm um 1,9%. Bei Jakob und
Erk ist ein Rohr ausgeschaltet, dessen Widerstandsbeiwert um 3,7% abwich.

Fadenkreuzen, das über alle Lager weg verschoben und mit Fernrohr beobachtet wurde.

Die auf das Rohr durch die Strömung ausgeübte Schubkraft (90 kg) wurde durch ein in Abb. 3 sichtbares Widerlager aufgenommen, einen auf dem Träger befestigten viereckigen Rahmen. Die ebenfalls sichtbaren Stellschrauben gestatteten, bei Temperaturschwankungen auftretende größere Dehnungen der Gummimembran auszugleichen.

Abb. 4 zeigt noch deutlich die Schwenkvorrichtung und den Meßbottich. Die Schwenkvorrichtung bestand aus verzinktem Eisenrohr von 20 cm l. W., das in seinem ungegabelten Teil durch eine Vertikalwand in zwei Kammern geteilt war. Geringes Schwenken leitet den Strom entweder in den Meßbottich oder zu der Rücklaufrinne.

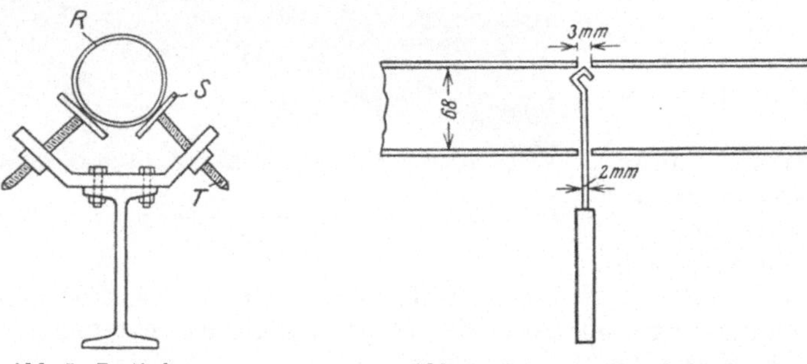

Abb. 5. Justierlager.　　　　　　　　Abb. 6. Fräser der Druckabnahme-
　　　　　　　　　　　　　　　　　　　　bohrungen.

Wichtig war die genaue Bestimmung der Rohrweiten und die gute Übereinstimmung der drei Teilstücke. Die Halbmesser ergaben sich durch Auswägen mit Wasser

für das Messingrohr zu . . . . . 3,3989 bis 3,3999 cm
für das Kupferrohr zu . . . . . . 2,4980 bis 2,4987 cm

3. Geschwindigkeitsmessung.

Die Geschwindigkeitsmessung erfolgt mit Hilfe des Meßtroges von 2,55 m³ Inhalt, der in Stufen von 30 kg Wasserfüllung geeicht war. Die Schwimmerstellung war auf $^1/_{10}$ mm genau abzulesen. Die Meßzeiten lagen zwischen 35 und 120 sek Dauer. Verwendet wurde mit gutem Erfolg eine Stoppuhr mit Ablesegenauigkeit $^1/_{100}$ sek. Daß sich diese Genauigkeit verlohnte, zeigen folgende Beobachtungen mit je 2 Versuchspersonen, für die sich folgende Stoppdifferenzen ergaben:

A und B in 14 Versuchen eine mittl. halbe Differenz von . . 0,036 sek
C und D in 24 Versuchen . . . . 0,022 „
D und E in 24 Versuchen . . . . 0,044 „ .

Das bedeutet bei einer Meßdauer von 55 sek eine Genauigkeit von 0,6 ⁰/₀₀.

4. Druckabfallmessung.

Gewisse Beobachtungen im Verlauf der Messungen deuteten darauf hin, daß — insbesondere bei sehr hohen Reynoldsschen Zahlen — der

Beschaffenheit des Loches in der Wand zur Abnahme des statischen Druckes die genaueste Aufmerksamkeit geschenkt werden muß. Es zeigte sich nämlich bei 3 Meßstrecken von 6 bis 30 Halbmessern Länge, daß zwischen in der üblichen Weise behandelten Löchern (abgegratet und etwas versenkt) im selben Querschnitt noch folgende Verschiedenheiten in der Druckanzeige auftraten: Bei $R = 300000$ Differenzen von 10 bis 60 mm WS., entspr. 0,2 bis 1% des Staudruckes. Mit abnehmender Reynoldsscher Zahl nahmen diese Abweichungen schnell ab, um bei $R = 50000$ unter die Beobachtungsgrenze zu gehen. Weitere Bearbeitung in ähnlicher Weise änderte hieran nichts; gelegentlich trat hierbei auch Vorzeichenwechsel auf. Durch ganz

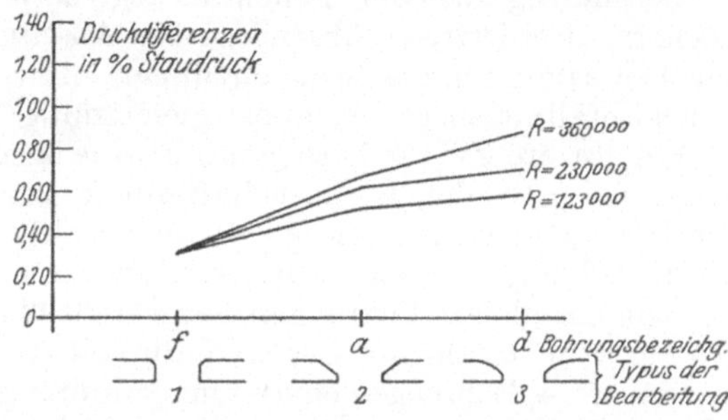

Abb. 7. Abhängigkeit der Druckanzeige von der Bearbeitung der Bohrung.

sorgfältige Abschmirgelung und möglichst gleich gehaltene Bearbeitung gelang es, für $R = 300000$ die Abweichungen auf 0,2% des Staudruckes herabzudrücken. Eine bloße Gratentfernung allein also genügt noch nicht!

Auf Grund dieser Beobachtungen wurden nun noch systematische Untersuchungen in zwei Richtungen angestellt: Erstens das Verhalten

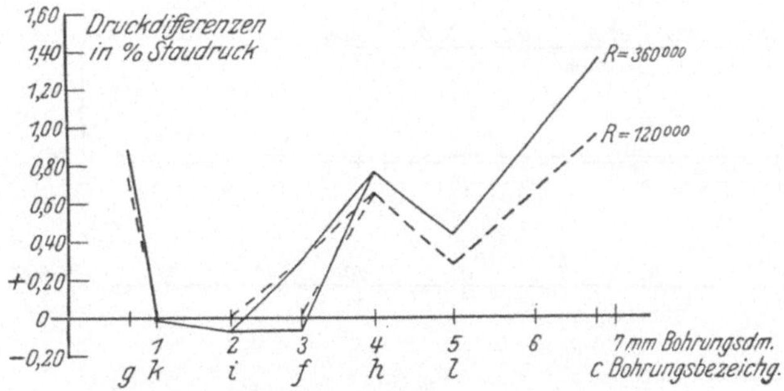

Abb. 8. Abhängigkeit der Druckanzeige vom Durchmesser der Bohrung.

verschiedener Lochtypen von einheitlichem Durchmesser; zweitens das Verhalten eines Typus bei verschiedenem Durchmesser. Den Fräser und seine Benutzung zeigt Abb. 6, die drei Typen zeigt Abb. 7: Typus 1 abgegratet; Typus 2 versenkt und abgegratet; Typus 3 versenkt und abgerundet. Aus den Kurven sieht man, daß man hier mit zunehmender Reynoldsscher Zahl und zunehmender Erweiterung der bespülten Lochfläche zunehmende Druckanzeige erhält. Abb. 8 zeigt das Verhalten des Typus 1 bei Durchmessern bis zu 7 mm. Auch hier erhält man analog

Zunahme der Druckanzeige mit zunehmendem Durchmesser und höherem R-Wert[1].

Es ist von Interesse, diese Beobachtungen zusammenzufassen mit älteren von Fuhrmann, der für Löcher von 0,3 bis 1,1 mm einen Sog von ca. 0,9% des Staudrucks feststellte. Im ganzen wird man demnach annehmen müssen, daß zwei Wirkungen auftreten: ein Sog durch Wirbelbildung und ein Druckanstieg nach Bernoulli bei weiteren Löchern. Bei letzteren überwiegt der Anstieg. Wo der Nullpunkt liegt, darüber sagen unsere Beobachtungen nichts aus, dies ist für unsere Druckabfallmessungen ja auch gleichgültig.

Für unsere Zwecke hatte man also lediglich darauf bedacht zu sein, möglichst gleiche Lochbeschaffenheit zu erzielen. Um ein Urteil darüber zu gewinnen, wie groß die verbleibenden Fehler noch waren, wurde folgendermaßen verfahren. In zwei Querschnitten wurden je 4 möglichst gleiche Bohrungen hergestellt (3 mm, versenkt). Dann wurden für eine bestimmte Geschwindigkeit die gegenseitigen Druckdifferenzen der 4 Bohrungen eines Querschnitts gemessen. Für jeden Querschnitt erhält man so einen mittleren Fehler gegen den Mittelwert von

$$M = \pm \sqrt{\frac{\Sigma \, \delta^2}{n \, (n-1)}}.$$

Die Summe aus den beiden mittleren Fehlern der 2 Querschnitte einer Meßstrecke ist ein Maß für die Genauigkeit der betreffenden Druckabfallmessung. Sie ergab sich zwischen 0,4 und 3,8⁰/₀₀.

5. Prüfung auf Luftabscheidung und Pulsationen.

Als mögliche Fehlerquellen kamen in Betracht Luftabscheidung innerhalb des Versuchsrohres und Pulsationen herrührend von der

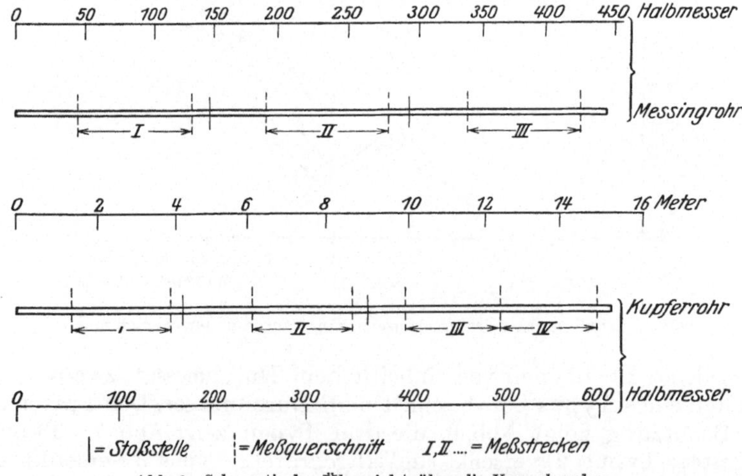

Abb. 9. Schematische Übersicht über die Versuchsrohre.

---

[1] Gemessen wurde in allen Fällen gegen ein festgehaltenes Loch von 2 mm Durchmesser. Daher in Abb. 8 bei 2 mm Differenz Null. Die Umkehr der Kurve bei Durchmesser 1 mm zeigt, wie empfindlich die Anzeige gegen unkontrollierbare kleine Verschiedenheiten ist.

Kreiselpumpe. Die Luft konnte entweder bereits in die Pumpe aus dem Bassin mitgebracht oder im Windkessel unter höherem Druck (bis zu 4 at) absorbiert werden. Daß das erstere nicht merklich in Betracht kam, folgte daraus, daß innerhalb der Meßgenauigkeit kein Unterschied festzustellen war, wenn das Rücklaufwasser aus 75 cm Höhe unter starker Gischtbildung ins Bassin fiel oder unter Wasser mündete. Zur Vermeidung von Luftabsorption im Kessel konnte ein am Luftdom befindlicher Hahn geöffnet werden, so daß keine Luft mehr dort vorhanden war. Durch Drosselung vor dem Kessel oder am Ende des Rohres konnte bei festem R in der Meßstrecke mit verschiedenem Druck gearbeitet werden, ohne daß ein Unterschied festzustellen war. Optische Prüfung der Strömung in einem Glasrohr am Ausflußende zeigte nur bei Beginn des Versuchs leichte Luftschleier, dann kristallene Klarheit.

Daß Pulsationen nicht vorhanden waren, zeigte die Übereinstimmung der Resultate bei konstantem R und stark veränderter Tourenzahl. Diese Übereinstimmung ist gleichzeitig ein Hinweis darauf, daß auch Rotation innerhalb der Meßgenauigkeit keine Rolle spielen konnte.

6. Einfluß der Einlaufform.

Zur Untersuchung des Einflusses der Einlaufform wurden Messungen mit der abgerun-

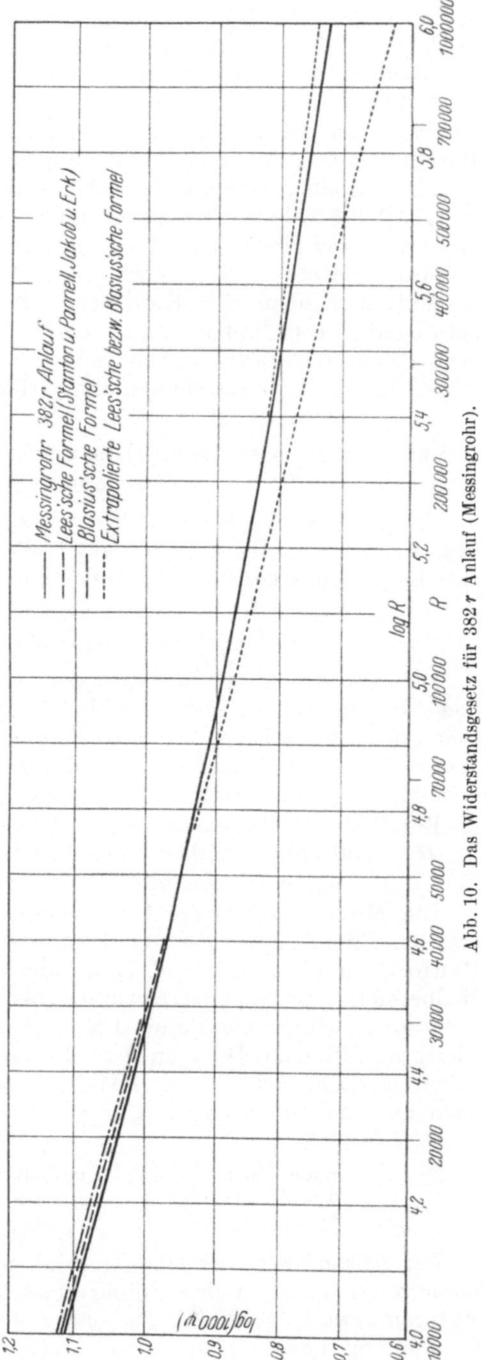

Abb. 10. Das Widerstandsgesetz für 382 r Anlauf (Messingrohr).

deten Form der Abb. 2, ohne das trompetenförmige Mundstück („scharfer Einlauf") und schließlich noch mit halb abgedecktem Einlauf ausgeführt. Für Anlauflänge 88 r lieferte der abgedeckte Einlauf rund 2% niedrigeren Widerstand als der abgerundete. Das läßt sich wohl so erklären, daß unter der Wirkung der starken turbulenten Durchmischung durch die Abdeckung die Entwicklung des endgültigen Profils schneller verläuft. Bei Anlauflängen $= 236\,r$ und $382\,r$ war innerhalb 0,5% kein Unterschied mehr festzustellen. Daher konnten die Messungen bei großen Anlauflängen weiterhin auf die abgerundete Form beschränkt werden. Zu bemerken ist noch, daß bei scharfem und abgedecktem Einlauf sich Kavitation durch Prasseln geltend machte; bei abgedecktem Einlauf und höheren Geschwindigkeiten wurden aus dem Prasseln derartig starke Schläge, daß damit die höchsten Geschwindigkeiten einzustellen nicht rätlich erschien.

7. Steigerung der Reynoldsschen Zahl durch Heizung des Vorratswassers.

Um zu möglichst hohen R-Werten zu kommen, wurden im Vorratsbassin elektrische Heizkörper von 28 kW angebracht, die in 33 Stunden eine Erwärmung des Wassers von 15 auf 50^0 C lieferten.

8. Messungen und Messungsergebnisse.

Die Anordnung der Meßstrecken zeigt Abb. 9. Die größte Anlauflänge, bezogen auf die Mitte der Meßstrecke, bei dem (weiteren) Messingrohr war 382 r, bei dem (engeren) Kupferrohr 548 r. Hiermit wurden bei den ersteren 95 Messungen im Bereich $R = 10100$ bis 948000 ausgeführt, bei dem zweiten 74 Messungen im Bereich 18840 bis 663000.

Bei $R = 50000$ ergab sich kein Unterschied zwischen beiden Rohren, bei $R = 650000$ ein solcher von $+ 1,6\%$ für das Messingrohr, der sich (s. u.!) zwanglos als „Anlaufeffekt" deuten läßt.

Die Messungsergebnisse für das Messingrohr sind in Abb. 10 dargestellt. Eingetragen ist ferner die Leessche Gleichung (Stanton und Pannell, auch Jakob und Erk) und das Blasiussche Gesetz. Im Meßbereich der früheren Autoren (bis $R = 230000$) stimmen unsere Messungen (innerhalb 0,5 bis 1%) mit diesen, d. h. der Leesschen Gleichung, überein. Dagegen darf die Leessche Gleichung nicht extrapoliert werden. Bei höheren R-Werten entfernen sich unsere Ergebnisse mehr und mehr nach unten. Für $\psi = c + a \cdot R^{-n}$ erhält man

	c	a	n
nach Lees.	0,0036	0,2395	0,35
Messingrohr (382 r) . .	0,00270	0,161	0,300
Kupferrohr (548 r) . .	0,00263	0,162	0,300.

Zur Abschätzung der Meßgenauigkeiten diene die Feststellung, daß unser mittl. quadratischer Fehler etwa 0,5% beträgt, der der früheren Autoren etwa 1,2 bis 1,5%. Dabei spricht für die erzielte Steigerung der Genauigkeit noch mit, daß unser R-Gebiet erheblich größer ist.

9. Anlaufeffekt.

Für die genaue Bestimmung des mit zunehmender Anlauflänge zu recht kleinen Werten abnehmenden „Anlaufeffekts", d. h. Änderung des Widerstandskoeffizienten mit der Anlauflänge, wurde folgender Weg eingeschlagen. Die hauptsächlichste Fehlerquelle hierbei war in der Geschwindigkeitsmessung zu suchen, da diese etwa in 1,8ter Potenz eingeht. Dieser Fehler wurde dadurch für unsere Zwecke ausgeschaltet, daß gleichzeitige Messungen an drei Manometern für verschiedene Anlauflängen ausgeführt wurden. Da ferner der Anlaufeffekt in erster Näherung unabhängig von der Reynoldsschen Zahl ist, so kann man zur sicheren Mittelbildung gewisse Gruppen von R-Werten zusammenfassen. So entstand z. B. für R-Werte um 100000 das Bild der Abb. 11. In ihm

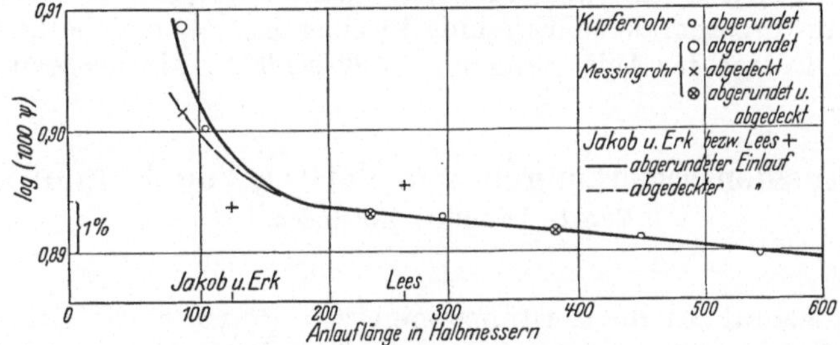

Abb. 11. Widerstandskoeffizient als Funktion der Anlauflänge für $R = 100000$.

ordnen sich die Messungen für die beiden Rohre sehr gut in einen Kurvenzug ein. Daraus folgt einerseits die allgemeinere Zuverlässigkeit dieser Gesetzmäßigkeit, zweitens die Tatsache, daß die kleinen Differenzen zwischen den beiden Rohren auf den Anlauf und nicht etwa auf verschiedene kleine Rauhigkeiten zurückzuführen sind. Da diese Einordnung in eine Kurve auch noch für $R = 500000$ festgestellt wurde, ergibt sich also, daß der Widerstand des „technisch glatten" Rohres auch noch für solche R-Werte — unempfindlich gegen kleine Oberflächenverschiedenheiten — wohl definiert ist.

Ferner besteht die Möglichkeit, für eine bestimmte Anlauflänge ein einheitliches Gesetz zu formulieren. Als solches ergibt sich für $R = 10000$ bis 950000 und Anlauf $= 382\,r$

$$\psi = 0,00270 + 0,161 \cdot R^{-0,300}.$$

Die für andere Anlauflängen anzubringenden Korrekturen sind aus der folgenden Tabelle zu entnehmen.

Tabelle zur Reduktion der Formel auf andere Anlauflängen in Prozenten des Widerstandskoeffizienten.

Anlauf R	Beliebiger Einlauf					Abgerundeter Einlauf			Abgedeckter Einlauf
	600	500	400	300	200	150	104	88	88
40000	−0,5	−0,3	−0,0	+0,2	+0,4	+0,8	+ 2,2	+3,5	+ 2,0
100000	6	3	0	2	5	9	2,3	3,6	2,3
500000	7	4	1	2	6	1,0	2,7	4,6	3,0

Messungen der Geschwindigkeitsverteilung ergaben, daß mit zunehmenden R-Werten der Exponent eines zugrunde gelegten Potenzgesetzes von $^1/_7$ bis auf etwa $^1/_9$ für $R = 400000$ abnimmt.

Zusammenfassung.

Durch Messungen an einem Kupferrohr von 5,0 cm und einem Messingrohr von 6,8 cm l. W. wurde als Widerstandsgesetz im Bereich $R = \dfrac{v\,r}{\nu} = 10000$ bis 950000 für große Anlauflängen ($= 382$ Halbmesser) mit einer Genauigkeit von $\pm\,0{,}5\%$ das Gesetz ermittelt:

$$\psi = 0{,}00270 + 0{,}161 \cdot R^{-0,300}.$$

Gleichzeitig wurde der „Anlaufeffekt" einer systematischen Untersuchung unterzogen, deren Ergebnis in einer Korrekturtabelle zu vorstehender Formel für Anlauflängen von 88 bis 600 Halbmessern niedergelegt ist.

Diskussionsbemerkungen zum Vortrag von L. Schiller.
Von L. Prandtl, Göttingen.

1.

Im Anschluß an die Ausführungen von Herrn Schiller möchte ich zunächst als kennzeichnend für die Situation mit einem gewissen Nachdruck hervorheben, daß in der Hydraulik, wo vielfach bisher die zweite Dezimale noch strittig war, hier nunmehr ein energischer Angriff auf die dritte Dezimale erfolgt ist. Bei den Ergebnissen der Herren Schiller und Nikuradse fällt nun aber auf, daß trotz der hohen relativen Genauigkeit noch eine recht merkliche Abweichung der Ergebnisse verbleibt. Die Schillerschen Widerstandswerte liegen höher und senken sich mit zunehmender Rohrlänge immer noch ab, da wo die Nikuradseschen bereits konstant sind. Vielleicht ist die Erklärung die, daß bei Herrn Schiller, der gegen eine Drehung des Wassers im Einlauf zum Rohr nichts Besonderes unternommen zu haben scheint, doch etwas Drehung vorhanden war. Eine solche Drehung dürfte den Widerstand erhöhen; da sie im weiteren Verlauf der Rohrlänge immer mehr abnimmt, verschwindet dann auch die Widerstandserhöhung. Immerhin sollte sich diese nach meinem Gefühl noch etwas schneller verlieren, als es aus den Schillerschen Messungen sich ergibt. Ich möchte jedenfalls Herrn Schiller dringend empfehlen, vor seinen Rohreinlauf einen Gleichrichter zu bauen, etwa in der Art von Abb. 1. Das Ergebnis wird ja erweisen, ob wirklich eine solche Strahldrehung als die Ursache der bisherigen Abweichungen

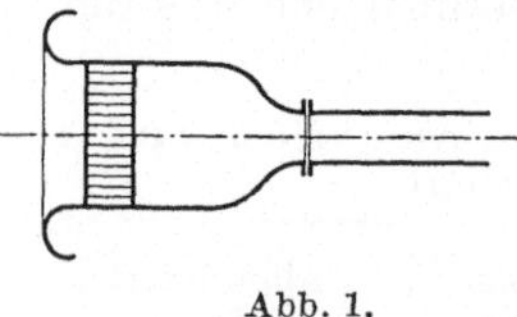

Abb. 1.

angesehen werden kann. Natürlich kann man auch immer an verschiedene Rauhigkeit der Rohre denken. Hierfür wird aber das Studium des Geschwindigkeitsprofils gute Aufschlüsse geben können, denn eine verschiedene Rauhigkeit zeigt sich deutlich an durch das Geschwindigkeitsprofil in der Nähe der Wand. Der Zusammenhang zwischen dem Geschwindigkeitsprofil und der Widerstandskurve ist, etwa in der von mir in der III. Lieferung der Göttinger Ergebnisse (S. 2) formulierten Art, nur bei hydraulisch glatten Wänden vorhanden. Jede Rauhigkeit zeigt sich durch eine Abweichung des Geschwindigkeitsprofils an.

2.

Zu der Frage, wie es zu verstehen sei, daß bei höherer Reynoldsscher Zahl aus der 7. Wurzel die 8. oder 9. usw. wird, kann ich kurz das Folgende bemerken: Es handelt sich überhaupt um kein genaues Potenzgesetz, sondern darum, daß eine bestimmte Funktion von verwickelterem Bau in einem Bereich besser durch ein Potenzgesetz mit dem Exponenten $\frac{1}{7}$, in einem anderen Bereich besser durch ein solches mit dem Exponenten $\frac{1}{8}$ usw. interpolatorisch angenähert werden kann. In dem Fall z. B., daß die 8. Wurzel die besten Resultate ergibt, würde man, unbegrenzte Meßgenauigkeit vorausgesetzt, in der Nähe der Wand wieder Teile des Geschwindigkeitsprofils finden, die durch die 7. Wurzel am besten angenähert werden usw. Wenn man den Zusammenhang mit dem Widerstandsgesetz herstellt, so kann man, sobald die logarithmisch aufgezeichnete Widerstandskurve keine Gerade mehr gibt, auch keine einfache Beziehung zwischen dem Exponenten der Widerstandskurve und demjenigen der Geschwindigkeitsverteilung mehr aufstellen, denn welche Potenz jedesmal gefunden wird, hängt von dem Bereich ab, für den eine Interpolationsfunktion gesucht wird, also bei logarithmischer Darstellung von dem Bereich, in dem man die empirische Kurve durch eine Gerade zu ersetzen wünscht. Man könnte allenfalls die Geschwindigkeitsverteilung in einem bestimmten Bereich von Wandabständen in Beziehung setzen zu dem Verlauf der Widerstandskurve bei solchen Reynoldsschen Zahlen $\frac{u_{\max} r}{\nu}$, die einen Mittelwert der Reynoldsschen Zahl $\frac{u\,y}{\nu}$ der Geschwindigkeitsverteilung darstellen ($y =$ Wandabstand).

Zusatz bei der Korrektur.
Von L. Schiller.

Zu der ersten Diskussionsbemerkung von Herrn Prof. Prandtl möchte ich nachträglich noch folgendes bemerken:

Unsere Widerstandsbeiwerte für große Anlauflängen (etwa ab $250\,r$) stimmen mit denen des Herrn Nikuradse innerhalb der Streuung überein.

Entsprechend dem Vorschlag von Herrn Prandtl haben wir vor unserem (Kupfer-) Rohr einen Gleichrichter eingebaut, mit dem Ergebnis, daß die Widerstandsbeiwerte dadurch für die kleineren Anlauflängen herabgesetzt wurden. Messungen mit vorgesetzter Rechts- und

Linksschraube lieferten unter sich identischen Verlauf der Widerstands-kurve, so daß die beobachtete Gleichrichterwirkung wohl auf Rechnung der Beseitigung von ungeordneten Störungen zu setzen ist.

Weitere Messungen mit verschiedenen Einlaufbedingungen (scharf, abgerundet, Rechts- und Linksschraube, Gleichrichter bei verschiedenen Einlaufformen) lieferten bis 250 r recht verschiedene Widerstandskurven (Widerstand als Funktion der Anlauflänge). Diese laufen alle bei etwa 250 r zusammen. Eine ausgezeichnete Stellung unter ihnen nimmt der scharfe Einlauf (ohne Gleichrichter) insofern ein, als hier bereits ab 100 r keine Änderung mehr vorhanden ist, dies gut in Einklang mit den Beobachtungen von Nikuradse. Jenseits von 250 r möchten wir nach unseren neuesten, verbesserten Messungen (Austausch von Rohrstücken) keinen Anlaufeffekt mehr behaupten.

Recent Investigations into the Kármán Street of Vortices in a Channel of Finite Breadth.

By **L. Rosenhead**, Ph. D., St. John's College, Cambridge.

1. Introduction.

This note is a brief summary of recent investigations into the theory of systems of line vortices both in an unbounded ocean of fluid and in a channel of finite breadth. A more complete account has been given elsewhere [1].

The motion is two dimensional and we adopt the notation

$$\omega = \Phi + i\Psi,$$

$$u = \frac{\partial \Phi}{\partial x} = \frac{\partial \Psi}{\partial y}, \qquad v = \frac{\partial \Phi}{\partial y} = -\frac{\partial \Psi}{\partial x}.$$

Throughout the whole of the work we assume that the strength of the positive and negative vortices is $\varkappa$, that the distance between the rows of vortices is $2a$ and that the distance between consecutive vortices on the same row is $2b$. When we deal with the double row in a channel, the lines $y = \pm c$ will be the walls of the channel.

2. Systems of Line Vortices in an unbounded Fluid.

The ω function for any system of line vortices of equal strength can be put in the form $\omega = -\dfrac{i\varkappa}{2\pi}\log f(\mathfrak{z})$ where $f(\mathfrak{z})$ has simple zeros at the positive vortices and simple poles at the negative vortices. Thus if

$$f(\mathfrak{z}) = \frac{\sin \pi (\mathfrak{z} - \mathfrak{z}_0)/2b}{\sin \pi (\mathfrak{z} + \mathfrak{z}_0)/2b} \tag{1}$$

where $\mathfrak{z}_0 = l + ia$, we have a system of positive vortices at the points

---

[1] See 1. Phil. Trans., A, vol. 228, pp. 275—329 (1929). 2. Proc. Camb. Phil. Soc., vol. 25, pp. 132—138 (1929). 3. Proc. Camb. Phil. Soc., vol. 25, pp. 277—281 (1929).

$(2nb + l,\ a)$ and negative vortices at $(2mb - l,\ -a)$ where m and n assume all integral values from $-\infty$ to $+\infty$. These vortices are in an unbounded ocean of fluid. If we put $l = 0$, we get the symmetrical double row which von Kármán[1] has shown to be unstable. If we put $l = b/2$, we get the system of vortices which is known as the 'Kármán street', and it is well known that this is stable when, and only when, $\cosh^2 \pi\, a/b = 2$. We know that when $l = 0$ or $b/2$, the system of vortices moves forward as a whole with a velocity parallel to the axis of the row. When l has any value between 0 and $b/2$ the system of vortices moves forward as a whole, but in this case, the velocity of each individual vortex makes an angle with the direction of the axis. This can be shown quite simply as follows. We have

$$\frac{d\omega}{d\mathfrak{z}} = u - i\,v = -\frac{i\varkappa}{4\,b}\left[\cot \pi\,(\mathfrak{z} - \mathfrak{z}_0)/2b - \cot \pi\,(\mathfrak{z} + \mathfrak{z}_0)/2b\right].$$

If U and V are the components of velocity of any vortex in the upper row, we have

$$U - i\,V = \frac{i\varkappa}{4\,b}\cot \pi\,\mathfrak{z}_0/b\,,$$

and we get an exactly similar expression giving the components of velocity of the vortices on the lower row. The system of vortices therefore moves forward as a whole. It can be shown quite easily that V is zero only when $l = 0$ or $b/2$, and that the whole system is unstable when $0 \leq l < b/2$[2], and when $l = b/2$ the discussion becomes identical with the classical ones of von Kármán. Hence the Kármán street is the only one of the systems of double rows that can exist in an unbounded ocean of fluid.

3. Systems of Line Vortices in a Channel.

We have now to consider similar systems between channel walls. If we have positive vortices at the points $\alpha_0 + 2mb$, and negative vortices at the points $\beta_0 + 2nb$, the corresponding $f(\mathfrak{z})$ is

$$\frac{\vartheta_1\,(Z - \alpha)\,\vartheta_4\,(Z - \beta')}{\vartheta_4\,(Z - \alpha')\,\vartheta_1\,(Z - \beta)}\,, \tag{2}$$

where

$$Z = \mathfrak{z}/2b = (x + i\,y)/2b\,,$$
$$\alpha = \alpha_0/2b\,, \qquad\qquad \beta = \beta_0/2b\,,$$
$$\alpha' = \text{conjugate of } \alpha\,, \qquad \beta' = \text{conjugate of } \beta\,.$$

and where the ϑ function notation of Tannery and Molk is followed. The ϑ functions have periods 1 and τ, where $\tau = i2c/b$. If U_α und V_α are the components of velocity of the vortices in the row α, and U_β, V_β are the corresponding components in the row β, we have

$$\left.\begin{aligned}
U_\alpha - i\,V_\alpha &= -\frac{i\varkappa}{4\,\pi\,b}\left[-\frac{\vartheta_4'\,(\alpha - \alpha')}{\vartheta_4\,(\alpha - \alpha')} - \frac{\vartheta_1'\,(\alpha - \beta)}{\vartheta_1\,(\alpha - \beta)} + \frac{\vartheta_4'\,(\alpha - \beta')}{\vartheta_4\,(\alpha - \beta')}\right],\\
U_\beta - i\,V_\beta &= -\frac{i\varkappa}{4\,\pi\,b}\left[+\frac{\vartheta_1'\,(\beta - \alpha)}{\vartheta_1\,(\beta - \alpha)} - \frac{\vartheta_4'\,(\beta - \alpha')}{\vartheta_4\,(\beta - \alpha')} + \frac{\vartheta_4'\,(\beta - \beta')}{\vartheta_4\,(\beta - \beta')}\right].
\end{aligned}\right\} \tag{3}$$

[1] Phys. Zeitschr., vol. 13 (1912), p. 53; and Gött. Nachr., (1912) p. 547.
[2] Proc. Camb. Phil. Soc., vol. 25, pp. 132—138 (1929).

If the double row has to persist, then we must have

$$V_\alpha = V_\beta = 0, \qquad (4)$$

$$U_\alpha = U_\beta. \qquad (5)$$

Condition (4) can be shown[1] to give rise to two cases

$$(\alpha - \beta) + (\alpha' - \beta') = 0, \qquad (6)$$

$$(\alpha - \beta) + (\alpha' - \beta') = 1, \qquad (7)$$

and condition (5) can only be satisfied if

$$(\alpha + \beta) - (\alpha' + \beta') = 0. \qquad (8)$$

If we combine (6) and (8) we get $\beta = \alpha'$, and the system of vortices is composed of positive vortices at $(\alpha_0 + 2mb)$ and negative vortices at $(\alpha_0' + 2nb)$. This is the bounded symmetrical double row and it will be seen later that this is always unstable.

If we combine (7) and (8) we get $\beta = \alpha' + \frac{1}{2}$, and the system of vortices is composed of positive vortices at $(\alpha_0 + 2mb)$, and negative vortices at $(\alpha_0' + (2n + 1)b)$. This is the bouded unsymmetrical double row and it will be seen that it is stable within a particular domain of stability.

We see from this that if a body is moving parallel to the walls of a channel at a distance from the centre line, the steady part of the resulting trail of vortices arranges itself so that it forms an unsymmetrical double row whose axis coincides with that of the channel.

We have now only to discuss the symmetrical and unsymmetrical double rows in a channel[2] and we have accounted for all systems of double rows in an infinite ocean and in a channel. For the symmetrical double row the ω function is $-\dfrac{i\varkappa}{2\pi} \log f(\mathfrak{z})$ where

$$f(\mathfrak{z}) = \frac{\vartheta_1(Z - id)}{\vartheta_1(Z + id)}, \qquad (9)$$

where $d = a/2b$, and $\tau = ic/b$. As d increases from 0 to $c/2b$, the shape of the stream lines undergoes a gradual change, and the sequence of diagrams giving this change is the same for all values of τ, but this case is not of much importance as all these systems are unstable.

4. The Relative Stream Lines of the Kármán Street in a Channel.

For the unsymmetrical double row, we have

$$f(\mathfrak{z}) = \frac{\vartheta_1(Z - id)\,\vartheta_3(Z - id)}{\vartheta_2(Z + id)\,\vartheta_4(Z + id)} \qquad (10)$$

where $\tau = i2c/b$. In this case all the vortices move forward with a velocity U where

$$U = \frac{i\varkappa}{4\pi b}\left[\frac{\vartheta_2'(2id)}{\vartheta_2(2id)} + \frac{\vartheta_4'(2id)}{\vartheta_4(2id)}\right]. \qquad (11)$$

[1] Proc. Camb. Phil. Soc., vol. 25, pp. 277—281 (1929).
[2] Phil. Trans., A., vol. 228, pp. 275—329 (1929).

As $c \to \infty$, we see that $U \to \dfrac{\varkappa}{4\pi b}\tanh\dfrac{\pi a}{b}$ which is the result for a Kármán street in an unlimited ocean. The stream lines relative to the moving vortices are given by

$$\left| f(\mathfrak{z}) \exp\left(-i\,\frac{2\pi U\mathfrak{z}}{\varkappa}\right) \right| = \text{constant}. \tag{12}$$

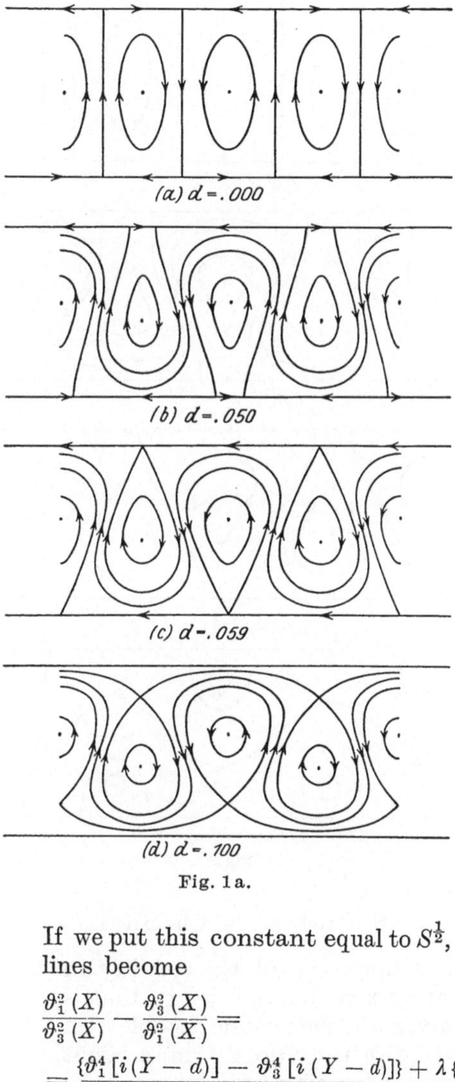

(a) $d = .000$

(b) $d = .050$

(c) $d = .059$

(d) $d = .100$

Fig. 1 a.

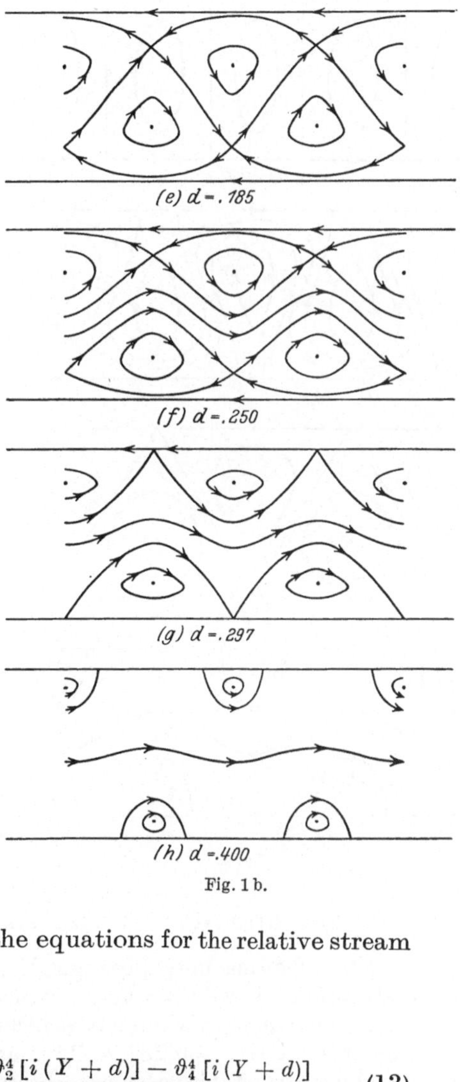

(e) $d = .185$

(f) $d = .250$

(g) $d = .297$

(h) $d = .400$

Fig. 1 b.

If we put this constant equal to $S^{\frac{1}{2}}$, the equations for the relative stream lines become

$$\frac{\vartheta_1^2(X)}{\vartheta_3^2(X)} - \frac{\vartheta_3^2(X)}{\vartheta_1^2(X)} =$$

$$= \frac{\{\vartheta_1^4[i(Y-d)] - \vartheta_3^4[i(Y-d)]\} + \lambda\{\vartheta_2^4[i(Y+d)] - \vartheta_4^4[i(Y+d)]}{\vartheta_1^2[i(Y-d)]\,\vartheta_3^2[i(Y-d)] + \lambda\,\vartheta_2^2[i(Y+d)]\,\vartheta_4^2[i(Y+d)]} \tag{13}$$

where $\lambda = S\,\exp.\,(-8\pi b\,U\,Y/\varkappa)$. The shapes of these stream lines have been determined from various considerations and we find that if

6*

$0 < b/c < 1,155$, the change in the form of the stream lines as a increases from 0 to c, is given by the sequence of diagrams in Fig. 1. The diagrams in Fig. 1 have been worked out exactly and correspond to the case $b/c = 0,9709$. When $1,155 = b/c$, $1,155 < b/c < 1,419$, $1,419 \leq b/c$, the corresponding changes are given by Figs. 2, 3, 4 respectively.

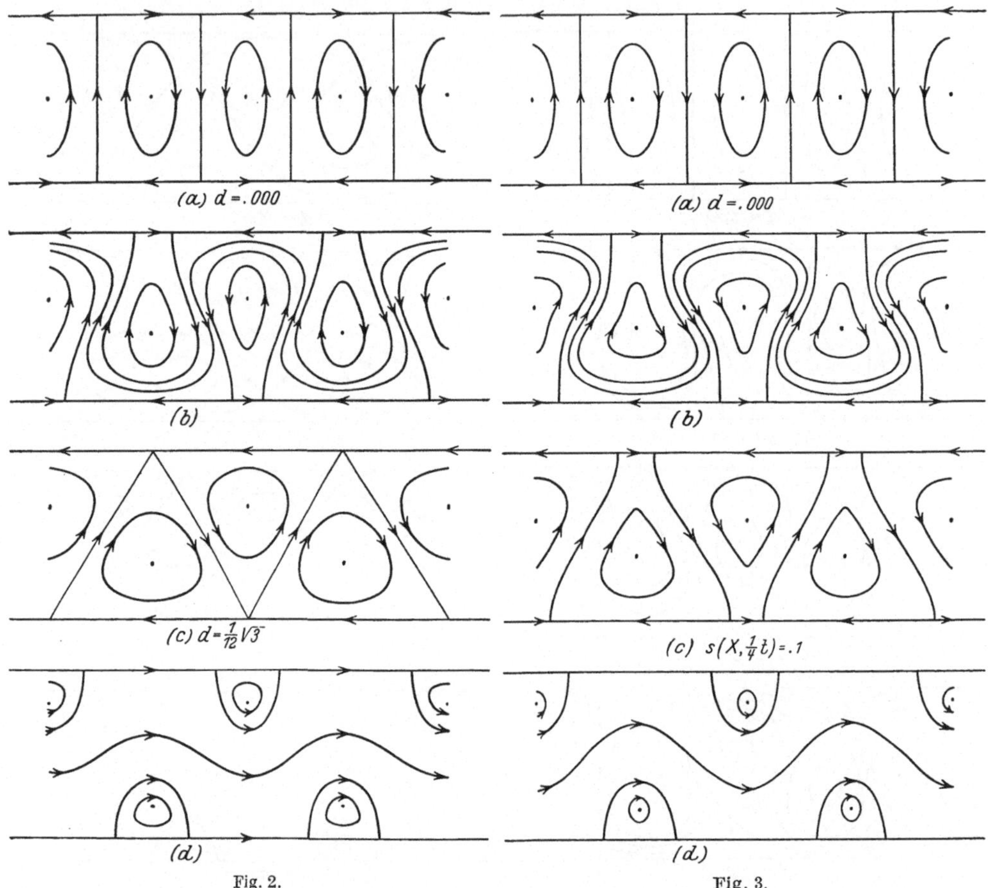

Fig. 2.   Fig. 3.

5. The Stability of the Kármán Street in a Channel.

The following may be regarded as a summary of the stability investigations: If we take two barriers at a fixed distance apart, that is, if c is constant, then when b is vanishingly small, the system is stable when and only when $a = 0,281\ b$. This agrees with the von Kármán result. As b increases, stable cases are obtained by increasing a almost proportionately. This continues till we get to the case $b = 0,815\ c$, $a = 0,256\ b = 0,208\ c$. The curve showing the relationship between $\mu\ (\equiv \pi b/2c)$ and $\nu\ (\equiv \pi a/2c)$ for these cases is called the 'Stability Curve'. For every value of b greater than $0,815\,c$, we get a range of values of a for which the system is stable. Ultimately, when $b \geq 1,419\,c$, the system is stable for all values of a. The total area of stability is referred to as the 'Stability Area'.

Both the Stability Curve and the Stability Area have been indicated in Fig. 5. In addition, Fig. 5 has been divided into régimes which indicate the form of the stream lines. The letters in Fig. 5 refer to the diagrams in Fig. 1 and indicate the shape of the stream lines. It is at once

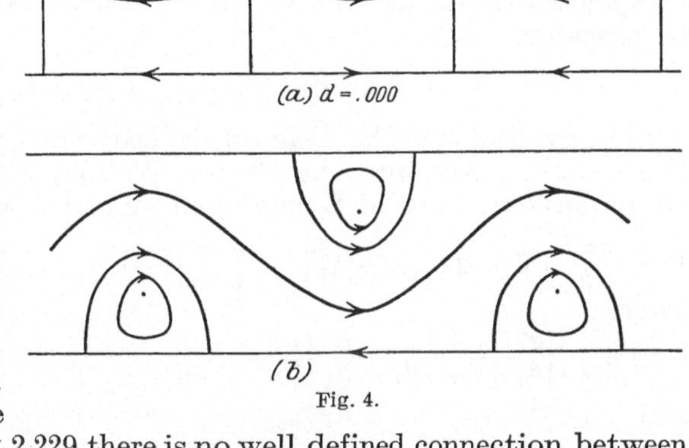

Fig. 4.

evident that when $\mu < 2,229$ there is no well defined connection between the shape of the stream lines and the stability of the system. The stream lines are first of one type and then of another — and, in fact, when μ is slightly less than $\pi/\sqrt{3}$, the stable types include all possible forms of stream line. It is only when $\mu \geq 2,229$ that there is a distinct connection between the stability and the shape of the stream lines — the latter are always of one type and the system is always stable. We note that for the Stability Curve the distance between the rows is less than a fifth (approximately) of the distance between the channel walls. The existence of the stability area complicates matters and appears to suggest that a modification of the theory is necessary, though where the modification is to be introduced

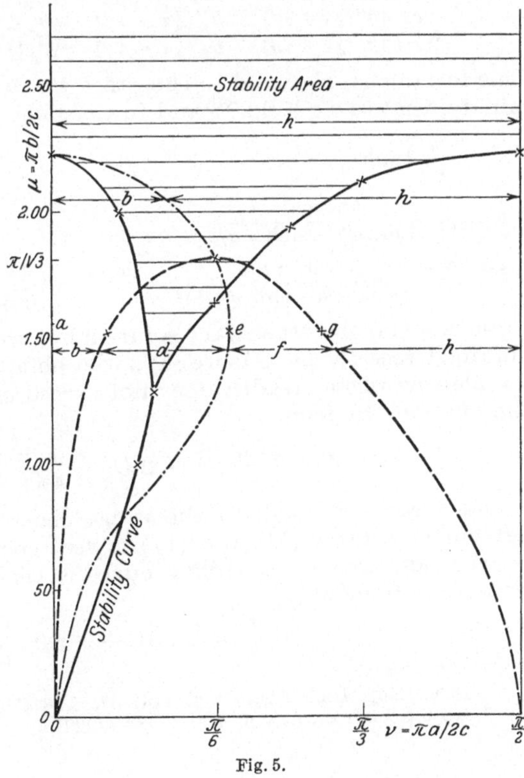

Fig. 5.

the present writer is unable to suggest. We know from general principles that if a body is moving in a fluid of density ϱ with a constant velocity V parallel to the walls of the channel, the ratio a/b is unique. We know also that if we neglect viscosity, a/b is a function of c/l_1, only, where l_1 is a linear dimension of the body. For a given value of c therefore, the value a/b ought to be unique. We see however that this is not so, and we are compelled to introduce viscosity if the existence of a Stability Area is to be explained.

6. The Drag Formula.

The evaluation of the drag on the body moving in the channel introduces nothing new into the theory. We follow the mathematically rigorous investigations of Synge[1] and we arrive at the result

$$W = \frac{\varrho \varkappa a}{b}\left[V - 2U(1-h)\right] + \frac{\varrho \varkappa^2}{4\pi b}(1-k) + \frac{3\varrho \varkappa^2 d^2}{c}, \tag{14}$$

where

$$h = \frac{ic}{2\pi a}\left\{\frac{\vartheta_1'(\tfrac{1}{4}\tau + id)}{\vartheta_1(\tfrac{1}{4}\tau + id)} - \frac{\vartheta_2'(\tfrac{1}{4}\tau - id)}{\vartheta_2(\tfrac{1}{4}\tau - id)}\right\},$$

and

$$k = -\frac{c}{\pi b}\left\{\frac{\vartheta_1'(\tfrac{1}{4}\tau + id)}{\vartheta_1(\tfrac{1}{4}\tau + id)} - \frac{\vartheta_2'(\tfrac{1}{4}\tau - id)}{\vartheta_2(\tfrac{1}{4}\tau - id)}\right\}$$
$$-\frac{c}{2\pi b}\left\{\frac{\vartheta_1''(\tfrac{1}{4}\tau + id)}{\vartheta_1(\tfrac{1}{4}\tau + id)} + \frac{\vartheta_2''(\tfrac{1}{4}\tau - id)}{\vartheta_2(\tfrac{1}{4}\tau - id)} - \left(\frac{\vartheta_1'(\tfrac{1}{4}\tau + id)}{\vartheta_1(\tfrac{1}{4}\tau + id)}\right)^2 - \left(\frac{\vartheta_2'(\tfrac{1}{4}\tau - id)}{\vartheta_2(\tfrac{1}{4}\tau - id)}\right)^2\right\}. \tag{15}$$

This formula is only valid in the range where the stability ratio is determinate, that is, $a/c \leq 0{,}208$ and in this range we may put

$$U = \frac{\varkappa}{4b}\tanh\frac{\pi a}{b},$$
$$h = \frac{c}{a}\frac{\cosh \pi a/b}{\sinh \pi c/b + \sinh \pi a/b},$$
$$k = \frac{4\pi c}{b}\frac{\cosh^2 \pi a/b}{(\sinh \pi c/b + \sinh \pi a/b)^2} - \frac{\pi}{c}\left[\frac{1}{\sinh^2 \pi(c+a)/2b} - \frac{1}{\cosh^2 \pi(c-a)/2b}\right]. \tag{16}$$

Equation (14) gives the exact solution but an approximate solution was obtained recently by Glauert[2], who obtained a formula valid for a double row whose breadth does not exceed one sixth of the breadth of the channel. He found

$$W = \frac{\varrho \varkappa a}{b}\left[V - 2U\right] + \frac{\varrho \varkappa^2}{4\pi b} + \frac{3\varrho \varkappa^2 d^2}{c}. \tag{17}$$

h and k are very small in the range under consideration so that the agreement between (14) and (17) is very good.

We note that the stability curve is very well represented by the approximate formula

$$\frac{a}{b} = 0{,}281 - 0{,}090\left(\frac{b}{c}\right)^6, \tag{18}$$

[1] Proc. Roy. Irish Academy, vol. 37, A. 8 (1927).
[2] Roy. Soc. Proc., A. vol. 120, p. 34 (1928).

this formula only being valid in the range $b/c \leq 0{,}815$. We note also that if V_1 be the velocity of the vortices in the rear of the moving body, then

$$V_1 = \left(1 - \frac{2a}{c}\coth\frac{\pi a}{b}\right)U. \tag{19}$$

7. Comparison with Experimental Results.

We are now in a position to compare the results of the theoretical investigation with those of experiment. The experimental results necessary for this comparison are given in Table X of a paper by Messrs Fage and Johansen[1], and they are inserted with appropriate alterations in notation in the first four columns of the following table. In these experiments, a flat plate of width 5,95 inches was used as the obstacle and the walls of the channel were 84 inches apart. All the cases considered fell within the rangee of stability given above. The plate was put at various angles to the incident stream of air. The angles of incidence (i) are given in the first column. Instead of tabulating W directly, we tabulate the non-dimensional drag-coefficient $(W/\varrho l V^2)$ where l is the length of the obstacle, and V is the velocity of the incident stream. Let D be the experimental value of the drag-coefficient, and D_1 the value derived from von Kármán's original expression. This value is derived from the equation

$$W = 2\varrho b V^2\left\{0{,}795\left(\frac{U}{V}\right) - 0{,}316\left(\frac{U}{V}\right)^2\right\} = D_1\varrho l V^2. \tag{20}$$

Let D_2 be the value derived by Glauert by taking account of the partial mingling of the vorticity in the turbulent region behind the body. He found

$$D_2 = D_1 + 32\frac{a^2}{lc}\left(\frac{U}{V}\right)^2. \tag{21}$$

In our present investigation we assume that owing to the annihilation of some of the vorticity behind the body, the strength of the vortices is $\xi\varkappa$ where $\xi = \dfrac{V_1}{U} = \left(1 - \dfrac{2a}{c}\coth\dfrac{\pi a}{b}\right) < 1$. This leads to the following value of the drag-coefficient

$$D_3 = \frac{4a}{b}\coth\frac{\pi a}{b}\left[\frac{V_1}{V} - \left\{2(1-h) - \coth\frac{\pi a}{b}\left(\frac{3a}{c} + \frac{b(1-k)}{a\pi}\right)\right\}\left(\frac{V_1}{V}\right)^2\right]. \tag{22}$$

The results are embodied in the following table.

Wind Tunnel Experiments						
i	$2b/l$	V_1/V	D	D_1	D_2	D_3
90	5,25	0,235	1,065	0,889	1,166	0,993
70	4,85	0,245	0,975	0,853	1,093	0,948
60	4,44	0,240	0,850	0,766	0,948	0,843
50	4,08	2,210	0,690	0,625	0,737	0,674
40	3,55	0,185	0,505	0,484	0,545	0,514
30	2,76	0,160	0,325	0,329	0,354	0,342

[1] Roy. Soc. Proc. A., vol. 116, p. 170 (1927).

The force and moment on an oscillating aerofoil.

By H. Glauert, M. A.

1. In an interesting paper [1], published early in 1925 in the Zeitschrift für angewandte Mathematik und Mechanik, Dr. H. Wagner has developed a method of calculating the lift and pitching moment of an aerofoil in accelerated motion. Dr. Wagner's paper is confined mainly to linear motion at a constant angle of incidence, but towards the end of the paper the analysis is extended to include the effects of an angular velocity also. Towards the end of last year I became interested in the problem of an oscillating aerofoil and wished to calculate the aerodynamic damping moment experienced by the aerofoil, since certain wind tunnel experiments had suggested that this damping moment increased with the frequency of the oscillation. If the amplitude of the oscillation is small, Dr. Wagner's equations may by applied directly to the problem of the oscillating aerofoil, and the following paper is a brief account of my calculations, full details of which are contained in two reports [2] of the R. and M. Series. In passing I may mention that I derived the expressions for the force and moment on the aerofoil by suitable transformations of the fundamental hydrodynamical equations on lines differing from those followed by Dr. Wagner, and so obtained an independent check on his equations.

2. Consider a straight line aerofoil of length $2a$ (Fig. 1), take the origin of coordinates at the mid point of the aerofoil with the axis of x

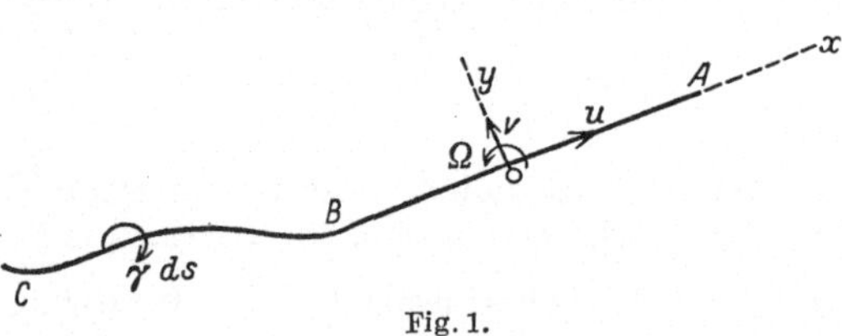

Fig. 1.

forwards along the aerofoil and the axis of y normal to it. Referred to this system of axes, let the aerofoil have the linear velocity components U and V and the angular velocity Ω. Due to the variation in speed and angle of incidence, the circulation round the aerofoil will also vary and there will be a narrow vortex wake extending backwards from the trailing edge of the aerofoil, which may be assumed approximately to be a continuation of the line of the aerofoil when the origin O moves in a straight line. If s denotes the distance of any point of the wake from the origin O and if $\gamma\,ds$ is the vortex strength of an element of the wake, then the integral equation for the wake is

$$\pi a^2 \Omega - 2\pi a V = \int_a^\infty \sqrt{\frac{s+a}{s-a}}\,\gamma\,ds. \tag{1}$$

----

[1] Über die Entstehung des dynamischen Auftriebes von Tragflügeln.

[2] R. and M. 1215: The accelerated motion of a cylindrical body through a fluid. R. and M. 1242: The force and moment on an oscillating aerofoil.

Also if K is the circulation round the aerofoil

$$K = \int_a^\infty \gamma\, ds. \qquad (2)$$

The system of forces acting on the aerofoil can be represented by the following components:

(1) a normal force Y_0 at the mid point O of the aerofoil

$$Y_0 = \pi a^2 \varrho\, U\Omega - \pi a^2 \varrho\, \frac{d V}{d t}. \qquad (3)$$

(2) a normal force Y_P at the point P half way between the leading edge A and the mid point O of the aerofoil,

$$Y_P = - 2\pi a \varrho\, U V - a \varrho\, U \int_a^\infty \frac{\gamma\, ds}{\sqrt{s^2 - a^2}}. \qquad (4)$$

(3) a moment M_0 about the mid point O of the aerofoil, which is additional to the moment due to the normal force Y_P

$$M_0 = - \frac{1}{8}\,\pi a^4 \varrho\, \frac{d\Omega}{d t}. \qquad (5)$$

(4) a longitudinal force X of complex form, which does not affect the lift or pitching moment of the aerofoil.

3. An interesting consequence of these general expressions is that the moment about the quarter point P of the chord is independent of the vorticity of the wake and of the past history of the motion: it depends only on the instantaneous velocity and acceleration of the aerofoil. This moment is

$$M_P = - \frac{1}{2}\,\pi a^3 \varrho\, U\Omega + \frac{1}{2}\,\pi a^3 \varrho\, \frac{d V}{d t} - \frac{1}{8}\,\pi a^4 \varrho\, \frac{d\Omega}{d t}.$$

Now referring the motion to the point P instead of to the origin O,

$$U = U_P, \qquad V = V_P - \frac{1}{2}\,a\Omega$$

and so

$$M_P = - \frac{1}{2}\,\pi a^3 \varrho\, U_P\Omega + \frac{1}{2}\,\pi a^3 \varrho\, \frac{d V_P}{d t} - \frac{3}{8}\,\pi a^4 \varrho\, \frac{d\Omega}{d t}.$$

In steady circular motion V_P and Ω are constant while U_P is approximately equal to the resultant velocity W of the aerofoil, and hence

$$M_P = - \frac{1}{2}\,\pi a^3 \varrho\, W\Omega.$$

In oscillating motion, on the other hand, we have

$$U_P = W,$$
$$V_P = - W\alpha,$$
$$\frac{d V_P}{d t} = - W\Omega$$

and hence

$$M_P = - \pi a^3 \varrho\, W\Omega - \frac{3}{8}\,\pi a^4 \varrho\, \frac{d\Omega}{d t}.$$

Thus it appears that the damping moment in an oscillation about the point P, which is the part of M_P proportional to the angular velocity, is double the corresponding moment in steady circular motion.

4. Consider next the general case of an aerofoil oscillating about a point H at a fraction h of the chord from the leading edge while the point H advances with the uniform linear velocity W. The coordinate of the point H is

$$x = a\,(1 - 2\,h)$$

and if α is the angle of incidence at any time, we can take approximately

$$U = W\,,$$
$$V = -\,W\,\alpha - a\,\Omega\,(1 - 2\,h)\,.$$

Now assume a steady oscillation of frequency $2\,\pi\,p$

$$\left.\begin{aligned} \alpha &= \alpha_0 + \alpha_1 \sin p\,t, \\ \Omega &= p\,\alpha_1 \cos p\,t. \end{aligned}\right\} \tag{6}$$

and let the circulation round the aerofoil be

$$K = K_0 + K_1 \sin p\,t + K_2 \cos p\,t\,. \tag{7}$$

Then the vorticity γ of the wake is obtained as the value of $\dfrac{1}{W}\dfrac{d\,K}{d\,t}$ at the time $\left(t - \dfrac{s-a}{W}\right)$, and hence

$$\gamma = \frac{p}{W}\Big\{(K_1 \sin p\,t + K_2 \cos p\,t)\sin\frac{p\,(s-a)}{W}$$
$$+ (K_1 \cos p\,t - K_2 \sin p\,t)\cos\frac{p\,(s-a)}{W}\Big\}\,. \tag{8}$$

Equations (1) and (2) also give the circulation as

$$K = 2\,\pi\,a\,W\,\alpha + 4\,\pi\,a^2\,\Omega\left(\frac{3}{4} - h\right) - \int\limits_a^\infty \left\{\sqrt{\frac{s+a}{s-a}} - 1\right\}\gamma\,d\,s \tag{9}$$

and these last two equations form the basis for determining the constants K_0, K_1 and K_2.

To evaluate the integral in equation (9), put

$$\left.\begin{aligned} s - a &= 2\,a\,\vartheta, \\ \frac{2\,a\,p}{W} &= \lambda \end{aligned}\right\} \tag{10}$$

and the problem then reducs to the evaluation of the two integrals

$$\left.\begin{aligned} C &= \int\limits_0^\infty \left\{\sqrt{\frac{\vartheta+1}{\vartheta}} - 1\right\}\cos \lambda\,\vartheta\,d\,\vartheta\,, \\[2ex] S &= \int\limits_0^\infty \left\{\sqrt{\frac{\vartheta+1}{\vartheta}} - 1\right\}\sin r\,\theta\,d\,\vartheta\,. \end{aligned}\right\} \tag{11}$$

The values of these integrals C and S have been determined numerically for a suitable range of values of λ by splitting the range of integration into two parts according as ϑ is less than or greater than unity, and by expanding in suitable series. The numerical values of C and S are given in table 1 at the end of the paper.

In terms of the integrals C and S the equation (9) becomes

$$K_0 + K_1 \sin p\,t + K_2 \cos p\,t$$
$$= 2\,\pi\,a\,W\,(\alpha_0 + \alpha_1 \sin p\,t) + 2\,\pi\,a\,W\left(\frac{3}{4} - h\right)\lambda\,\alpha_1 \cos p\,t$$
$$- \lambda\,S\,(K_1 \sin p\,t + K_2 \cos p\,t) - \lambda\,C\,(K_1 \cos p\,t - K_2 \sin p\,t)$$

and hence

$$K_0 = 2\,\pi\,a\,W\,\alpha_0$$

showing that the mean circulation corresponds to the mean angle of incidence α_0 and is not modified by the oscillation, while K_1 and K_2 are derived in the form

$$\left. \begin{aligned} K_1 &= 2\,\pi\,a\,W\,\alpha_1\,\xi_1, \\ K_2 &= 2\,\pi\,a\,W\,\alpha_1\,\xi_2, \end{aligned} \right\} \tag{12}$$

where

$$\left. \begin{aligned} \xi_1 &= A_1 + B_1\left(\frac{3}{4} - h\right), \\ \xi_2 &= A_2 + B_2\left(\frac{3}{4} - h\right), \end{aligned} \right\} \tag{13}$$

and the four coefficients A_1, A_2, B_1, and B_2 are functions of λ only whose numerical values are given in table 1.

The lift and pitching moment of the aerofoil are derived from equations (3), (4) and (5). The values of M_0 and Y_0 are obtained directly without any difficulty, but the value of Y_P must be calculated from the expression

$$Y_P = 2\,\pi\,a\,\varrho\,W\,\{W\alpha + a\,\Omega\,(1 - 2h)\} - a\,\varrho\,W\int\limits_a^\infty \frac{\gamma\,d\,s}{\sqrt{s^2 - a^2}}$$

and, using the substitution (10), this calculation is found to depend on the two integrals

$$\left. \begin{aligned} P &= \int\limits_0^\infty \frac{\cos \lambda\,\vartheta}{\sqrt{\vartheta\,(\vartheta+1)}}\,d\,\vartheta, \\[2mm] Q &= \int\limits_0^\infty \frac{\sin \lambda\,\vartheta}{\sqrt{\vartheta\,(\vartheta+1)}}\,d\,\vartheta, \end{aligned} \right\} \tag{14}$$

whose values have been determined in a manner similar to that used for evaluating C and S, and are given in table 1.

92 H. Glauert:

Finally the moment about the centre of oscillation of the aerofoil is obtained in the rather complex form

$$\frac{M_H}{4\,a^2\,\varrho\,W^2} = -\pi\left(\frac{1}{4} - h\right)\alpha_0$$

$$-\pi\left[\left(\frac{1}{4} - h\right)\left\{1 - \frac{1}{2}\lambda\,(Q\,\xi_1 - P\,\xi_2) - \frac{1}{4}\left(\frac{1}{2} - h\right)^2\lambda^2 - \frac{\lambda^2}{128}\right]\alpha_1\sin pt$$

$$-\pi\left[\left(\frac{1}{2} - h\right)\left(\frac{3}{4} - h\right) - \frac{1}{2}\left(\frac{3}{4} - h\right)(P\,\xi_1 + Q\,\xi_2)\right]\lambda\,\alpha_1\cos pt \qquad (15)$$

5. Equation (15), taken in conjunction with the numerical values contained in table 1, suffices to determine the pitching moment of an aerofoil performing a steady oscillation of small amplitude. The most important aspect of the results is probably the effect of the angular velocity, and considering only those parts of the expression which are proportional to the angular velocity ($p\alpha_1\cos p\,t$), we may write

$$M_H = -\mu\left(\frac{2\,a\,\Omega}{W}\right)(4\,a^2\,\varrho\,W^2). \qquad (16)$$

where $2a$ is the chord of the aerofoil and μ may be regarded as the non-dimensional damping coefficient of the oscillation.

Then

$$\mu = \pi\left\{\left(\frac{1}{2} - h\right)\left(\frac{3}{4} - h\right) - \frac{1}{2}\left(\frac{1}{4} - h\right)(P\,\xi_1 + Q\,\xi_2)\right\}$$

and by virtue of equations (13) we may write

$$\begin{aligned} G &= P\,A_1 + Q\,A_2\\ H &= P\,B_1 + Q\,B_2 \end{aligned} \qquad (17)$$

and obtain finally

$$\mu = \pi\left(\frac{1}{2} - h\right)\left(\frac{3}{4} - h\right) - \frac{1}{2}\pi\left(\frac{1}{4} - h\right)G - \frac{1}{2}\pi\left(\frac{1}{4} - h\right)\left(\frac{3}{4} - h\right)H \qquad (18)$$

where G and H are functions of λ only.

The numerical values of G and H are given in table 1, and have been used to determine the numerical values of μ in terms of the two parameters h and λ. The effect of the rotation is to give a damping moment when μ is positive. The values of μ are given in table 2 and are also shown in Figs. 2 and 3. In Fig. 2 μ is plotted against λ, which is proportional to the frequency of the oscillation, in the form of curves of constant hinge position h. When $h = 0{,}25$, μ has the constant value $\pi/8$ or $0{,}393$; for larger values of h, μ increases as λ decreases and tends to infinity as λ tends to zero; for smaller values of h, μ decreases with λ. These remarks apply only to the range covered by the calculation ($\lambda = 0$ to 1) and it is not legitimate to assume, for example, that the curve of μ for $h = 0$ is tending to a limit slightly greater than $0{,}8$ as λ increases. The functions involved in the calculations comprise terms in $\sin\lambda$ and $\cos\lambda$, and the form of the μ curves in Fig. 2, when extended to larger values of λ, would probably involve oscillations similar to those of the integral sine and integral cosine functions. In Fig. 3 μ is plotted against the hinge position h in the form of curves of constant frequency ratio λ, and a broken curve is added showing the value of μ due to a uniform

angular velocity: except for extreme hinge positions, the damping moment is consistenty greater in an oscillation than in circular motion.

It is to be remarked that the value of μ tends to infinity as $\log \lambda$ when λ tends to zero, but the actual moment tends to zero. Moreover, for a hinge position further forward than 0,25 of the chord, the damping moment changes sign at very low frequencies and the oscillation of the aerofoil will be maintained by the unstable damping moment. On first thoughts it might be considered that the moment on an aerofoil in an oscillation of very low frequency should be the same as in uniform circular motion, since the angular acceleration is negligibly small. There is, however, this real physical

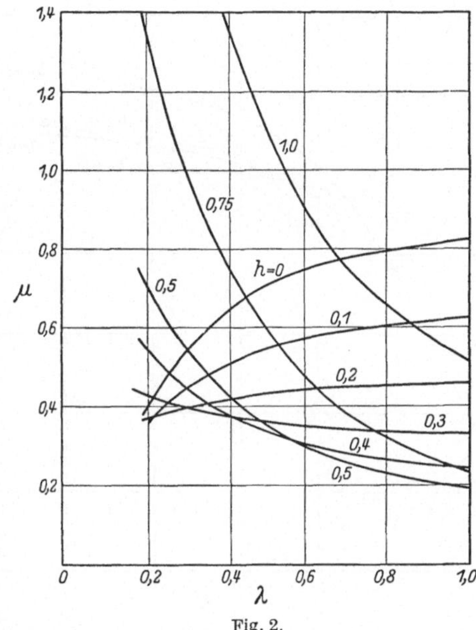

Fig. 2.

difference between the two motions: in steady circular motion the circulation round the aerofoil is constant and there is no vortex wake, whereas in an oscillation of very low frequency, when the aerofoil is passing through its mean position with increasing angle of incidence, the circulation has been increasing slowly for a long time and there is vortex wake behind the aerofoil which modifies the conditions of flow.

Fig. 4 has been prepared to show a comparison with the only experimental evidence available. The experimental results refer to a rectangular aerofoil of aspect ratio 4,5 with the centre of rotation at the point $h = 0,10$, whereas the

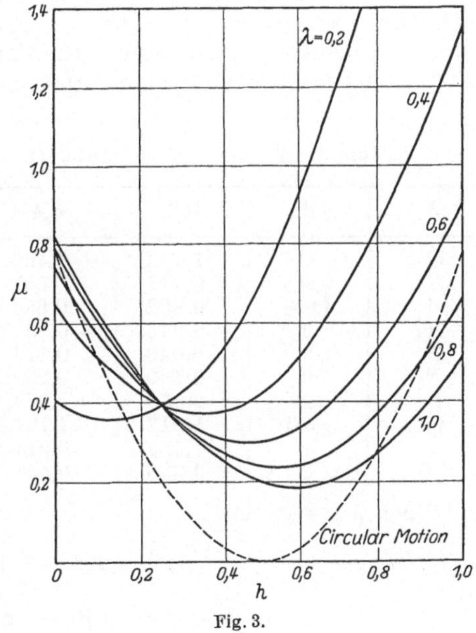

Fig. 3.

preceding calculations apply only to an aerofoil of infinite span. The correction for aspect ratio in oscillating motion has not been investigated and is probably very complex. If, however, the correction as applied in uniform rectilinear motion be regarded as sufficiently accurate for the purpose, the values predicted for a finite aspect ratio A would be estimated to be

$$\mu\,(A) = \mu\,\frac{a}{a_0} + \frac{\pi}{8}\left(1 - \frac{a}{a_0}\right). \qquad (19)$$

where a/a_0 represents the reduction in the slope of the lift curve due to the finite span. The corresponding curve has been added to Fig. 4 but should be regarded only as a rough estimate of the effect of aspect ratio. In view of the comparison shown in Fig. 4, it would

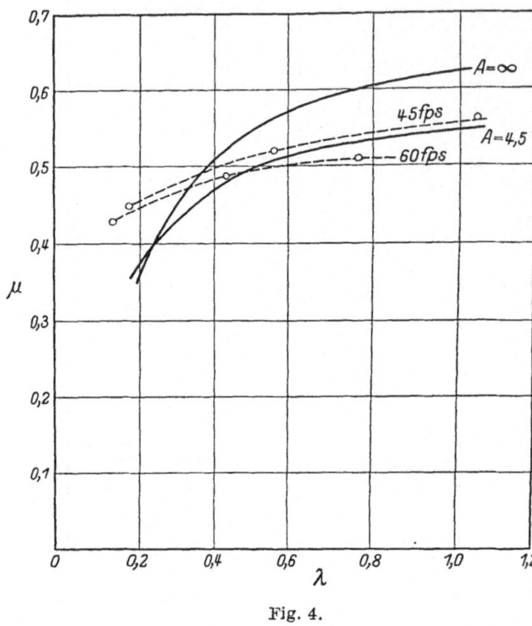

Fig. 4.

appear that the damping moment as calculated is in fair agreement with the observed values, but to test the theory more completely it would be necessary to measure the damping moment of an aerofoil at different frequencies and with different hinge positions.

Table 1. Values of certain integrals and coefficients.

λ	0	0,2	0,4	0,6	0,8	1,0
C	∞	1,744	1,428	1,258	1,135	1,046
S	0,785	0,711	0,667	0,635	0,607	0,586
A_1	1,000	0,802	0,656	0,558	0,491	0,439
A_2	0	$-\,0,245$	$-\,0.295$	$-\,0,304$	$-\,0,299$	$-\,0,289$
B_1	0	0,049	0,118	0,182	0,239	0,289
B_2	0	0,160	0,262	0,335	0,393	0,439
P	∞	2,555	1,973	1,665	1,464	1,320
Q	1,571	1,317	1,187	1.092	1,019	0,958
G	∞	1,727	0,945	0,598	0,415	0,303
H	0	0,336	0,544	0,669	0,750	0,802

When λ is very small.

$$C = 0,906 - \frac{1}{2}\log \lambda,$$

$$G = P = 0,810 - \log \lambda.$$

Table 2. Values of μ.

λ	0,2	0,4	0,6	0,8	1,0
$h=0$	0,401	0,647	0,746	0,793	0,822
0,10	0,358	0,510	0,573	0,603	0,622
0,20	0,368	0,420	0,442	0,453	0,460
0,30	0,429	0,375	0,352	0,341	0,334
0,40	0,545	0,378	0,306	0,269	0,247
0,50	0,712	0,424	0,301	0,237	0,197
0,75	1,355	0,742	0,469	0,326	0,238
1,00	2,330	1,345	0,901	0,661	0,514

When $h = 0,25$, $\mu = 0,393$ for all values of λ.

Beitrag zur Theorie des Auftriebes.

Von Th. v. Kármán in Aachen.

Die nachfolgenden Bemerkungen bilden einen Beitrag zur elementaren Theorie des Auftriebs. Für manche praktischen Zwecke ist es nützlich, den Einfluß abzuschätzen, den eine räumlich unstetige Verteilung der Geschwindigkeit der strömenden Luft auf einen ruhend gedachten Tragflügel ausübt. So haben wir z. B. bei Luftkanalanlagen, die mit sogenanntem offenen Strahl arbeiten, eine unstetige Änderung der Geschwindigkeit an den Strahlgrenzen, und es ist von Interesse zu erfahren, wie groß die Korrektion ist, die wir infolge dieses Umstandes an dem gemessenen Auftrieb anbringen müssen. Auch die Fälle, in welchen der Luftschraubenstrahl eine mehr oder weniger unstetige Verteilung der Geschwindigkeit in der Nähe des Tragflügels hervorruft, sind von praktischem Interesse. Wir wollen zuerst das zweidimensionale Problem betrachten, dann einige Bemerkungen über den dreidimensionalen Fall hinzufügen.

Im einfachsten Fall können wir annehmen, daß ein einziger Sprung in der Geschwindigkeit stattfindet, z. B. so, daß die Luft — zunächst ohne vom Tragflügel beeinflußt zu sein — in der negativen Hälfte der x, y-Ebene mit der Geschwindigkeit U_1, in der positiven Hälfte mit der Geschwindigkeit U_2 strömt. Den Tragflügel denken wir uns um einen Wirbelpunkt ersetzt, dessen Lage durch die Koordinaten $x = 0$, $y = -h$ bestimmt sei. Die exakte Lösung würde verlangen, daß man eine gekrümmte Unstetigkeitslinie bestimmt, so daß der Druck an beiden Seiten der Linie denselben Wert hat. Die Aufgabe ist dann eine ähnliche, wie sie auch in der Kirchhoff-Helmholtzschen Theorie der unstetigen Potentialbewegung gestellt wird.

Wenn wir indessen die von dem Tragflügel induzierten Geschwindigkeiten $u_1 v_1$ bzw. $u_2 v_2$ als klein gegen die Geschwindigkeiten U_1 bzw. U_2 annehmen, so läßt sich das Problem erheblich vereinfachen, indem wir die Bedingung der Druckgleichheit nicht an der verzerrten, sondern an der ursprünglichen Unstetigkeitslinie, d. h. in unserem Falle längs der Achse $y = 0$ erfüllen.

Die Druckgleichung lautet in diesem Falle für die untere Halbebene (p_0 Druck im Unendlichen)

$$\frac{p_0}{\varrho} + \frac{U_1^2}{2} = \frac{p_1}{\varrho} + \frac{(U_1 + u_1)^2}{2} + \frac{v_1^2}{2},$$

für die obere Halbebene

$$\frac{p_0}{\varrho} + \frac{U_2^2}{2} = \frac{p_2}{\varrho} + \frac{(U_2 + u_2)^2}{2} + \frac{v_2^2}{2},$$

so daß wir als Bedingung der Druckstetigkeit mit Vernachlässigung der quadratischen Glieder die Beziehung $U_1\,u_1 = U_2\,u_2$ bekommen. Mit anderen Worten: wir haben folgende Potentialaufgabe zu lösen:

Für die untere und die obere Halbebene ist je eine Potentialfunktion φ_1 und φ_2 zu bestimmen, und zwar so, daß die erste in dem Punkte $x = 0$, $y = -h$ eine dem Wirbelpunkt entsprechende logarithmische Singularität besitzt, während die Lösung für die obere Halbebene überall regulär ist. Zwischen den Ableitungen längs der $y = 0$-Achse besteht die Beziehung:

$$U_1 \frac{\partial \varphi_1}{\partial x} - U_2 \frac{\partial \varphi_2}{\partial x} = 0.$$

Die normalen Ableitungen sind offenbar infolge der Kontinuität stetig:

$$\frac{\partial \varphi_1}{\partial y} = \frac{\partial \varphi_2}{\partial y}.$$

Die so gewonnenen Randbedingungen kann man als ein Brechungsgesetz der Stromlinien auffassen. Bezeichnen wir etwa den Einfallwinkel der Stromlinie, welche von der unteren Halbebene in die obere übertritt mit α_1, den Austrittswinkel derselben in die obere Halbebene mit α_2, so besteht die einfache Beziehung

$$\frac{u_1}{u_2} = \frac{\mathrm{tg}\,\alpha_1}{\mathrm{tg}\,\alpha_2} = \frac{U_2}{U_1}.$$

Die Lösung der Aufgabe kann man unschwer herstellen. Man kann z. B. die Spiegelungsmethode benutzen:

a) Um die Lösung in der unteren Ebene herzustellen, nehmen wir einen Wirbelpunkt mit der gegebenen Zirkulation $\varGamma$ in dem Punkte $x = 0$, $y = -h$ und gleichzeitig einem Wirbelpunkt mit der zunächst unbestimmten Zirkulation $-\varGamma'$ in dem Spiegelpunkte $x = 0$, $y = h$. Alsdann können wir die Formeln für die Geschwindigkeitskomponenten, die naturgemäß nur in der unteren Halbebene gelten sollen, wie folgt anschreiben:

$$u_1 = \frac{\varGamma}{2\,\pi} \frac{(y + h)}{[x^2 + (y + h)^2]} + \frac{\varGamma'}{2\,\pi} \frac{(h - y)}{[x^2 + (y - h)^2]},$$

$$v_1 = \frac{\varGamma}{2\,\pi} \frac{(-x)}{[x^2 + (y + h)^2]} + \frac{\varGamma'}{2\,\pi} \frac{x}{[x^2 + (y + h)^2]}.$$

b) Um die Lösung in der oberen Halbebene herzustellen, dürfen wir natürlich in der oberen Halbebene selbst keine Singularität annehmen, so daß wir versuchen, die Strömung von einem Wirbelpunkte abzuleiten, dessen Zirkulation Γ sei, und den wir in dem Punkte $x = 0$, $y = -h$ annehmen. Die Formeln für die Geschwindigkeitskomponente, die jetzt in der oberen Halbebene gelten sollen, sind die folgenden:

$$u_1 = \frac{\Gamma''}{2\,\pi} \frac{(y+h)}{[x^2 + (y+h)^2]}\,,$$

$$u_2 = \frac{\Gamma''}{2\,\pi} \frac{(-x)}{[x^2 + (y+h)^2]}\,.$$

Wir setzen nun die Übergangsbedingungen für $y = 0$ an:

$$U_1\,u_1 - U_2\,u_2 = \frac{h}{2\,\pi\,(x^2 + h^2)}\left\{(\Gamma h + \Gamma'\,h)\,U_1 - \Gamma''\,U_2)\right\} = 0\,,$$

$$v_1 - v_2 = \frac{x}{2\,\pi\,(x^2 + h^2)}\left\{(-\Gamma + \Gamma') + \Gamma''\right\} = 0\,.$$

Diese zwei Gleichungen bestimmen nun die zunächst unbestimmt gelassenen Größen Γ' und Γ'' für die Intensität der angenommenen Wirbelpunkte. Wir erhalten offenbar

$$\Gamma' = \frac{U_1 - U_2}{U_1 + U_2}\,\Gamma\,,$$

$$\Gamma'' = \frac{2\,U_1}{U_1 + U_2}\,\Gamma = \Gamma - \Gamma'.$$

Das Ergebnis läßt sich anschaulich folgendermaßen ausdrücken:

Wir spalten zunächst von der Zirkulation Γ des Tragflügels die Größe $\Gamma - \dfrac{\Gamma'}{2} = \Gamma\left(1 - \dfrac{U_1 - U_2}{2\,(U_1 + U_2)}\right)$ ab und nehmen in dem spiegelbildlich liegenden Punkte $x = 0$, $y = h$ einen Wirbel mit der Zirkulation $-\Gamma'/2$ an. Die diesen Wirbeln entsprechende Zirkulationsströmung liefert einen gemeinsamen Bestandteil der Lösungen für beide Halbebenen. Die Lösung für die obere bzw. untere Halbebene erhalten wir dann, indem wir auf diese Zirkulationsströmung die von einem Wirbelpaar von der Intensität $\pm\,\Gamma'/2$ herrührende Strömung einmal im positiven und einmal im negativen Sinne superponieren. Durch Superposition des Wirbelpaares wird an der Trennungslinie keine senkrechte Geschwindigkeit erzeugt, so daß die Kontinuität der V-Komponente nicht gestört wird. Außerdem haben wir durch die Wahl der Intensität des Wirbelpaares die Übergangsbedingung für die u-Komponente erfüllt.

Von praktischem Interesse sind die Geschwindigkeiten, die an dem Standort des Tragflügels induziert werden. Diese stammen offenbar von dem gedachten Wirbelpunkt mit der Intensität $(-\Gamma')$ her, und betragen

$$u_i = \frac{\Gamma'}{4\,\pi h} = \frac{\Gamma}{4\,\pi h}\frac{(U_1 - U_2)}{(U_1 + U_2)}\,,$$

$$v_i = 0\,.$$

Die so induzierte Geschwindigkeit bedingt offenbar keine Änderung des Anstellwinkels, dagegen eine Änderung der Anblasegeschwindigkeit und damit eine Korrektion der Auftriebskonstante. Die Korrektion der Auftriebskonstante läßt sich leicht ausrechnen und beträgt (mit $t = $ Flügeltiefe)

$$\frac{\varDelta C_a}{C_a} = \frac{C_a}{4\,\pi}\,\frac{t}{h}\,\frac{U_1 - U_2}{U_1 + U_2}.$$

Auf eine ähnliche einfache Potentialaufgabe lassen sich eine größere Reihe von praktisch interessanten Fällen reduzieren, so z. B. der Fall eines endlichen freien Luftstrahls, in dem an beliebiger Stelle ein Tragflügel bzw. ein Wirbelpunkt sich befindet. Ich will nur die Lösung für den Fall angeben, daß der Tragflügel symmetrisch zwischen der oberen und unteren Strahlbegrenzung angeordnet ist. In diesem Falle bekommen wir keine Änderung der Anblasegeschwindigkeit, dagegen eine Änderung der Anblaserichtung, welche allerdings davon abhängt, welche Bedingungen wir im Unendlichen annehmen. Es ist nämlich klar, daß infolge der durch den Tragflügel auf den Luftstrom übertragenen Bewegungsmenge der Strahl selbst eine kleine Ablenkung erfährt. Nehmen wir an, daß der Strahl an der Zuströmungsseite geführt wird, wie dies etwa dem praktischen Fall eines Luftkanals entsprechen dürfte, so bekommen wir einen Abwind an dem Standort des Tragflügels von dem Betrage

$$v_\iota = \frac{\varGamma}{2\,d}.$$

Dies bedingt eine Korrektion des Anstellwinkels um $\varDelta\alpha = $ und der Auftriebskonstante

$$\varDelta C_a = C_a\,\frac{1}{1 + \dfrac{\pi}{2}\dfrac{b}{d}}.$$

Dieses Ergebnis steht mit der Rechnung im Einklang, die Herr R. Sasaki[1] mit Hilfe der Kirchhoffschen Theorie für eine ebene Tragfläche, die in einem beschränkten Luftstrahl angeordnet ist, abgeleitet hat (vgl. Abb. 1). Es steht auch damit im Einklang, daß, wie bereits Herr R. Sasaki bemerkt hat, die in einem offenen Strahl gemessenen Auftriebskonstanten etwas kleiner sind als diejenigen, welche im geschlossenen Kanal gemessen werden.

Eine Erweiterung des Problems erhält man durch die Annahme, daß die Luft zuerst zwischen zwei parallelen Wänden geführt und dann sich selbst überlassen wird. Namentlich läßt sich dann die nicht unwesentliche Frage studieren, wie weit die relative Lage des Modells zwischen Eintrittsdüse von Einfluß ist. Mit der Berechnung dieser Aufgabe ist z. Zt. Herr L. Poggi beschäftigt, der in kurzer Zeit über seine Rechnung berichten wird. Eine Verfeinerung der Theorie in einer anderen Richtung ist dadurch möglich, daß man statt eines Wirbel-

---

[1] R. Sasaki: Report of the aeronautical research Institute, Tokyo Imperial University 1928, Nr. 46.

punktes, etwa nach dem Verfahren von Birnbaum und Glauert, eine Reihe von Wirbelpunkten annimmt und so die Verteilung des Auftriebs über die Tragflügeltiefe berücksichtigt. Insbesondere wird dies notwendig sein, wenn der Abstand des Tragflügels von der Unstetigkeit nicht sehr groß ist gegen die Flügeltiefe. Es besteht kein prinzipielles Hindernis, die genannten Aufgaben mit dieser Verfeinerung durchzuführen, wenn auch die komplizierten Fälle naturgemäß ein gewisses Maß von Rechenarbeit verlangen.

Ich will nur einige Bemerkungen über den dreidimensionalen Fall anführen:

a) Zunächst ist es von Interesse, den Einfluß kennen zu lernen, den ein kreisförmiger Strahl auf eine tragende Linie von konstanter Zirkulation ausübt, wobei man zwei Fälle unterscheiden kann, je nachdem die tragende Linie den Strahl durchschneidet oder außerhalb derselben liegt. Die Bedingung der Druckgleichung läßt

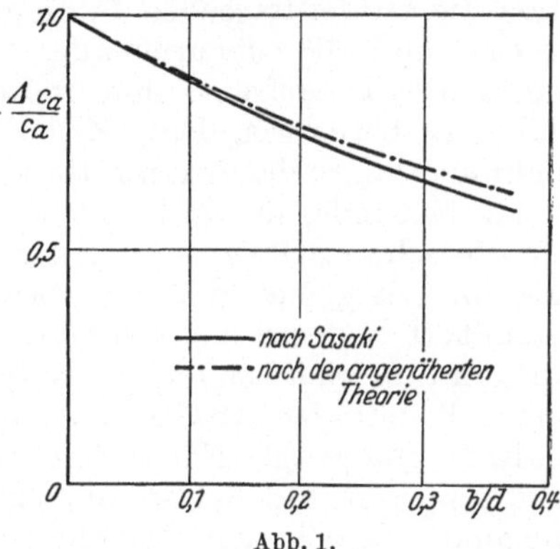

Abb. 1.

sich in beiden Fällen so formulieren, daß die Normalkomponente der Geschwindigkeit und der zylindrischen Grenzfläche stetig bleibt, dagegen die Tangentialkomponente einen Sprung erleidet, wofür wieder die Übergangsbedingung

$$U_1 \frac{\partial \varphi_1}{\partial x} = U_2 \frac{\partial \varphi_2}{\partial x}$$

gilt. Nehmen wir speziell die Geschwindigkeit außerhalb des Strahles $U_2 = 0$ an, so haben wir an der Zylinderfläche die Bedingungen $\frac{\partial \varphi_1}{\partial x} = 0$.

Die Lösung besteht aus zwei Anteilen. Es seien zunächst u, v, w die Geschwindigkeitskomponenten, die von der Zirkulation der tragenden Linie herrühren, ohne den Einfluß des Strahles zu berücksichtigen. Bezeichnen wir die zusätzlichen Geschwindigkeiten, die infolge des Einflusses des Strahles entstehen, mit u, v, w, die zugehörigen Potentialfunktion mit φ_1, so stehen wir offenbar vor der Aufgabe, eine innerhalb eines Zylinders reguläre Potentialfunktion $\varphi_1(x, y, z)$ zu bestimmen, daß die Ableitungen $\frac{\partial \varphi_1}{\partial x}$ die gegebenen Werte $- u$ annehmen.

Es besteht keine Schwierigkeit, diese Lösung zu finden, nur ist es zweifelhaft, wieweit unsere Annahme, daß die induzierten Geschwindigkeiten klein gegen die Strahlgeschwindigkeit sind, in der Nähe des Punktes erfüllt sind, in welchem die tragende Linie die Zylinderfläche durchschneidet.

b) Der praktische Fall ist insoweit anders, als die Zirkulation längs der tragenden Linie nicht konstant ist, daß sie vielmehr von dem Strahl nicht unerheblich beeinflußt wird. Alsdann werden sich aber von der tragenden Linie die sog. Tragflächenwirbel ablösen, deren Achse parallel zur Strahlachse ist. Die Aufgabe in dieser Allgemeinheit zu lösen ist wohl etwas kompliziert. Andererseits ist es von Interesse, die Änderung des induzierten Widerstandes infolge des Strahles, z. B. infolge des Propellerstrahles zu berechnen. Man kann in angenäherter Weise so verfahren, daß man zunächst unter der Annahme konstanter Zirkulation die an der tragenden Linie auftretenden induzierten Geschwindigkeiten und die entsprechenden Auftriebskorrektion berechnet. Dann entsteht die Aufgabe, den induzierten Widerstand einer tragenden Linie zu berechnen, deren Zirkulation in einem Bereiche, dessen Ausdehnung gegen die Spannweite klein ist, eine Störung erfährt. Die übliche Methode, die Zirkulation bzw. Auftriebsverteilung nach einer Fourierschen Reihe zu entwickeln, wird in diesem Falle schlecht konvergieren. Ich glaube, daß man bessere Resultate mit folgender Methode erzielt: Ich denke mir zunächst die tragende Linie mit der gestörten Zirkulation zwar von $y = -\infty$ bis $y = \infty$ erstreckt, aber dem Einfluß eines konstanten Abwindes ausgesetzt, dessen Größe dem Seitenverhältnis entspricht. Nun kann man leicht zeigen, daß zwischen der Störung der Zirkulation und zwischen der Störung des Abwindes folgende Beziehungen bestehen:

Falls die Zirkulationsverteilung längs der Spannweite durch das Fouriersche Integral

$$\Gamma(y) = \int\limits_{0}^{a} d\alpha \int\limits_{-\infty}^{\infty} f(\eta) \cos \alpha (y - \eta) \, d\eta$$

ausgedrückt wird, so ist die entsprechende Abwindverteilung durch die Gleichung

$$w(y) = \int\limits_{0}^{a} \alpha \, d\alpha \int\limits_{-\infty}^{\infty} f(\eta) \cos \alpha (y - \eta) \, dy$$

gegeben. Wenn wir also eine gegebene Auftriebsverteilung haben, die für große Werte von $|y|$ in den konstanten Wert Γ_0 übergeht, und die Störung der Zirkulation mit $\Gamma - \Gamma_0 = f(y)$ bezeichnen, so liefert die zweite Formel unmittelbar den Abwind und dadurch den induzierten Widerstand. Ich habe allerdings bisher keinen praktischen Fall nach diesem Schema durchgerechnet.

Neue Darstellung der Potentialströmung durch Kreiselräder für beliebige Schaufelform.

Von **W. Spannhake**, Karlsruhe.

In den letzten Jahren sind die Potentialströmungen durch Kreiselräder mehrfach Gegenstand der theoretischen Behandlung gewesen. Ich selbst habe 1925 durch Zerlegung der Gesamtströmung in die ein-

zelnen Teilströmungen den exakten Weg zur Berechnung derselben gezeigt und als einfachstes Beispiel den Fall einer parallelkränzigen Kreiselpumpe mit radialen Schaufeln behandelt. Dieser Arbeit folgten drei
andere von Sörensen, Schulz und Busemann, die an Stelle der
radialen Schaufeln solche setzten, die nach logarithmischen Spiralen
gekrümmt sind. Alle diese Arbeiten behandeln das Problem in folgender
Weise (Abb. 1).

Es wird ein rein ebenes Problem gestellt. Die Kreiselradmaschine
mit Spiralgehäuse und Saugrohr wird durch zwei zur Achse senkrecht
ins Unendliche gehende ebene Begrenzungen ersetzt. Betrachtet man
beispielsweise eine Zentrifugalpumpe, so wird der Allgemeinheit wegen

vor dem Laufrad ein Leitapparat angenommen, dessen Wirkung aber durch
eine Wirbelquelle mit dem
Drall $(c_u r)_1 =$ konst. ersetzt wird. An Stelle der
Abströmung im Spiralgehäuse wird entsprechend
eine mit dem konst. Drall
$(c_u r)_2$ ins Unendliche
gehende angenommen.
Untersucht wird die momentane Absolutströmung und diese in folgende Teilströmungen zerlegt:

1. Strömung einer Wirbelquelle im Zentrum,
welche die Schaufeln zirkulationslos umströmt.

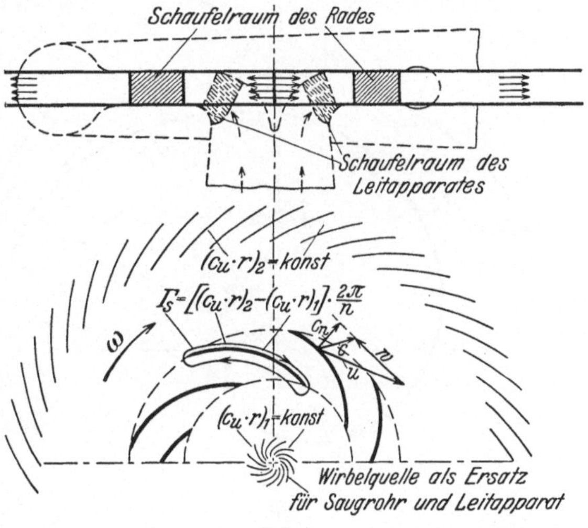

Abb. 1.

2. Zirkulation um die Schaufeln selbst. Diese beiden Teilströmungen kann man zusammen als zirkulationsbehaftete Durchflußströmung bezeichnen, ihre Bestimmungen sind zunächst Randwert-
Probleme erster Art, da die Schaufelkonturen Stromlinien sein müssen. Als dritte Strömung kommt die Verdrängungsströmung
hinzu, deren Ermittlung ein Randwert-Problem zweiter Art ist, da an
den Schaufeln die Normalkomponente der Absolutgeschwindigkeit vorgeschrieben ist. Sämtliche Teilströmungen liefern nun für sich an
beiden Schaufelenden im allgemeinen unendlich hohe Geschwindigkeiten. Jedoch werden die Zirkulationen der Wirbelquelle
und die Zirkulation um die Schaufeln bei gegebener Durchflußmenge
und Winkelgeschwindigkeit so bestimmt, daß die Geschwindigkeiten
an den Schaufelenden endlich bleiben, oder, anders ausgedrückt, daß
im Relativstrombild tangentiales An- und Abströmen erfolgt.
Man kann aber auch die Zirkulationen um die Schaufeln und die Winkelgeschwindigkeiten bei gegebener Zirkulation um die Wirbelquelle und
gegebener Durchflußmenge für tangentiales An- und Abströmen bestim-

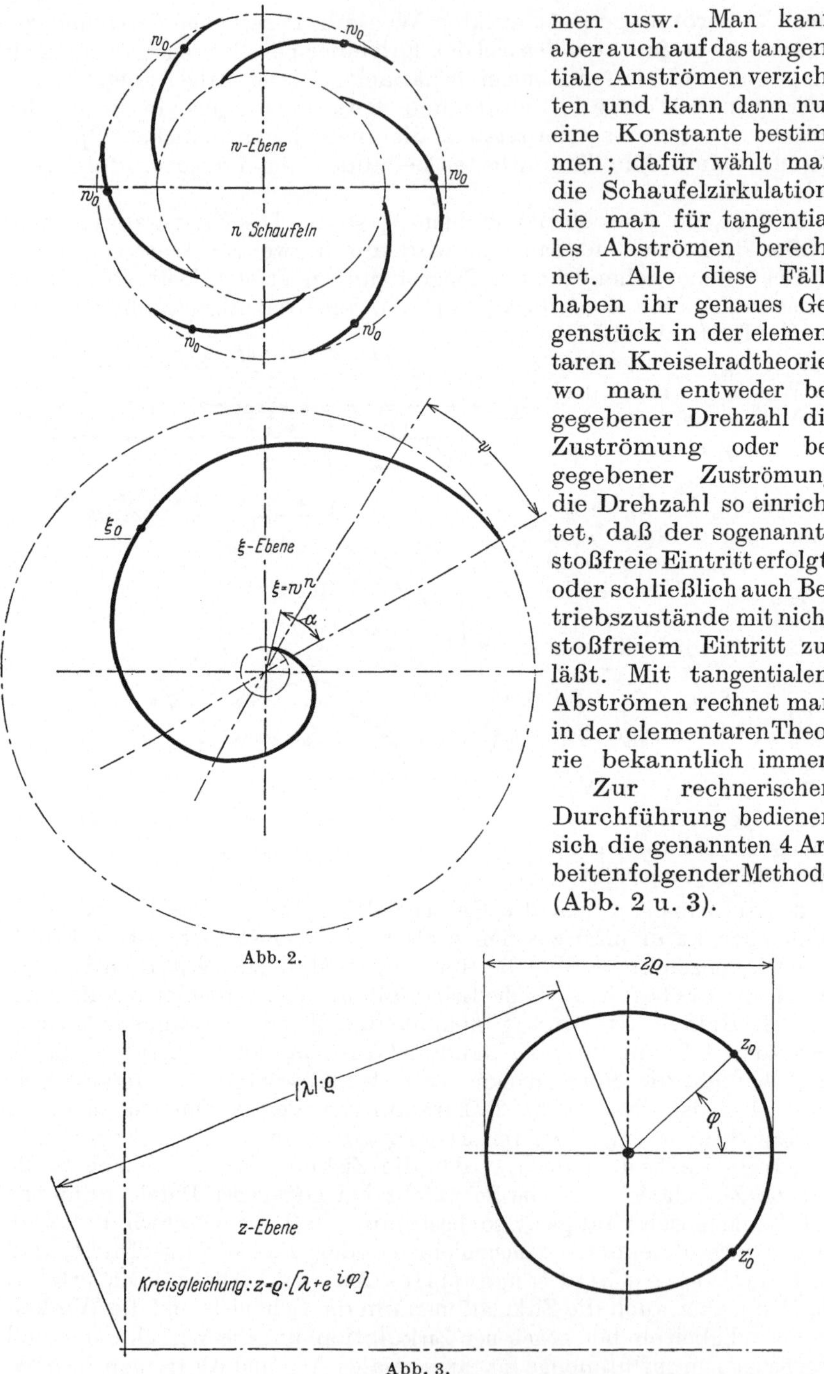

Abb. 2.

Abb. 3.

men usw. Man kann aber auch auf das tangentiale Anströmen verzichten und kann dann nur eine Konstante bestimmen; dafür wählt man die Schaufelzirkulation, die man für tangentiales Abströmen berechnet. Alle diese Fälle haben ihr genaues Gegenstück in der elementaren Kreiselradtheorie, wo man entweder bei gegebener Drehzahl die Zuströmung oder bei gegebener Zuströmung die Drehzahl so einrichtet, daß der sogenannte stoßfreie Eintritt erfolgt, oder schließlich auch Betriebszustände mit nicht stoßfreiem Eintritt zuläßt. Mit tangentialem Abströmen rechnet man in der elementaren Theorie bekanntlich immer.

Zur rechnerischen Durchführung bedienen sich die genannten 4 Arbeiten folgender Methode (Abb. 2 u. 3).

Der in einer w-Ebene gedachte Schaufelstern mit n Schaufeln wird durch die Funktion $w = \sqrt[n]{\zeta}$ auf eine ζ-Ebene abgebildet, wobei sich die n Schaufeln in eine einzige, spiralförmig den Null-Punkt umgebende Kontur transformieren. Die ζ-Ebene wird weiter in eine z-Ebene transformiert. Dabei wird die von der Strömung erfüllte Umgebung der Schaufelkontur entweder auf den Außenbereich eines Kreises oder auf eine Halbebene abgebildet, wobei sich die Schaufelkontur selbst entweder in den Umfang des Kreises oder in die reelle Achse transformiert. Die komplexen Potentiale für Wirbelquelle und Schaufelzirkulation werden dabei durch geschlossene Ausdrücke, das Potential der Verdrängungsströmung dagegen entweder durch eine Laurent-Entwicklung für den Mittelpunkt des Kreises oder durch ein bestimmtes Integral über den Kreisumfang bzw. die reelle Achse dargestellt. Der Sinn der beiden letzten Darstellungen ist der, das Potential derjenigen Quellverteilung an der Schaufelkontur anzugeben, welches dort, d. h. an den Konturen selbst, die vorgeschriebenen Normalgeschwindigkeiten erzeugt.

Diese Methode ist sehr brauchbar, um für verschiedene Schaufelzahlen und Radienverhältnisse und Schaufelwinkel die Veränderung der Schaufelzirkulation und damit der Leistungsaufnahme des Kreiselrades zu berechnen. Die eleganteste Lösung dieser Art stellt diejenige von Busemann dar[1], deren Resultate durchaus für die Praxis verwendbar sind. Die Methode hat nur einen Schönheitsfehler. Bei der Abbildung $w = \sqrt[n]{\zeta}$ verändert sich im allgemeinen — allerdings bei radialen oder logarithmisch spiraligen Schaufeln gerade nicht — die Schaufelform, wenn auch nicht die Winkel gegen Umfang oder Radius, so daß sich die Abbildungsfunktion $w = w\,(z)$ für jede Schaufelzahl ändert.

Auf meine Anregung hin hat daher mein seinerzeitiger Assistent, Herr Dr. Barth, jetzt Ing. der Firma Röchling in Völklingen a. d. Saar ein Verfahren ausgearbeitet, das sich zwar ebenfalls auf ebene Probleme beschränkt, aber die Abbildung $w = \sqrt[n]{\zeta}$ vermeidet. Die w-Ebene des Schaufelsterns wird dabei sofort auf die z-Ebene eines Kreises abgebildet, wobei sich nur eine der n Schaufeln auf den Kreis transformiert, während alle andern in bestimmte andere Konturen übergehen. Da die Abbildungsfunktionen für tragflügelähnliche Schaufelkonturen weitgehend durchgearbeitet sind, so kann man sagen, daß alle in Betracht kommenden Schaufelformen mit dieser Methode erfaßt werden.

Der zweite Grundgedanke des Verfahrens besteht in folgendem. Wenn in eine irgendwie gegebene Strömung ein oder mehrere Körper eingebracht werden, die sich in ihr bewegen oder in ihr ruhen, so lassen sich die Störungen, die dadurch in der ursprünglichen Strömung hervorgerufen werden, durch eine Quellverteilung auf der Berandung der Körper darstellen und durch die entgegengesetzt gleiche Quellverteilung beseitigen. Dies heißt nichts anderes, als daß alle Randwertprobleme auf solche zweiter Art zurückgeführt werden. Diesen Satz möchte ich durch Abb. 4 veranschaulichen.

---

[1] Z. A. M. M. 1928, H. 5, S. 372.

c_q ist die von der Quelle Q am Körperpunkt P hervorgerufene Geschwindigkeit mit dem Normalkomponenten c_{q_n} und der Tangentialkomponente c_{q_t}. c_s ist die von der überlagerten Quellverteilung in P hervorgerufene Geschwindigkeit c_{s_n}, c_{q_n} deren Normalkomponente, c_{q_t} ihre Tangentialkomponente. c_t ist die resultierende, am Körper nur noch tangential gerichtete Geschwindigkeit. Eine reine Zirkulationsströmung um einen Körper führt natürlich, da sie an ihm selbst nur Tangentialgeschwindigkeiten besitzt, erst dann zu Randwertproblemen zweiter Art, wenn noch andere Körper mit oder ohne Zirkulation in der Strömung vorhanden sind.

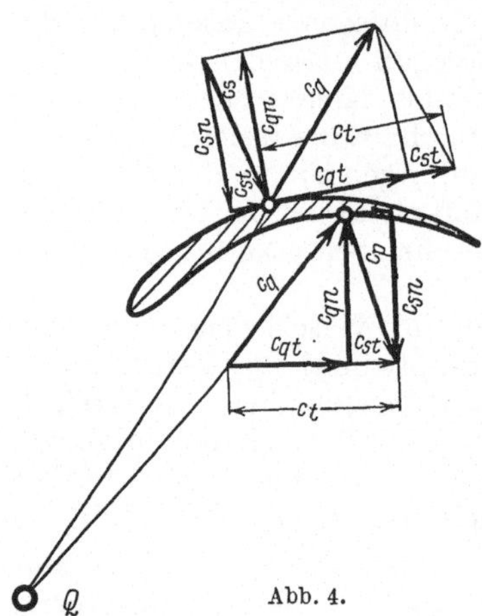

Abb. 4.

Mit der Feststellung, daß einer gegebenen c_n-Verteilung eine bestimmte Quellverteilung entspricht, ist die Schwierigkeit zunächst nicht beseitigt, sondern nur verschoben. Insbesondere ist die gesuchte Quellverteilung im allgemeinen durchaus nicht proportional mit der c_n-Verteilung, d. h. die Elementarquelle ist nicht etwa $dq = c_n ds$. Man sieht dies sofort ein, wenn man bedenkt, daß jede Elementarquelle im allgemeinen nicht nur an ihrem eigenen Sitz auf der Körperoberfläche, sondern auch an jeder andern Stelle derselben Normalkomponenten erzeugt. Für das ebene Problem gibt es aber eine Kontur, nämlich den Kreis und als Grenzfall die unendliche Gerade, wo sich die Aufgabe dadurch vollkommen vereinfacht, daß die gesuchte Quellverteilung mit der gegebenen c_n-Verteilung proportional wird. Dies hängt damit zusammen, daß man beim Erfülltsein der Bedingung $\int c_n ds = 0$ zu jeder Elementarquelle auf dem Kreis eine gleich starke Elementarsenke angeben kann und daß dies Quellsenkpaar den Kreis zur Stromlinie macht, also an keiner Stelle außer an den beiden ihrer eigenen Sitze, Normalkomponenten hervorruft (Abb. 5). Die genaue Verfolgung dieser Verhältnisse ergibt, daß die Elementarquelle für die Stelle mit der Normalkomponente c_n die Ergiebigkeit $dq = 2\,c_n \cdot ds$ haben muß (weil die Quelle sowohl den Außen- als auch den Innenraum des Kreises mit Flüssigkeit zu versorgen hat). Dann kann man aber für die Strömung im Außenraum eines Kreises mit gegebener c_n-Verteilung sofort das komplexe Potential hinschreiben. Es wird

$$\Phi = \int\limits_0^{2\pi} \frac{c_n}{\pi} \ln\,(z - \varrho \cdot c^{i\varphi})\, \varrho \cdot d\varphi\,,$$

wenn der Mittelpunkt des Kreises im Nullpunkt der z-Ebene liegt und ϱ sein Radius ist[1].

---

[1] Der exakte Beweis für die obige Entwicklung kann in analoger Weise, wie bei Sörensen a. a. O. für die Gerade angegeben, geführt werden.

c_n ist die Normalkomponente am Kreis der z-Ebene, sie ergibt sich aus der an einer beliebigen Kontur einer w-Ebene gegebenen v_n durch die Beziehung

$$c_n = v_n \left| \frac{dw}{dz} \right|, *$$

wenn $\left| \dfrac{dw}{dz} \right|$ der Absolutwert der Ableitung der Funktion $w = f(z)$ ist, mittels deren die Kontur auf dem Kreis abgebildet wird.

Die Quellverteilung, die nun an einer Schaufel einzusetzen ist, verändert sich mit der Schaufelzahl. Ihre Bestimmung erfolgt in sukzessiver Approximation. Dies macht man sich leicht in folgender Weise klar.

Die Strömung eines „Einschaufel-Kreiselrades" mit beliebigem Schaufelprofil läßt sich aus der Strömung einer Wirbelquelle um einen

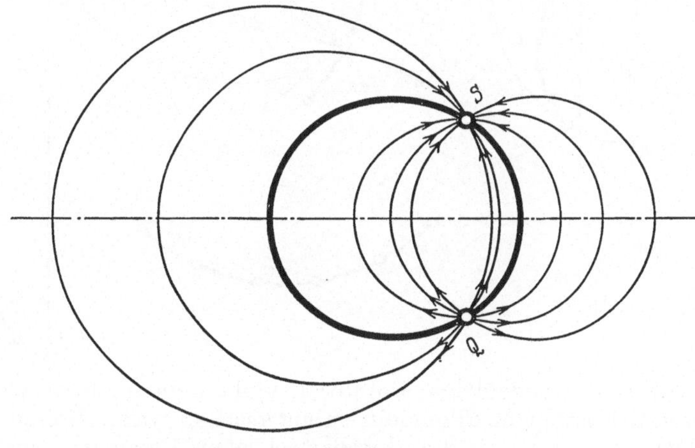

Abb. 5.

eingelagerten Kreis herum (Potential in geschlossener Form, Spiegelung der Wirbelquellen und der ∞-fernen Senke am Kreis) mit Zirkulation um diesen unter gleichzeitiger Überlagerung der Verdrängungsströmung jederzeit leicht ermitteln und in die bekannten Teilströmungen zerlegen. Ordnet man n solcher Schaufeln und „Einschaufelströmungen" achsensymmetrisch um den Sitz der Wirbelquelle herum, so ruft, die Summe der n-Einzelschaufelströmungen an jeder der Schaufeln störende Normalschaufelströmungen an jeder der Schaufeln störende Normalkomponenten — im folgenden kurz „Störungskomponenten" genannt — hervor, und zwar — wegen der Achsensymmetrie — an jeder Schaufel die gleichen. Man kann sie durch eine Quellverteilung beseitigen, die an jeder Schaufel die gleiche ist, also wieder auf einfache Weise durch Zurückgehen in die Z-Ebene, d. h. an die Kreiskontur, bestimmt werden kann. Dadurch werden die ersten Störungen beseitigt, aber neue, und wieder an allen Schaufeln gleiche, hervorgerufen. Diese sind aber

---

* Siehe die zitierten Arbeiten des erstgenannten Verfassers.

im allgemeinen schon „von der zweiten Ordnung" d. h. erheblich geringer als die ersten. Sie werden genau so beseitigt wie die ersten und
rufen nun solche „dritter Ordnung" hervor, die wieder beseitigt wer-

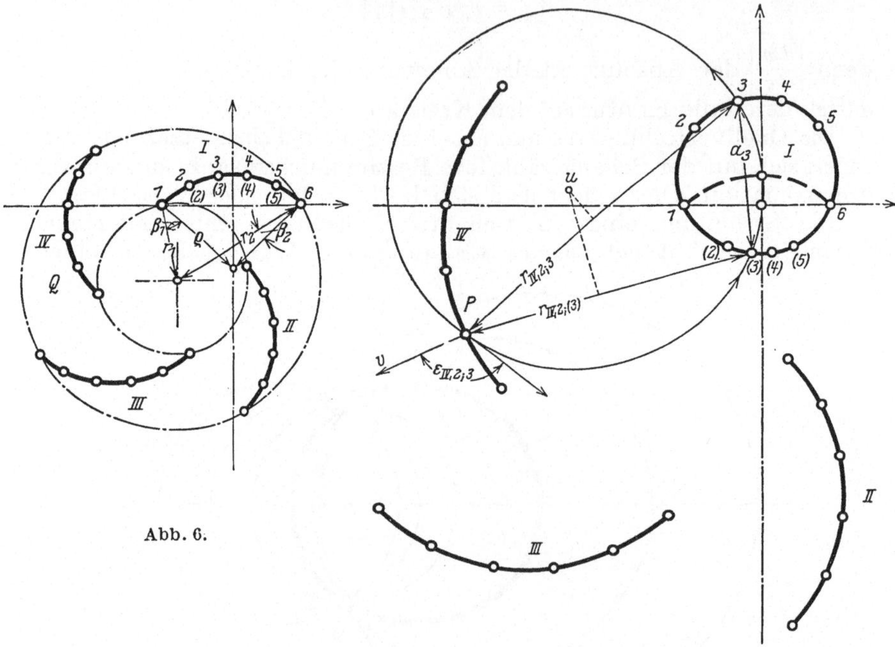

Abb. 6.

den usw. Für das endgültige Potential ergibt sich rechnerisch eine
Reihe, deren Konvergenz allgemein zu untersuchen wäre. Hierauf habe
ich bisher verzichtet, da die durchgerechneten Beispiele selbst bei

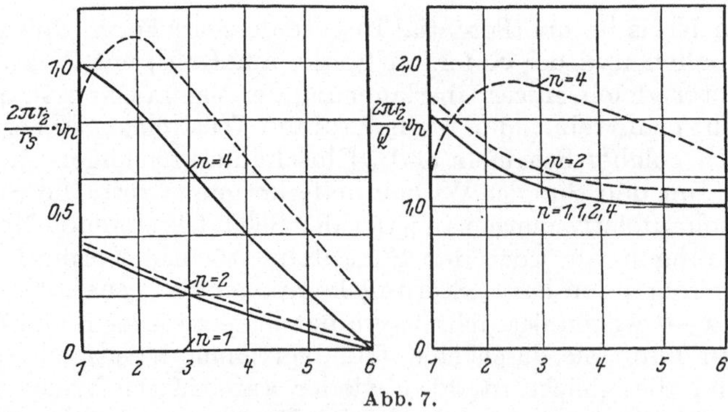

Abb. 7.

8 Schaufeln noch eine sehr rasche Konvergenz ergeben. Übrigens ist es
in Fällen, wo die Konvergenz nicht befriedigen sollte, auch möglich, in
folgender Weise vorzugehen. Man bestimmt aus dem Einschaufelrad
erst ein Zweischaufelrad, dann ein Vier-, weiter ein Achtschaufelrad usw.,

wodurch der Grad der Konvergenz unter Umständen verbessert wird. Man kann im übrigen das Verfahren entweder sofort auf die Gesamtströmung oder auch jede der Einzelströmungen anwenden. Dabei kann es zweckmäßig sein, auch die Einschaufelströmung und ihre Teilströmungen unter Zuhilfenahme von Quellverteilungen an der ersten Schaufel, also nicht wie vorhin angegeben, darzustellen. Das vorteilhafteste Verfahren wird in jedem Falle auszuwählen sein. Die Methode entspricht vor allen Dingen unmittelbar dem praktischen Fall, wo ein Schaufelrad in Modellversuchen mit verschiedenen Schaufelzahlen, aber gleicher Schaufelform bei gleichem Radienverhältnis ausgerüstet wird. Sie eignet sich für ein halb rechnerisches, halb zeichnerisches Verfahren. Als wichtigste Einzelheit aus dem Verfahren sei die Bestimmung der „Greenschen" Funktion — der „Einflußfunktion",

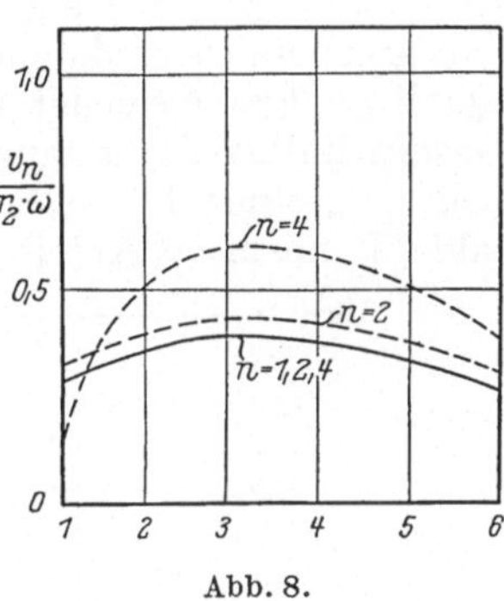

Abb. 8.

wie wir Ingenieure lieber sagen — des Problems beschrieben (Abb. 6). Aus der Achsensymmetrie des Schaufelsterns folgt, daß an jeder Schaufel zur Bestimmung einer Teilströmung die gleiche Quellverteilung einzusetzen ist. Da diese durch sukzessive Approximation gefunden wird,

so entsteht die Aufgabe, diejenigen Störungen zu berechnen, die durch eine Quellverteilung — nämlich irgendeine von den noch nicht ganz richtigen — an den Schaufeln hervorgerufen werden. Wieder wegen der Achsensymmetrie sind diese Störungen an den gleich gelegenen Punkten aller Schaufeln dieselben. Dies kann man aber auch so ausdrükken: Die Störung, die von einer beliebigen Quellverteilung an einem Punkt 1 einer Schaufel I hervorge-

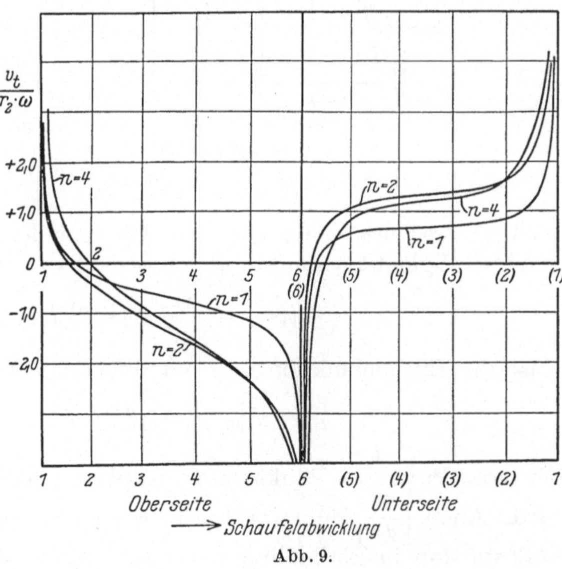

Abb. 9.

rufen wird, ist gleich der Summe aller Störungen, welche die Belegung der Schaufel I an den Punkten 1 aller Schaufeln $II — n$ hervorruft. Somit liegt der Kern der Aufgabe darin, die von der Belegung einer Schaufel — bezeichnen wir sie wieder mit I — an allen andern hervorgerufenen Störungen zu bestimmen. Dazu begeben wir uns vorübergehend in die Z-Ebene und belegen dort den Kreis mit derjenigen Quellverteilung, die der gegebenen Geschwindigkeitsverteilung an der Schaufel I entspricht. Da je zwei Punkte auf der Schaufelvorderseite und -Rückseite gleiche Quell- bzw. Senkstärke haben, so können wir den entsprechenden Quellpunkt am Kreise mit dem entsprechenden Senkpunkt [z. B. 2 und (2)] zusammenfassen. Dieses Quell-Senkpaar erzeugt am Bildpunkt P des Schaufelbildes IV eine Geschwindigkeit, die tangential zu dem durch P und das Quellensenkpaar gehenden Kreise liegt. Dies wiederum hat einen zum Schaufelbild IV normalen Anteil, der durch Multiplikation mit $\cos \varepsilon$ gefunden

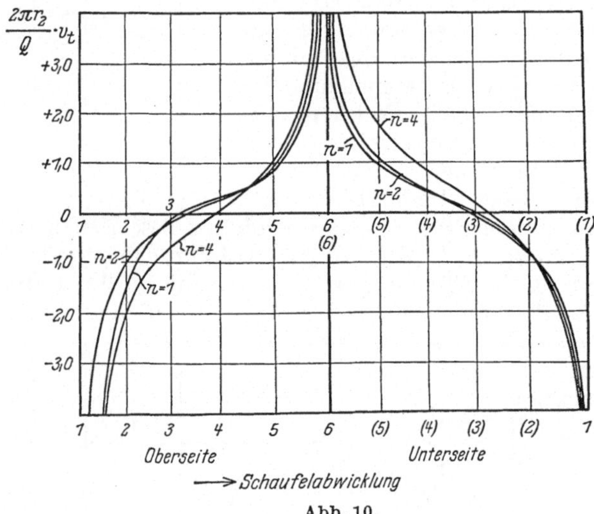

Abb. 10.

wird. Durch Zurückgehen in die W-Ebene findet man dann die Störungsgeschwindigkeit am Punkte Q der Schaufel IV. Es wird

$$v_n(s) = \int \frac{v_n}{\pi} F(s, s')\, ds',$$

F ist die Einflußfunktion und hat dabei den Wert

$$F(s, s') = \left| \frac{dw}{dz} \right| \cdot \frac{\cos \varepsilon}{r_1 r_2},$$

der von Punkt zu Punkt halb graphisch, halb rechnerisch gefunden wird. Auch $\left| \dfrac{dw}{dz} \right|$ kann graphisch bestimmt werden. Man stellt die Einflußfunktion in Einflußlinien dar und kann später die Störungen, die von den einzelnen Teilströmungen herrühren, durch Multiplikation der gegebenen Quellverteilungen mit den Einflußfunktionen und durch Auswertung der Integrale berechnen.

Als Schlußresultat der Rechnung findet man die Potentiale der Teilströmung in Form von Reihen, deren einzelne Glieder Potentiale von Quellverteilungen abnehmender Größenordnung sind. Jedes Potential einer Teilströmung enthält eine oder mehrere, zunächst willkürliche Konstanten als Faktoren, das der Wirbelquelle die Quellstärke Q und die Zirkulation Γ, das der Schaufelzirkulationen die Konstante Γ_s, das der Verdrängungsströmung die Winkelgeschwindigkeit w. Diese 4 Konstanten werden genau so bestimmt wie in den früheren Rechnungsmethoden, nämlich für tangentiales An- und Abströmen oder nur für tangentiales Abströmen. Dabei ergibt sich noch eine Vereinfachung, wenn man nur das eine Ziel hat, die Schaufelzirkulationen zu bestimmen, die darauf hinausläuft, daß man nicht die Potentiale zu ermitteln braucht, sondern nur die Geschwindigkeiten an den Kreispunkten, die

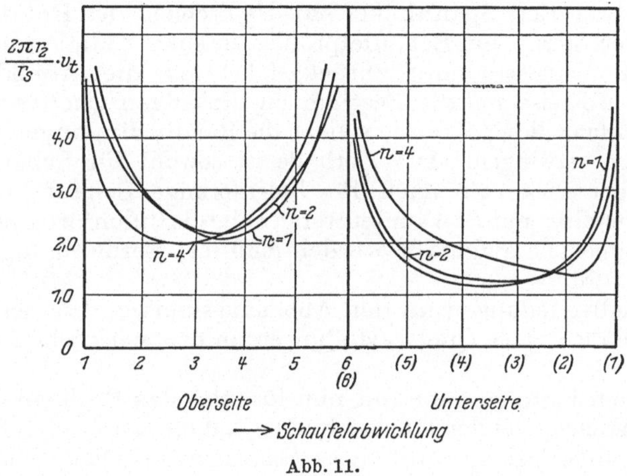

Abb. 11.

den Schaufelenden entsprechen. Zu diesen aber liefern nur die Quellverteilungen an Schaufel I Beiträge. Näher darauf einzugehen würde hier zu weit führen.

Zum Schlusse mögen noch einige Resultate in Kurvendarstellung gegeben werden. Abb. 7 zeigt links in der ausgezogenen Kurve die Verteilung der Normalgeschwindigkeit, die an jeder Schaufel gleich — also von der Schaufelzahl unabhängig — von einer reinen, d. h. zirkulationslosen Quelle im Zentrum erzeugt wird und durch eine bestimmte, in den endgültigen Potentialen einzusetzende Quellverteilung wegzuschaffen ist. Wenn diese an den Kreis übertragen wird, so ist deren Potential für eine Schaufel sofort das richtige. Bei mehreren aber müssen Quellverteilungen eingesetzt werden, die den gestrichelten v_n-Verteilungen entsprechen. Rechts sind die entsprechenden v_n-Verteilungen für die Schaufelzirkulationen dargestellt, dabei ist zu beachten, daß schon die erste wegzuschaffende v_n-Verteilung von der Schaufelzahl abhängig ist. Bei einer Schaufel allein existiert keine. Abb. 8 gibt die Verhältnisse für die Verdrängungsströmung, hier muß man von der zu erzeugenden, statt von der wegzuschaffenden v_n-Verteilung sprechen. Die folgenden Abb. 9, 10, 11 zeigen die Geschwindigkeitsverteilungen an den Schaufeln, und zwar sind durch vektorielles Abziehen der Umfangsgeschwindigkeiten $r\omega$ sofort die Relativgeschwindigkeiten berechnet. Jede Darstellung ist durch dimensionslose Angabe der Geschwindigkeiten für einen beliebigen Wert der die betr. Teilströmung charakterisierenden Konstanten gültig.

Die Konvergenz des Verfahrens wird natürlich bei größeren Schaufelzahlen langsamer. Ein Maß dafür ist etwa die Nähe der beiden, der auf den Kreis abgebildeten Schaufel am nächsten kommenden.

Diskussionsbemerkung zum Vortrag Spannhake[1].
Von **H. Reißner**, Berlin.

Ihr Vortrag, Herr Spannhake, hat das Problem der Rotation eines Kranzes oder Sterns von Schaufelprofilen in einer radialen und zirkulierenden Potentialströmung zurückgeführt auf die Abbildung der Schaufeln auf Kreise und die Bestimmung derjenigen Quellverteilungen auf dem Umfang dieser Kreise, welche die Randbedingungen an diesen Kreisrändern erzwingen. Die Methode ist sowohl für Schaufelprofile von endlicher Dicke als auch für linienförmige Schaufeln gleichermaßen anwendbar, nur daß im letzteren Falle die linienförmige Schaufel als eine Doppellinie aufgefaßt werden muß und Verzweigungslinie der Abbildung wird.

Den Quellverteilungen an den Abbildungskreisrändern entsprechen in beiden Fällen auch Quellverteilungen an den wirklichen Schaufelrändern.

Bei Ihrem Vortrage entstand nun für mich das Problem, wie wohl die Quellverteilung bei der Rückabbildung auf die wirklichen Schaufeln aussehen würde, insbes. wenn diese Schaufeln die Dicke Null haben.

Verwandeln sich dann die Quellen in Doppelquellen oder in eine Überlagerung von Doppelquellen und einfachen Quellen und was geschieht an den Enden der Profile?

Sie könnten ja sagen, daß diese Aufgabe Sie selbst nicht interessiert, da Ihnen die Kenntnis der Quellverteilung an den Kreisrändern genügt, aber es scheint mir doch, daß diese Ausartung der Aufgabe der wirklichen Quellverteilung nicht unwichtig ist, wenn man z. B. Ihre Lösung durch die Lösung einer entsprechenden Integralgleichung[2] prüfen oder unterstützen will.

Allerdings entsteht gerade bei dieser, die Lösung der zweiten Randwertaufgabe liefernden Integralgleichung dieselbe Schwierigkeit, daß die Quellen, welche die Randbedingungen erzwingen im Falle, daß die Randlinie in eine Doppellinie zusammenschrumpft, zusammenrücken, ohne daß in der mir bekannten Literatur der darin anzuwendende Grenzübergang angedeutet oder sonstwie auf diesen Sonderfall aufmerksam gemacht wäre.

Immerhin kann man wohl ohne Rechnung von vornherein sehen, daß die Quellen und Senken beim Zusammenrücken in der bei Singularitäten höherer Ordnung üblichen Weise unendlich werden müssen,

---

[1] Vergleiche hierzu die im Anhang S. 220 abgedruckte Entgegnung.
[2] Siehe z. B. Riemann-Weber-v. Mises, Bd. 1, S. 489—494.

wenn sie überhaupt eine die Randbedingungen erzwingende Strömung erzeugen sollen.

Aber es wäre, glaube ich, interessant, dies einmal durchzurechnen und in einem konkreten Falle zu sehen, unter welchen Umständen ein und dieselbe Strömung sowohl durch eine Wirbelschicht als auch durch eine Quellsingularirätenschicht erzeugt werden kann.

Für mich selbst ist diese Frage aufgetaucht bei Betrachtung der Lösungsmöglichkeiten der Aufgabe, die Rotation oder achsiale Translation einer starren Schraubenfläche in einer Flüssigkeit zu bestimmen, wie es in der Betz-Prandtlschen Propellertheorie verlangt wird.

Zur Wirbeltheorie des Schraubenpropellers.

Von S. Goldstein, Manchester.

Meine Damen und Herren! Ich möchte kurz über eine Verfeinerung der Wirbeltheorie des alleinfahrenden Schraubenpropellers von Betz und Prandtl berichten[1]. Bekanntlich ist diese Theorie ganz ähnlich wie die des Tragflügels. Um jeden Flügel findet eine Zirkulation statt, die am Rande und an der Achse gleich null ist. Der Flügel wird durch ein „gebundenes" Wirbelsystem ersetzt, welches wir uns, der Einfachheit halber, auf eine Linie konzentriert denken, deren Wirbelstärke im Abstand r von der Achse gleich Γ, die Zirkulation um das entsprechende Flügelelement, ist. Von jedem Punkte dieser Linie gehen „freie Wirbel" aus, deren Stärke pro Längeneinheit $-\partial\Gamma/\partial r$ ist. Vorausgesetzt, daß die von den Flügeln verursachten Strömungsgeschwindigkeiten klein gegenüber der Eigengeschwindigkeit ist, also daß der Belastungsgrad hinreichend klein ist, verlaufen diese „freien Wirbel" in Schraubenlinien, welche in ihrer Gesamtheit eine Schraubenfläche bilden. (Als Schraubenfläche bezeichnet man die Fläche, die von einem System von radialen Geraden, die sich längs einer zu ihrer Ebene senkrechten Achse verschieben und gleichzeitig um diese Achse drehen, erzeugt wird.)

Durch dieses freie Wirbelsystem geht Energie verloren, und, wenn dieser Verlust ein Minimum für einen gegebenen Schub ist, so wissen wir nach dem Betzschen Satze, daß die Strömung genügend weit hinter der Schraube so ist, wie wenn die Schraubenfläche erstarrt wäre und sich mit einer bestimmten Geschwindigkeit nach hinten verschiebt; und zwar soll die Strömung nach der klassischen Hydrodynamik einer reibungslosen Flüssigkeit berechnet werden, da sie stetig, wirbellos und ohne Zirkulation sein soll. Die Zirkulation Γ um den Flügel im Abstand r von der Achse bekommen wir dann als den Geschwindigkeitspotentialsprung an der entsprechenden Stelle der Schraubenfläche. Außerdem wissen wir aber, daß bei symmetrischen Schrauben die Störungsgeschwindigkeit am Flügel selbst halb so groß ist wie an den entsprechenden Stellen der Schraubenfläche.

---

[1] Göttinger Nachr. 1919 oder L. Prandtl u. A. Betz: Vier Abhandlungen zur Hydrodynamik und Aerodynamik. Göttingen 1927.

Ich brauche nicht zu betonen, daß in der Theorie der Profilwiderstand der Flügelelemente, so wie der Einfluß der Nabe, die Annäherung der Flügelgeschwindigkeit zur Schallgeschwindigkeit am Rande oder die Kavitation, unberücksichtigt bleibt.

Es ist darum wichtig, das Problem der Potentialbewegung einer solchen Schraubenfläche zu lösen. Als Betz seinen Satz veröffentlichte, gab Prandtl eine angenäherte Lösung, welche eine um so größere Geltung hat, je größer die Anzahl der Flügel und je größer das Verhältnis zwischen ωR und v ist, wobei R den Radius, ω die Winkelgeschwindigkeit und v die Fahrgeschwindigkeit der Schraube bedeutet. In der Prandtlschen Lösung sind zwei Näherungen zu erkennen. Erstens: in dem Falle einer Schraubenfläche von unendlich großem Radius sind

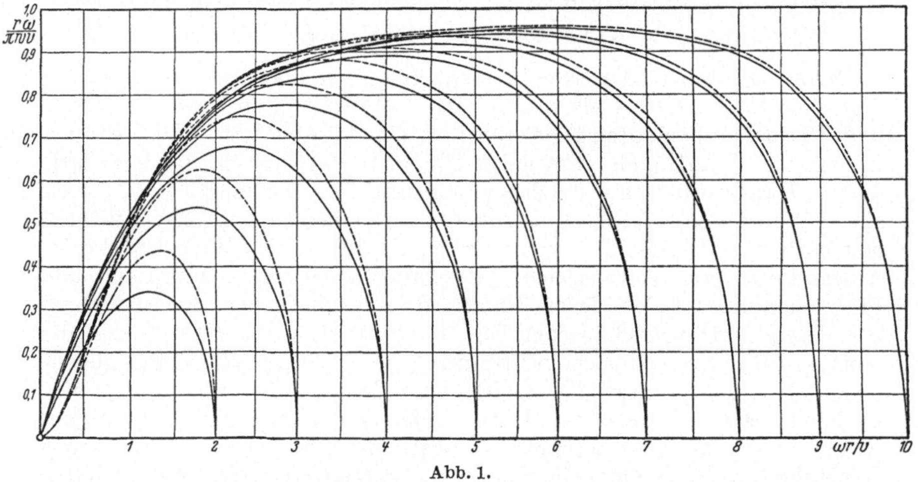

Abb. 1.

die Radialgeschwindigkeiten vernachlässigt. Dies gilt um so mehr, je größer die Anzahl der Flügel ist. Hier kommt $\omega R/v$ nicht in Frage. Zweitens: die Umströmung des Randes der Schraubenfläche wurde durch die Umströmung der Ränder eines äquidistanten Ebenensystems ersetzt. Dies gilt um so mehr, je größer eine der beiden folgenden Zahlen oder auch beide zusammen sind, und zwar: Anzahl der Flügel, p, und $\omega R/v$ (oder $1/\lambda$, wobei λ den gewöhnlichen Fortschrittsgrad bedeutet). Der Grad dieser Näherung scheint ungefähr von dem Produkt abzuhängen. Aber eine Abschätzung des Fehlers war bisher nicht möglich.

Ich habe neulich eine genaue Lösung des Potentialproblems gefunden[1]. Es ist von mathematischem Interesse, daß hier eine Art Lommelscher Funktionen[2] imaginären Arguments eine Anwendung fand.

Als wichtigste Ergebnisse sind die Berechnungen der Zirkulationsverteilung längs eines Flügels zu betrachten. Numerisch ausgewertet

---

[1] Proceedings of the Royal Society of London, Bd. 123 A. 1929.
[2] Math. Ann. 1876. Watson's Bessel Functions, 10. 7.

sind die Ergebnisse für eine zweiflügelige Schraube, und für einen Wert des Fortschrittsgrades, nämlich $\lambda = 0{,}2$, im Falle der vierflügeligen Schraube. Die Resultate sind ohne weiteres aus den Bildern ersichtlich. In Abb. 1 sind die Resultate für die zweiflügelige Schraube dargestellt, und zwar ist $\Gamma\omega/\pi w v$ als Ordinate und $\omega r/v$ als Abszisse aufgetragen. Γ ist die Zirkulation im Abstand r von der Achse, ω die Winkelgeschwindigkeit und v die Fahrgeschwindigkeit der Schraube, und w die konstante Geschwindigkeit der Schraubenfläche, so daß für schwach-

belastete Schrauben der Wirkungsgrad (ohne Reibung usw.) $2\,v/(2\,v + w)$ ist. Die Kurven sind für verschiedene Werte von $\omega R/v$, oder $1/\lambda$, aufgetragen. Der Wert von $\omega R/v$ für irgend eine Kurve ist die Abszisse des Punktes, in dem die Ordinate wieder gleich null ist. Ausgezogen sind die genauen Werte, gestrichelt die Werte nach der Prandtlschen Näherung, und zwar sind die beiden Kurven für dasselbe w aufgetragen (d. h. für schwachbelastete Schrauben,

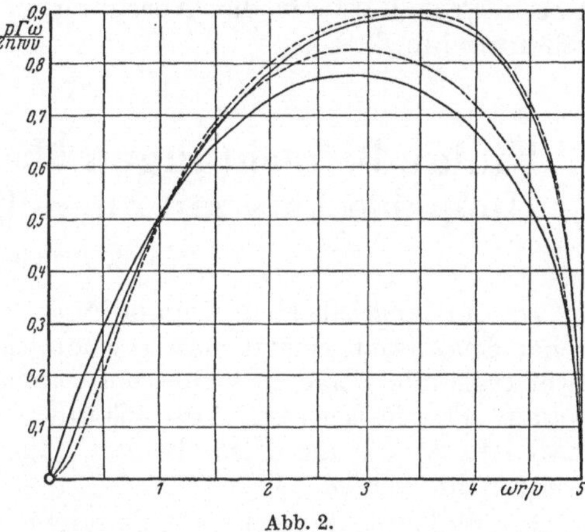

Abb. 2.

für denselben Wirkungsgrad). Man erkennt leicht, daß die Näherung um so besser, je kleiner λ, insbesondere am Rande ist, aber in der Nähe der Achse bleibt immer ein Unterschied bestehen.

Im zweiten Bild ist $2\,\Gamma\omega/\pi w v$ als Ordinate und $\omega r/v$ als Abszisse für $\omega R/v = 5$ oder $\lambda = 0{,}2$, und für eine vierflügelige Schraube aufgetragen, wie auch die Kurven für die zweiflügelige Schraube wiedergegeben sind. (Die Kurven für die vierflügelige Schraube haben die größeren Maximumordinaten.) Der Grad der Näherung für vier Flügel ist durchschnittlich etwa derselbe wie für zwei Flügel bei einem halb so kleinen Fortschrittsgrad, aber in der Nähe der Achse ist die Näherung bedeutend besser.

In ähnlicher Weise läßt sich die Verteilung für irgend eine Anzahl der Flügel und irgend einen Fortschrittsgrad berechnen. Außerdem bekommen wir Ausdrücke für die Störungsgeschwindigkeiten genügend weit hinter der Schraube. Wir können z. B. sofort erkennen, wie rasch die Geschwindigkeit außerhalb des Schraubenstrahles abklingt, wenn der Abstand von der Achse zunimmt. Wenn z. B. $r > R$ ist, so ist die Axialgeschwindigkeit für zwei Flügel im wesentlichen durch folgende Formel gegeben:

$$u_z = w\,\frac{\mu_0^2}{1 + \mu_0^2}\left[\frac{1}{2}\,\frac{K_2\,(2\mu)}{K_2\,(2\mu_0)}\cos 2\,\zeta = \frac{1\cdot 3}{2\cdot 4}\,\frac{K_4\,(4\mu)}{K_4\,(4\mu_0)}\cos 4\,\zeta + \cdots\right],$$

wobei $\mu = \omega r/v$, $\mu_0 = \omega R/v$, $\zeta = \theta - \omega z/v$, r, θ, z zylindrische Ko-

ordinaten sind und K eine Besselsche Funktion ist, die die asymptotische
Näherung

$$K_\nu\,(\mathfrak{z}) \sim \left(\frac{\pi}{2\,\mathfrak{z}}\right)^{\!\frac12} e^{-\,\mathfrak{z}}$$

besitzt. Die Anwesenheit des negativen Arguments der Exponentialfunktion weist darauf hin, wie rasch diese Geschwindigkeit mit zunehmendem r abklingt.

Zum Schluß möchte ich nicht versäumen zu erwähnen, daß ich
Herrn Prof. Betz für die Anregung zu dieser Arbeit zu Dank ver-
pflichtet bin.

Einige Betrachtungen über das Problem des Doppeldeckers mit unendlicher Spannweite[1].

Von E. Pistolesi.

In der angenäherten Behandlung des Doppeldeckers mit unendlicher Spannweite ersetzt man gewöhnlich die beiden Tragflächen durch
zwei tragende Geraden, wobei man annimmt, daß die Zirkulation der
beiden Tragflächen auf diese Geraden konzentriert ist. Die zweckmäßigste Anordnung dieser beiden tragenden Linien soll im folgenden
untersucht werden.

Es sind zwei Fragen zu behandeln:

I. Man muß die zweckmäßigste Lage des Wirbels, durch den man
den Flügel ersetzt, so bestimmen, daß das durch ihn induzierte Geschwindigkeitsfeld am wenigsten von dem durch den Flügel in Wirklichkeit erzeugten Geschwindigkeitsfeld abweicht.

Diese Aufgabe wird mit Hilfe der konformen Abbildung des Kreises
gelöst. Dabei macht man zur Bedingung, daß das Geschwindigkeitsfeld
des Ersatzwirbels mit dem des Flügels im Unendlichen übereinstimmt.

Der so bestimmte Ersatzwirbel liegt im „Schwerpunkt der
Zirkulation", dessen Lage nach von Mises durch die Beziehung:

$$z_0 = \frac{\int w\,z\,dz}{\int w\,dz}$$

gegeben ist, wobei z die Koordinate eines Punktes der komplexen Ebene
des Flügelprofils und $w = v_x - i\,v_y$ ist.

Der „Schwerpunkt der Zirkulation" ist der Schnittpunkt der An-
grifflinie des Auftriebes mit der „dritten Achse" des Profils. In dem besonderen Fall der ebenen Platte fällt er mit dem Druckpunkt zusammen,
der in ¼ Flügeltiefe vom oberen Rand gerechnet liegt.

Nur in diesem Falle also ist die Annahme von Prandtl, der den
Wirbel stets in den Druckpunkt legte, bestätigt.

II. Hat man die Lage und die Intensität des Wirbels, so muß
man den Punkt auf dem der Induktion unterworfenen Flügel be-

---

[1] Auszug aus einer Veröffentlichung im L'Aerotecnica 1929, H. 5 u. 9.

stimmen, für den man am besten die induzierte Geschwindigkeit ermitteln kann.

Diese zweite Aufgabe wird zunächst durch ein elementares Verfahren gelöst, welches auf der weiteren Annahme von Prandtl und
Betz fußt, daß eine Krümmung der Strömung einer Vergrößerung bzw.
Verkleinerung der Krümmung der Profilmittellinie entspricht. Unter
dieser Annahme und mit der Bedingung, daß der Auftrieb Null wird,
wenn das Profil mit einer Stromlinie des vom Wirbel beeinflußten Geschwindigkeitsfeldes zusammenfällt, ergibt sich für den Fall des dünnen
Kreisprofils, daß der gesuchte Punkt der Mittelpunkt des Profils ist.

Durch eine elementare Überlegung folgt weiterhin, daß man den
Einfluß der Krümmung der Strömung vernachlässigen kann, wenn der
Anblasewinkel des Profils auf die effektive Geschwindigkeit (das heißt
ursprüngliche Geschwindigkeit plus induzierte Geschwindigkeit) in dem
Punkt des Profils bezogen wird, der in ¼ Flügeltiefe von der Hinterkante
gerechnet liegt.

Schließlich wird das Problem exakt behandelt. Das Profil wird mit
Hilfe der konformen Abbildung nach v. Mises von einem Kreise her-
geleitet und mit Hilfe der Blasiusschen Formel die resultierende Kraft
berechnet.

Diese Formel liefert Ausdrücke für die erste und zweite Näherung
unter der Annahme, daß der induzierende Wirbel in großer Entfernung
vom Flügel sich befindet.

In erster Näherung ist:

$$\overline{F} \cong i\,\varrho\,v_0\,\Gamma\,e^{-i\theta} - \varrho\,\frac{\Gamma_0\,\Gamma}{2\pi\,\zeta_0},$$

worin $\overline{F}$ die auf die reelle Achse reflektierte Resultierende ($\overline{F} = F_x - i\,F_y$)
und ζ_0 die komplexe Koordinate des Punktes ist, in dem sich der in-
duzierende Wirbel in der Strömung um den Kreis befindet. Die Koordinaten dieses Punktes weichen nur in den höheren Gliedern von den
Koordinaten des induzierenden Wirbels in der Profilebene ab.

Obige Formel ist offenbar eine Verallgemeinerung des Kutta-
Joukowskischen Satzes, bei welchem man die Geschwindigkeit im Mittelpunkt des Profils einsetzt.

Die Zirkulation Γ, die man mit dem üblichen Verfahren, indem man
die unendliche Geschwindigkeit an der hinteren Kante des Profils vermeidet, ermitteln kann, hat denselben Wert wie in dem Fall einer
translatorischen Strömung, wobei die Geschwindigkeit in dem Profil-
mittelpunkt eingesetzt wird.

In zweiter Näherung muß man ein weiteres Glied einführen, das den
Eindruck der Krümmung der Strömung berücksichtigt.

Durch eine einfache Umformung findet man, daß dieser Einfluß
einer entsprechenden Änderung der Krümmung des Profils gleich-
kommt; damit wird die obige Annahme von Prandtl und Betz begründet.

Man gewinnt einen genauen Ausdruck für die Zirkulation Γ, wenn
man nur die Änderung des Anblasewinkels berücksichtigt und die

Geschwindigkeit in dem Punkt, der der hinteren Kante des Profils auf dem Kreis, aus dem das Profil durch konforme Abbildungen erzeugt wird, entspricht, berechnet. Für dünne Profile mit kleiner Krümmung befindet sich dieser Punkt ungefähr in ¼ Flügelsehne vom hinteren Rand aus gerechnet. Damit hat man eine Bestätigung des Ergebnisses, das man oben auf Grund elementarer Betrachtung gewonnen hat.

Endlich ist zu bemerken, daß in zweiter Näherung noch einige Glieder zu berücksichtigen sind, welche von der Zirkulation Γ unabhängig sind, jedoch von der Intensität Γ_0, von der Lage des induzierenden Wirbels, von der Form des Profils und von der Richtung und der Geschwindigkeit der translatorischen Strömung abhängen.

Beitrag zur Frage der schräg angeblasenen Propeller.

Von **F. Misztal,** Aachen.

1. Einleitung.

Die physikalischen Grundlagen der modernen Propellertheorie bieten schon ein einfaches und sicheres Verfahren für die Berechnung der wirtschaftlich arbeitenden Triebschrauben und gestatten, ihre Arbeitsfähigkeit bei verschiedenen Betriebsbedingungen zu untersuchen. Man beschränkt sich jedoch bei dieser Untersuchung der Einfachheit halber auf den Grenzfall, daß die Propellerachse mit der Strömungs- bzw. relativen Flugrichtung zusammenfällt. Dieser einfache Fall kommt nur selten vor. In der Tat liegt die Propellerachse eines gegebenen Flugzeugs nur bei einem bestimmten Flugzustande in der Bewegungsbahn.

Durch das seitliche Anblasen eines Propellers werden seine Arbeitsbedingungen geändert und dadurch, wie die Erfahrung und die theoretische Überlegung[1] zeigt, auch die von ihm erzeugten Kräfte, was für die Flugbedingungen und die Stabilität eines Flugzeuges bisweilen von größerer Bedeutung sein kann.

Dieser Einfluß der Schräglage des Propellers erstreckt sich weiter auch auf die Wirkung des Propellerstrahles, auf die von ihm umfaßten Flugzeugteile und besonders auf die Steuerorgane.

2. Berechnung der Propellerkräfte.

Wir denken uns einen Propeller, der mit der Geschwindigkeit w_0 axial angeblasen wird und sich mit der Winkelgeschwindigkeit ω um seine Achse dreht, und betrachten die Strömungsvorgänge in der Blattebene. Die effektive Anblasegeschwindigkeit (v_0) eines Blattelementes

---

[1] Clarke: Effect of side wind on a propeller. T. R. of A. C. A. 1912/13, Nr. 80, S. 185. — Harris: Forces on a propeller due to sideslip. T. R. of A. C. A. 1917/18, Nr. 427, S. 430. — Pistolesi, E.: „L'Aerotecnica" Jg. 5, Nr. 2, 1925; Jg. 6, Nr. 10, 1927 und Jg. 7, Nr. 3, 1928.

ist gegeben durch die Geschwindigkeit w_0, seine Umfangsgeschwindigkeit $r\omega = u_0$ und die induzierten Zusatzgeschwindigkeiten in der Blattebene $w_0'/2$ und $u_0'/2$ (im Unendlichen hinter dem Propeller w_0' und u_0'), wodurch auch sein effektiver Anblasewinkel festgelegt ist (Abb. 1).

Nun verdrehen wir diesen Propeller um den Winkel φ gegen die Strömungsrichtung (Abb. 2) und vergrößern zugleich die Anblase-

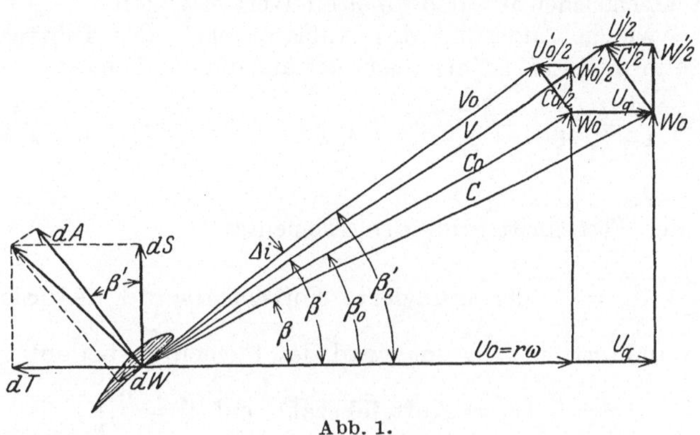

Abb. 1.

geschwindigkeit w so, daß ihre Axialkomponente gleich w_0 bleibt. Die effektive Anblasegeschwindigkeit eines Elementes an der Stelle (r, ϑ) in der Drehebene (v) wird nun aus den Geschwindigkeiten w_0, $u_0 = r\omega$, u_q und den induzierten Zusatzgeschwindigkeiten $w'/2$ und $u'/2$

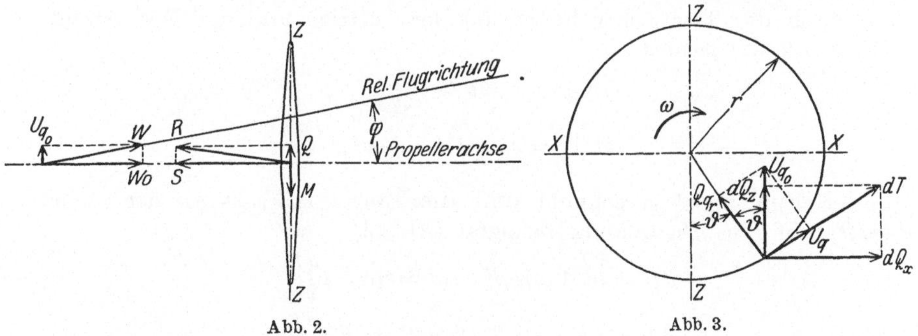

Abb. 2.Abb. 3.

zusammengesetzt (Abb. 1), wo u_q die Umfangskomponente der seitlichen Strömungsgeschwindigkeit, $u_{q_0} = w_0 \operatorname{tg}\varphi$ ist (Abb. 2 und 3). Ihre Radialkomponente kann hier außer acht gelassen werden.

Die resultierende Geschwindigkeit (v) kann nach der Größe bei nicht zu großem induziertem Geschwindigkeitszuwachs, also bei nicht zu stark belasteten Propellern, mit guter Annäherung durch die ungestörte relative Geschwindigkeit des Elementes (c) ersetzt werden (Abb. 1), die in jedem Punkte der Blattebene durch w_0, u_0 und u_{q_0} bestimmt ist. Ihre Richtung ist dagegen unter anderem stark von den induzierten Geschwindigkeiten ($w'/2$ und $u'/2$) abhängig, und die letzteren sind erst zu berechnen. Dies erreichen wir durch die Anwendung des Impulssatzes auf die durch ein Kreisflächenelement durchgehende Luftmenge $\gamma/g \cdot r \cdot d\vartheta \cdot dr (w_0 + w'/2)$, wobei wir von den kleinen Reibungsverlusten, der Strahlkontraktion und von der Selbstverwindung des Wirbelsystems absehen und annehmen, daß die induzierten Geschwindigkeiten im Unendlichen ihren doppelten Wert erlangen.

Nennen wir die Änderung des Anblasewinkels des Blattelementes an der Stelle (r, ϑ) Δi, so erhalten wir auf diesem Wege:

$$\Delta i = \frac{k \lambda_x^2}{1 + \lambda_x^2} \cdot \frac{1 + \lambda_x \lambda_x'}{1 + p(\lambda_x' - \lambda_x) + \lambda_x \lambda_x'} \left[1 - k \frac{\lambda_x}{1 + \lambda_x^2} - \frac{\lambda_x' - \lambda_x}{1 + \lambda_x \lambda_x'} \right]. \quad (1)$$

Hier ist

$$\lambda_x = \frac{w_0}{r \omega} \text{ der Fortschrittsgrad des Elementes,}$$

$$\lambda_x' = \frac{w_0 + w_0'/2}{u_0 - u_0'/2} = \frac{\lambda_x}{\eta_i} \text{ der induzierte Fortschrittsgrad des Elementes,}$$

wo η_i den induzierten Wirkungsgrad des Elementes bedeutet,

$$p = \frac{c_a'}{c_a} \left(c_a = \text{Auftriebszahl und } c_a' = \frac{d c_a}{d i} \right)$$

und

$$k = \operatorname{tg} \varphi \cdot \sin \delta .$$

Die Winkeldifferenz wächst also bei gegebener Schräglage des Propellers mit dem Fortschrittsgrade, während sie dagegen bei stärker belasteten Schrauben durch das Glied $(\lambda'_x - \lambda_x)$ kleiner wird.

Nach der Tragflächentheorie ist der Auftrieb und der Widerstand eines Blattelementes

$$dA = c_a z t \, dr \cdot \frac{\gamma}{2g} v^2 ,$$

$$dW = c_w \cdot z t \, dr \cdot \frac{\gamma}{2g} v^2 ,$$

der Schub (axial gerechnet) und die Tangentialkraft an der Stelle (r, ϑ) auf eine Umdrehung bezogen (Abb. 3)

$$dS = (dA \cos \beta' - dW \sin \beta') \frac{d \vartheta}{2 \pi} ,$$

$$dT = (dA \sin \beta' + dW \cos \beta') \frac{d \vartheta}{2 \pi} .$$

Es bedeuten hierin:

c_a und c_w Profilbeiwerte,
z und t die Blattzahl und Tiefe,
v die effektive Anblasegeschwindigkeit des Elementes.

Nun setzen wir näherungsweise

$$v = c$$

und

$$c_a = c_{a_0} + \Delta i \, c_a' ,$$

während die Änderung des Widerstandsgliedes vernachlässigt werden kann.

Man kann sich nach einer kurzen Überlegung davon überzeugen, daß der axial gerechnete Schub und das Drehmoment, obwohl sie während einer Umdrehung veränderlich sind, im Mittelwerte bei den vorgegebenen Bedingungen (konstante Axialgeschwindigkeit w_0 und Tourenzahl) fast unabhängig von der Schräglage des Propellers bleiben. Dagegen sieht man, daß diese Schubkraft von der Achse parallel verschoben wird, und es entsteht infolge dessen in bezug auf diese Achse ein „Seitenmoment", das den Propeller senkrecht zu der Drehebene zu drehen versucht. Auch die Tangentialkräfte, die über den Umfang ungleichmäßig verteilt sind, geben eine resultierende „Querkraft" senkrecht zu der Drehachse.

Die Komponenten des Seitenmomentes und der Querkraft sind:

$$\left.\begin{aligned}
M &= \int_0^{2\pi} \int_0^R dS\, r \sin \vartheta\,, \\[2mm]
M &= \int_0^{2\pi} \int_0^R dS\, r \cos \vartheta\,, \\[2mm]
Q_x &= \int_0^{2\pi} \int_0^R dT \cos \vartheta\,, \\[2mm]
Q_z &= \int_0^{2\pi} \int_0^R dT \sin \vartheta\,.
\end{aligned}\right\} \tag{2}$$

Nach der Durchführung der Integration über den Umfang ergibt sich bei Vernachlässigen der Größen zweiter Ordnung:

$$\left.\begin{aligned}
c_m &= \frac{M}{R^2\, \pi\, q\, R} = \Phi \cdot \sin 2\,\varphi\,, \\[2mm]
c_q &= \frac{Q}{R^2\, \pi\, q} = \Psi \cdot \sin 2\,\varphi
\end{aligned}\right\} \tag{3}$$

mit

$$\left.\begin{aligned}
\Phi &= \frac{1}{4\,R\,\pi} \int_0^1 c_a\, z\, t \cdot \frac{\lambda'_r}{\lambda_x} \cdot \frac{1}{\sqrt{1+\lambda'^2}} \left[\frac{1 + \sqrt{1+\lambda_x^2}\cdot\sqrt{1+\lambda_x'^2}}{\lambda'_x} - \varepsilon \right. \\[2mm]
&\quad \left. + p\, \frac{(1 - \varepsilon\,\lambda'_x)\left(\lambda_x^2 + \dfrac{2\lambda_x - \lambda'_x}{\lambda'_x}\right)}{1 + p\,(\lambda'_x - \lambda_x) + \lambda_x\,\lambda'_x} \right] x \cdot dx\,, \\[4mm]
\Psi &= \frac{1}{4\,R\,\pi} \int_0^1 c_a\, z\, t \cdot \frac{\lambda'_x}{\lambda_x} \cdot \frac{1}{\sqrt{1+\lambda_x'^2}} \left[1 + \varepsilon\, \frac{2 + \lambda_r^2}{\lambda'_x} \right. \\[2mm]
&\quad \left. + p\, \frac{(\lambda'_x + \varepsilon)\left(\lambda_x^2 + \dfrac{2\lambda_x - \lambda'_x}{\lambda'_x}\right)}{1 + p\,(\lambda'_x - \lambda_x) + \lambda_x\,\lambda'_x} \right] dx\,.
\end{aligned}\right\} \tag{4}$$

Außer den schon bekannten Größen ist da:

$$q = \frac{\gamma}{2\,g}\, w^2\,, \qquad \varepsilon = \frac{c_w}{c_a} \quad \text{und} \quad x = \frac{r}{R}\,.$$

Aus den Gl. (2) ergibt sich noch folgendes: die Querkraft liegt senkrecht zu der Drehachse in der durch die letztere und die Strömungsrichtung bestimmten Ebene und wirkt in der Richtung der seitlichen Geschwindigkeitskomponente u_{a_0}. Das dem Seitenmomente entsprechende Kräftepaar liegt senkrecht zu der oben genannten Ebene, parallel zu der Drehachse und wirkt, wenn wir entgegen der Hauptströmung schauen, in der entgegengesetzten Richtung der Propellerdrehung.

Die Formeln (3) und (4) geben ein einfaches Verfahren zur Untersuchung der Propellerkräfte bei allen Arbeitsbedingungen, die für eine Triebschraube in Frage kommen, und des Einflusses dieser Kräfte auf die allgemeinen Flugbedingungen und die Stabilität des Flugzeuges. Der Schub und das Drehmoment sind nach den üblichen Methoden der Propellertheorie zu berechnen, weil sie bei gleichbleibender Axialgeschwindigkeit w_0 und Tourenzahl fast unabhängig von der Schräglage des Propellers sind.

Die in den Formeln auftretenden Größen sind beim Propellerentwurf bekannt. Es soll nur bemerkt werden, daß die λ'_x-Werte nach dem Prandtlschen[1] Verfahren für die Berücksichtigung der „endlichen Blattzahl" zu korrigieren sind. Um auch in anderen Betriebszuständen den Einfluß der Schräglage des Propellers verfolgen zu können, können die betreffenden Werte (λ'_x, c_a, c'_a, ε) in den Gl. (4) mit Vorteil nach einer von Th. Troller[2] für die Konstruktion der Propellerpolaren benutzten graphischen Methode ermittelt werden.

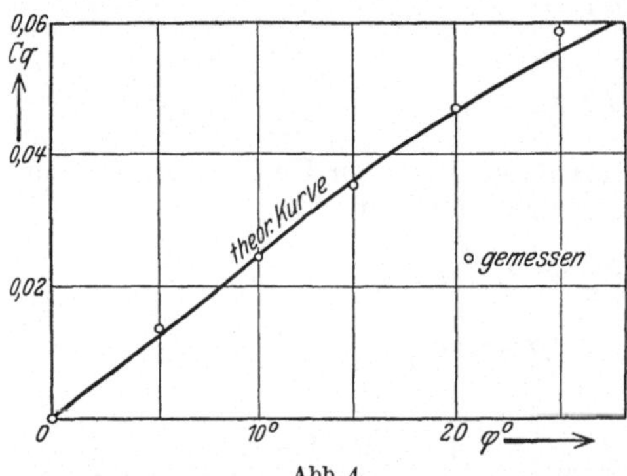

Abb. 4.

Zum Vergleiche sind in den Abb. 4 und 5 die Ergebnisse der in „National Physical Laboratory" an einem Propellermodell ausgeführten Versuche[3] und die nach den angegebenen Formeln für dasselbe Modell ausgerechneten Werte zusammengestellt. In der Abb. 5 ist auch die gemessene Belastungsgradkurve $\left(\sigma = \dfrac{S}{R^2 \pi q}\right)$ über den Fortschrittsgrad (λ) aufgetragen. Aus dieser Abbildung sieht man unter anderem, daß bei einem gegebenen Propeller die Querkraftzahl sich nur wenig mit dem Betriebszustande ändert, während dagegen das Verhältnis $\dfrac{\text{Querkraft}}{\text{Schub}}$ stark mit dem Fortschrittsgrade (λ) wächst.

---

[1] Prandtl-Betz: Vier Abhandlungen zur Aerodynamik. Zusatz von Prandtl zu Betz: Schrauben-Propeller mit geringstem Energieverlust.

[2] Troller, Th.: Die Konstruktion der Propellerpolaren. Z. F. M. 1929, S. 245.

[3] Bramwell, Rels und Bryant: Experiments to determine the laterale force . . . N. A. C. A. 1913/14, Nr. 123, S. 291.

Aus den Gl. (3) und (4) sieht man, daß bei gleichbleibenden Propellerabmessungen und Kennwerten der Blattprofile der Seitenmoment- und Querkraftbeiwert mit dem Belastungsgrade, d. h. mit wachsendem $\dfrac{\lambda' - \lambda}{\lambda}$-Werte abnimmt, während dagegen durch die Erhöhung des Fortschrittsgrades der erste vermindert und der andere vergrößert wird. Daraus folgt, daß der Einfluß der Schräglage der Propellerachse gegen die relative Flugrichtung, besonders bei

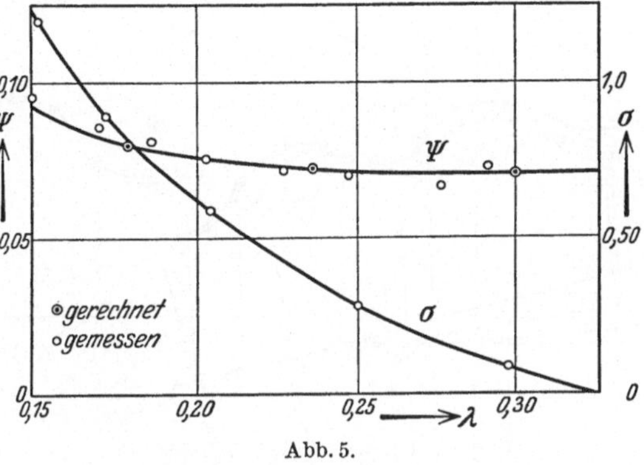

Abb. 5.

Schnellflugzeugen mit schwach belasteten Propellern, an Bedeutung gewinnt.

3. Versuche über den Einfluß des Propellerstrahles auf die Flugzeugsteuerorgane.

Das Strömungsbild hinter einem schräg angeblasenen Propeller ist kompliziert und mathematisch schwer zu erfassen. Schwieriger noch für die analytische Untersuchung ist die Wirkung dieser Strömung auf die umfaßten Flugzeugorgane.

Ich werde hier nur die Ergebnisse der auf diesem Gebiete in dem Aerodynamischen Institut Aachen gemachten Versuche kurz darstellen. Die Versuche wurden im Windkanal an einem Propellermodell vom Außendurchmesser $D = 0,40$ m ausgeführt, bei einer Tourenzahl von 2500 Umdr./min und mittleren Fortschrittsgradwerten $\lambda = 0,21$ und 0,30.

Es wurden zunächst, um die Strömungsart hinter dem Propeller näher kennen zu lernen, die Luftgeschwindigkeiten im Propellerstrahle der Größe und Richtung nach mittels eines dafür gebauten Staugerätes gemessen. Die Messungen wurden gemacht bei verschiedenen Anstellwinkeln der Propellerachse gegen die Hauptströmungsrichtung, und zwar bei $\varphi = 0^0$, 5^0, 10^0 und 15^0, in den mittleren Abständen hinter der Blattebene $y = 0,11$, 0,58 und 1,16 m parallel zur letzteren. Die Ergebnisse sind in der Abb. 6 für den mittleren Fortschrittsgrad $\lambda = 0,21$ dargestellt. Über der Entfernung von der Strahlmitte sind die Fortschrittsgeschwindigkeiten parallel zu der „Strahlzentrumlinie" aufgetragen. Diese Linie zeigt zugleich die mittlere Strahlrichtung. Bei größeren Propelleranstellwinkeln wird die Neigung des Strahles zu der Hauptströmungsrichtung kleiner, als es sich aus den Impulsgrößen ergeben würde, was sich mit der Ablenkung des schrägen Strahles infolge der Umströmung erklären läßt.

Um von der Wirkung des Propellerstrahles auf die Flugzeugorgane
ein klares Bild zu gewinnen, wurde gleichzeitig eine hinter dem Pro-

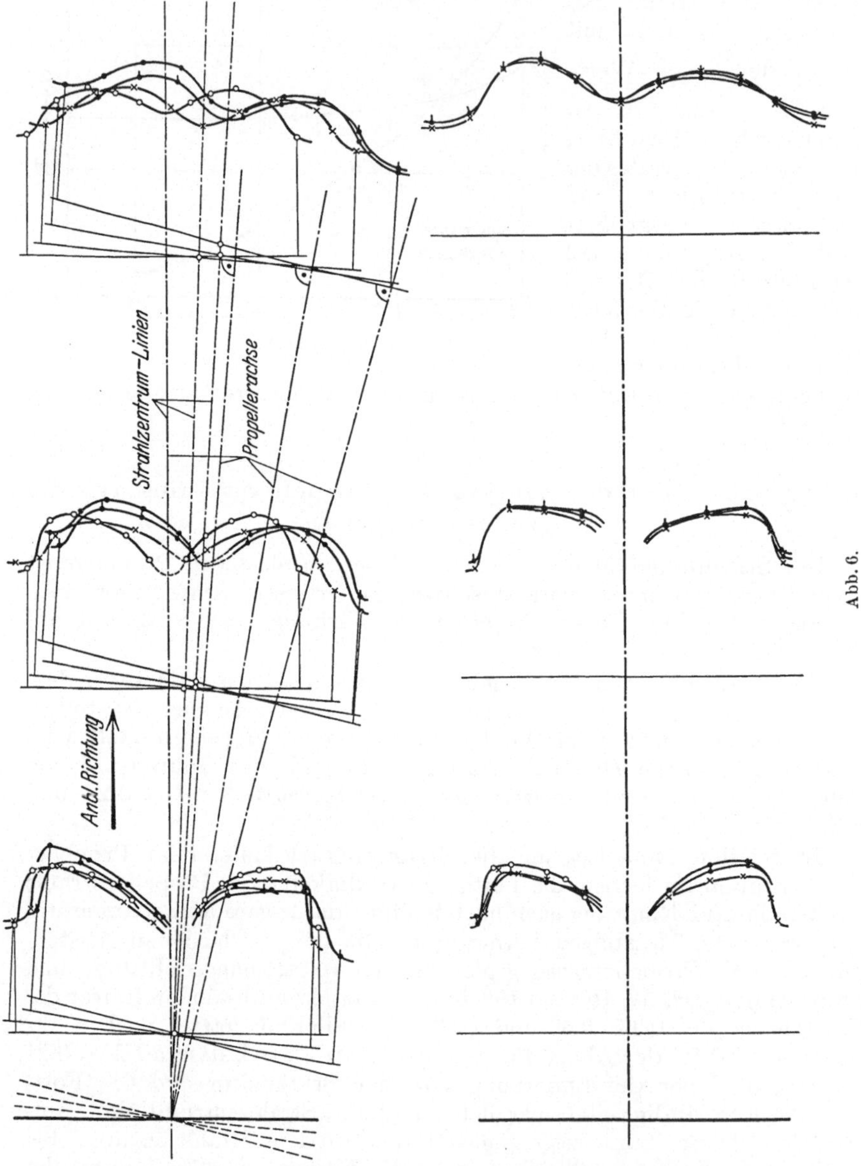

peller angebrachte Flosse von den Abmessungen 600×200 mm und
von einem symmetrischen Profil bei gleichen Bedingungen untersucht.

Die Flosse war senkrecht zu der Anblaserichtung und der Propellerachse an der Meßwaage aufgehängt.

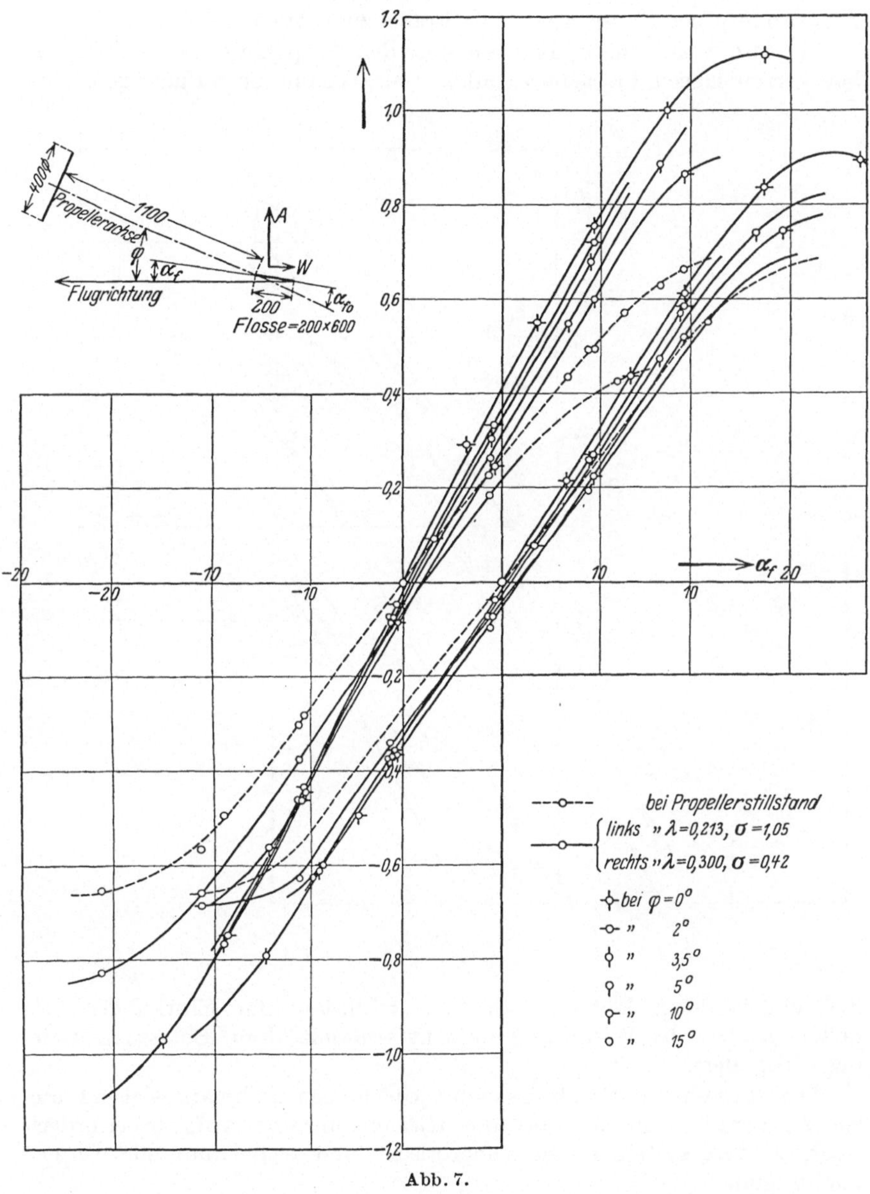

Abb. 7.

In der Abb. 7 sind die Auftriebskurven über den Flossenausschlag (α) bei verschiedenen Propelleranstellwinkeln (φ) als Parameter für zwei Betriebszustände aufgetragen. Hier kann man deutlich den geringen Einfluß des Strahlabwindes und den großen Einfluß der Geschwindigkeitserhöhung sehen; bei größeren φ-Werten kommt auch das Auswandern der Flosse aus dem Strahle zum Ausdruck.

In Abb. 8 sind die c_a-Kurven über den Propelleranstellwinkeln (φ) bei verschiedenen Flossenausschlägen als Parameter aufgetragen. Aus

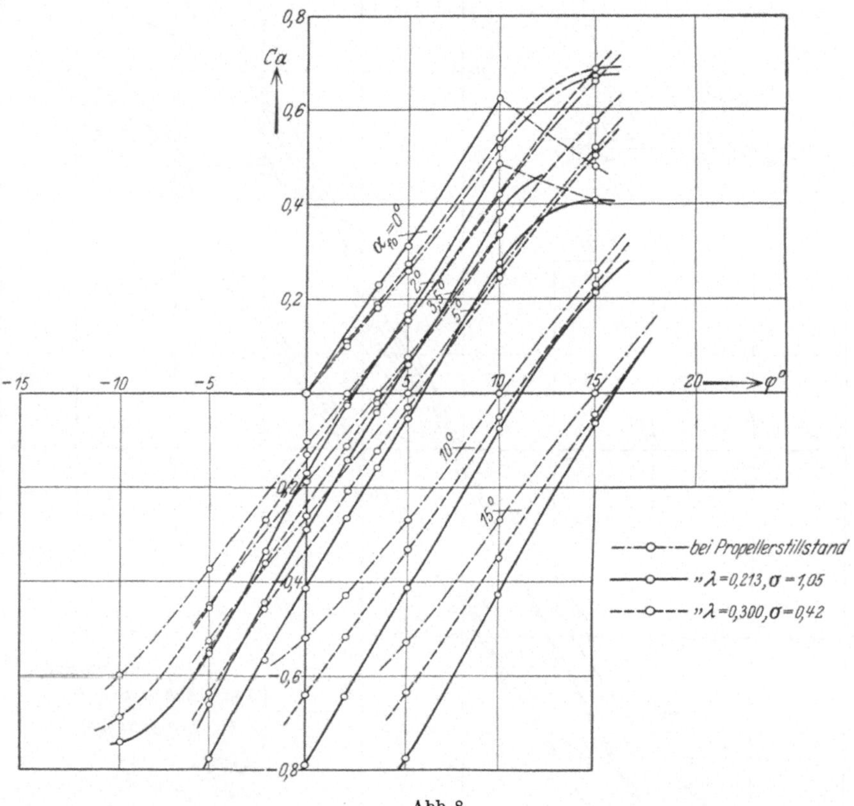

Abb. 8.

diesem Diagramm sieht man klar den stabilisierenden Einfluß des Propellerstrahles; die Wirkung verstärkt sich mit dem Belastungsgrade des Propellers.

Die dargestellten Ergebnisse sind jedoch noch nicht ausreichend, um sie zu verallgemeinern, und die Klärung unserer Aufgabe erfordert noch weitere systematische theoretische und experimentelle Untersuchungen.

Notes on the effect of high tip speed on airscrew performance.

By **G. P. Douglas**, M. C., D. Sc., A. F. R. Ae. S., Farnborough.

Symbols.

T = Thrust
Q = Torque
V = Forward speed
n = Revolutions per unit time
D = Diam. of airscrew
r = Radius of blade element
$x = \dfrac{2r}{D} = r/$tip radius
a = Speed of sound
$J = V/nD$
c = Chord of blade element
α = Angle of incidence
ϱ = Air density

k_L = Lift coefficient $= \dfrac{\text{Lift}}{\text{area } \varrho\, V^2}$

k_D = Drag coefficient $= \dfrac{\text{Drag}}{\text{area } \varrho\, V^2}$

k_T = Thrust coefficient $= \dfrac{T}{\varrho\, n^2\, D^4}$

k_Q = Torque coefficient $= \dfrac{Q}{\varrho\, n^2\, D^5}$

Taylor's Experiments.

v' = Local speed of flow
v_∞ = Speed of advance

In this paper I propose to give you a brief account of some of the recent research work which has been carried out in England to find the effect of compressibility on the characteristics of aerofoils. It has been known for many years that the effect of running ordinary airscrews at

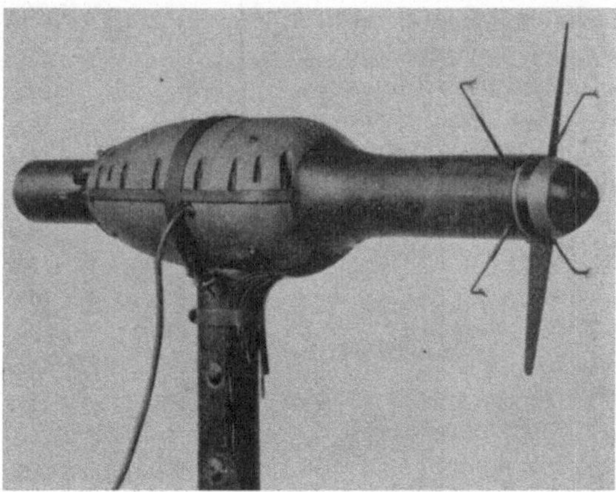

Fig. 1.

tip speeds approaching that of sound resulted in a serious loss of efficiency. Recent American tests on a full scale airscrew have shown that for tip speeds up to 0.9 of the velocity of sound this loss can be reduced to negligible proportion if the tip sections are made thin enough, and they have tested an airscrew whose tip blade sections were only $0.055\,c^1$ thick. In England airscrews with very thin blade tips are not regarded

---

[1] c = chord of blade section.

with favour; they are supposed to be liable to flutter, which, apart
from the danger of fatigue failure, is particularly discomforting to air-

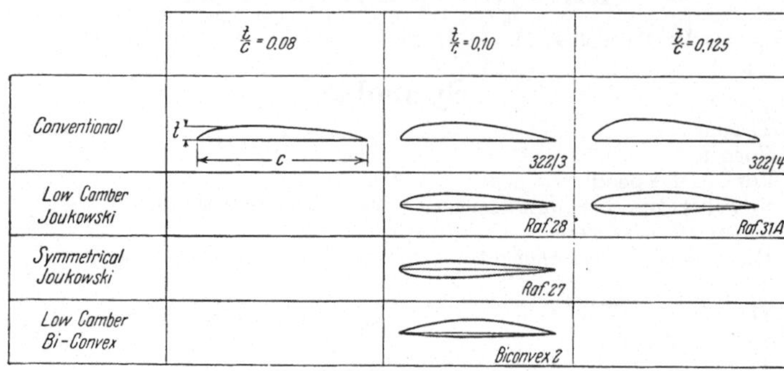

Fig. 2.

craft passengers expecially in multiengine machines. On this account
until we get a satisfactory theory and cure for blade flutter we prefer
to use airscrews with relatively thick blade sections and we require
a section say 0.10 c thick which does not lose efficiency at high tip speeds.

To obtain reliable information as to the losses which occur at high tip speeds is not easy. The ordinary full scale performance test gives overall results but so many variables (e.g. blade twist) are involved that analysis is very difficult. We have measured the pressure over a

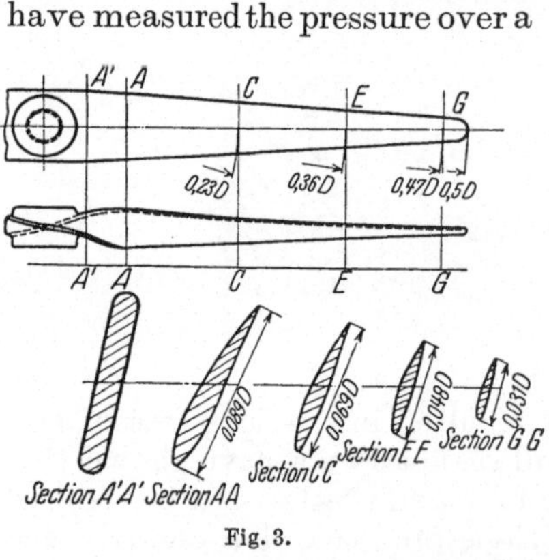

Fig. 3.

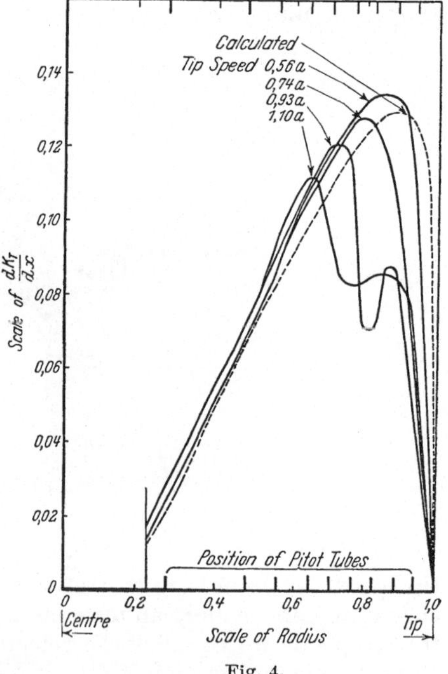

Fig. 4.

full scale airscrew blade in flight and some interesting results were obtained but it took such a long time to procure the results that we are not
now using this method. Also where one is on the edge of a critical region

it is desirable to extend the measurements beyond the actual range required to see what is happening and to be sure of the results and this

is difficult in flight. Tests on model airscrews in a wind tunnel were begun with the idea of repeating and extending the range of full scale tests; the model work was then extended to explain the results obtained. Methods of measuring thrust and torque distribution along the blade were

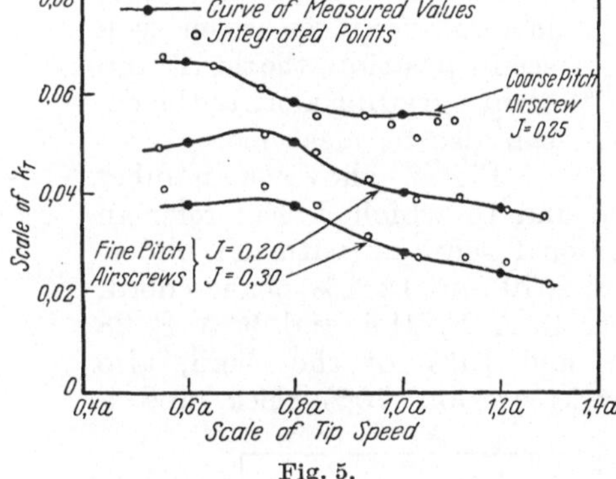

Fig. 5.

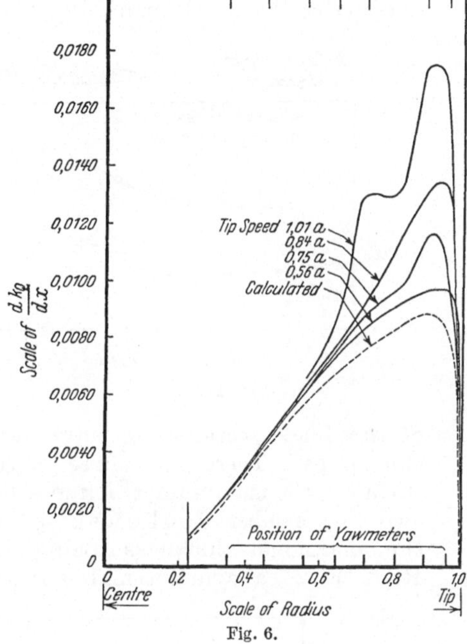

Fig. 6.

developed and the results analysed to show how the lift and drag coefficients of the blade sections varied with speed.

Theoretical work on independent lines by Glauert and by Taylor has cleared up some of the principles involved and has been of great assistance in understanding the results obtained. In connection with this a few tests have been carried out by Dr. Stanton in a special high speed tunnel.

As I have been associated most closely with the model airscrew work I propose to deal with that side in greater detail. I shall describe to you the blade sections we have tested on the model airscrews, indicate briefly the method

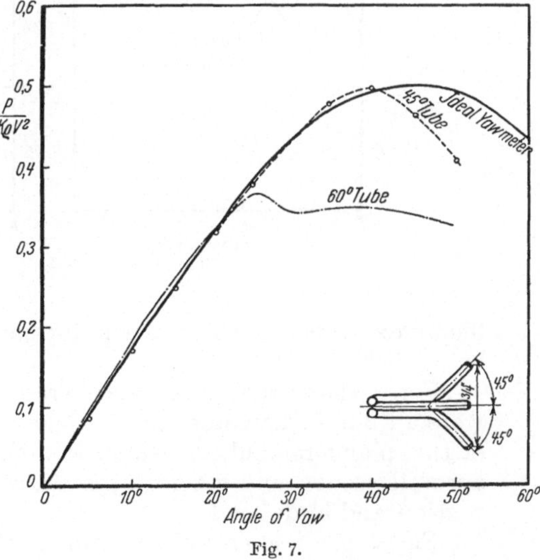

Fig. 7.

of test and show a few typical results obtained. 1 shall indicate how these relate to the theoretical work of Glauert and of Taylor and finally indicate the degree of success we have had in finding a reasonable thick section having good efficiency at high speeds.

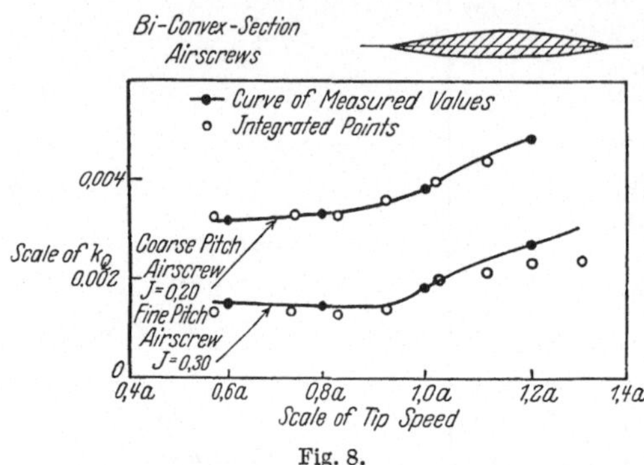

Fig. 8.

Fig. 1 shows an airscrew rigged up for test in the tunnel; it is driven by a 60 H.P. air turbine at tip speeds up to 1.3 times the speed of sound. The apparatus can measure the complete thrust and torque directly and by means of pitot yaw-meters, four of which you see in position, the thrust and torque grading along the blade, can also be measured.

Fig. 2 shows a number of the blade sections we have tested and to which I shall refer in this paper. There are three conventional sections with flat under-surfaces, the maximum thickness being 8, 10 and 12½% of the chord, two low camber Joukowski sections R. A. F. 31a and R. A. F. 28 the maximum thickness being 12½ and 10% of the chord, also R. A. F. 27, a symmetrical Joukowski section 10% thick, and a

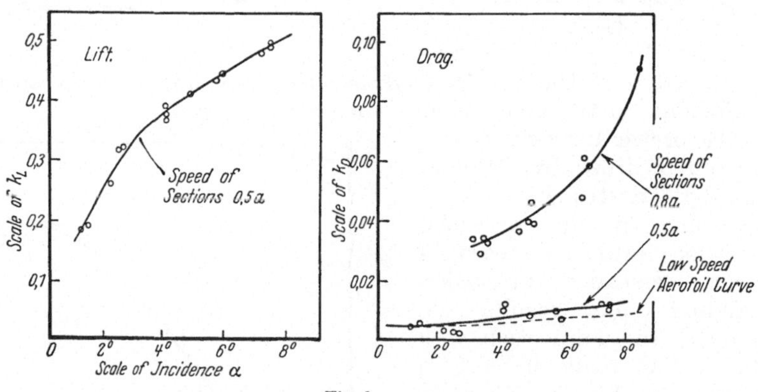

Fig. 9.

biconvex section with a sharp leading edge, the maximum thickness being 10%.

Fig. 3 shows the type of airscrew used for the tests. The airscrews were all 2 ft. in diameter and made of high tensile steel; all were exactly of this plan form and the whole working portion of the blade was of the aerofoil section under test; the airscrews used differed only in blade section and blade angle.

Fig. 4 gives some typical curves showing the changes which take place in the distribution of the thrust coefficient along the blade at constant advance per revolution when the tip speed in increased. You will note that as the tip speed is increased the curves tend to rise at the inner radii and stall from the tips inwards. These curves are obtained from the measurement of the change in total head in passing through the airscrew. That the method is fairly reliable even up to the highest speed is shown by Fig. 5 which shows the agreement found between the measured thrust coefficients and those obtained from the integrated total head.

Fig. 6 gives a typical series of curves showing how the torque coefficient is distributed along the blade. The rise in torque at the tip as the speed is increased will be noted. A special type of yawmeter is used for these tests. The torque given by the blade sections at any radius must be proportional to $W^2 \sin 2\psi$ where W is the resultant velocity and ψ is the angle of yaw so we experimented until we found a suitable yawmeter with this calibration. Fig. 7 shows how far we have attained our object[1]. This 45^0 tube yawmeter should measure the torque pretty correctly even if the fluction in direction is as much as $\pm\,40^0$. Fig. 8 shows a comparison of measured and integrated torque. Up to tip speeds 10% over the velocity of sound the agreement is within experimental error.

The equation of the vortex theory of airscrews, as developed by Glauert, are now used to deduce from thrust and torque grading curves

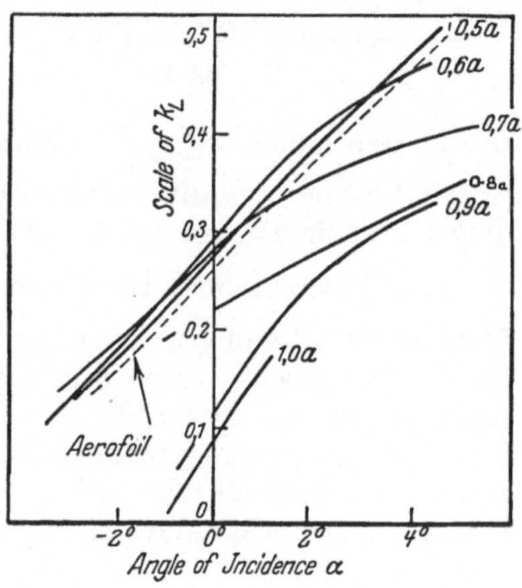

Fig. 10.

such as you have seen the lift and drag coefficients of the aerofoil sections forming the blades. The theory applies to an airscrew having an infinite number of blades but it is found to give good results even for a two bladed airscrew provided we do not go too close to the tips. The first blade section tested was R. A. F. 31 a. To cover as large a range of incidence as possible two airscrews were used the one being of much finer pitch than the other. Both were tested over as large a range of J and tip speed as possible. The thrust and torque grading curves for the portion of the blade between 0.5 and 0.8 of the tip radius were analysed to find the lift and drag coefficients and typical values are shown in Fig. 9.

In Fig. 10 we have a typical diagram showing the effect of speed on the characteristics of a blade section. The lift curve is slightly above that of the aerofoil at 0.5 a, at 0.6 a it rises still more at the smaller incidences but at the larger incidence it begins to fall away. The incidence at which this fall away begins decreases as the speed is increased.

---

[1] The figure shows the calibration curve of the yawmeters in use compared to that of an ideal yawmeter giving a pressure proportional to $\sin 2\,\psi$.

Two points I wish to note, first the initial rise of the lift curves with increase in speed and second the collapse as the speed is further increased. Mr. Glauert has been able to throw some light on this initial rise in lift. I believe Professor Prandtl has investigated this matter. Mr. Glauert deduces from the fundamental equations that the effect of compressibility at a considerable distance from an aerofoil is simply to modify the expression for the velocity due to the circulation by a factor depending on $\left(\dfrac{v}{a}\right)^2$. Then on the assumption that analysis can be applied a line of point vortices representing the aerofoil in spite of the small distances involved he deduces that the slope of the lift curve should be increased by the factor $\left\{1-\left(\dfrac{v}{a}\right)^2\right\}^{-\frac{1}{2}}$ on this account. Judged from the results of our airscrew analysis the formula gives good results for Joukowski sections but considerably overestimates the rise found for conventional sections.

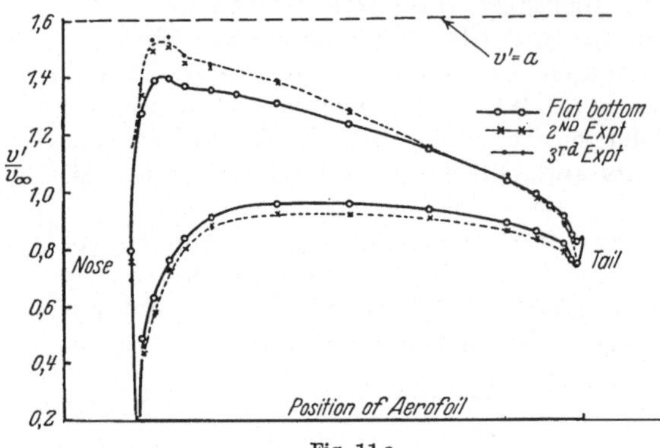

Fig. 11 a.

Up to the present time it has not been possible to calculate by purely analytical methods the effect of compressibility except when as in Glauert's solution simplifying assumptions are made and this solution suggests no explanation of the breakdown in flow. Professor G. I. Taylor has shown that there is a mathematical analogy between the flow of a compressible fluid in two dimensions and the flow of electricity in a sheet of variable thickness and this can be used to obtain successive approximations to the true solution for any given boundary condition. The aerofoil under test is made of some very good

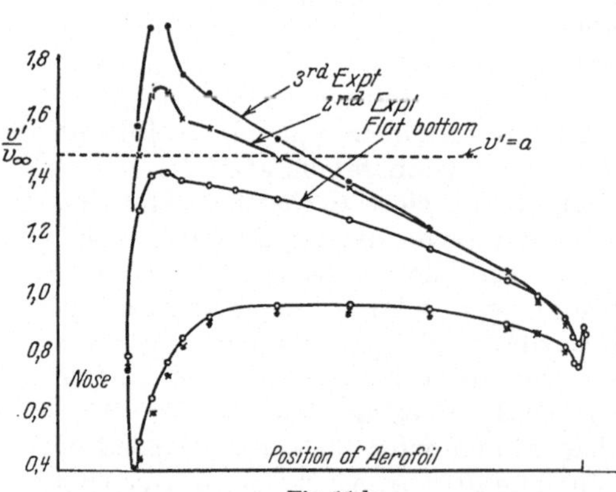

Fig. 11 b.

conducting material and is fixed vertically in a tank with a flat horizontal bottom. A difference of potential is applied between the two sides of the tank and a current is passed through the aerofoil until the equipotential line which passed into the aerofoil bisected the angle between the upper and lower surfaces at the trailing edge. Measurements of electric intensity are made at a number of points in the field and the corresponding velocity of flow found. In a fluid in steady motion this velocity corresponds to a certain pressure and that pressure corresponds under adiabatic conditions with a certain density. The bottom of the tank is then modified to correct for this change of density and a new set of velocities can be obtained. This can be repeated as often as necessary and the limit to which the successive solutions converge in the solution of the problem.

Fig. 11a shows the results of the first, second and third experiments for R. A. F. 31a under conditions representing half the velocity of sound. The second and third results are in good agreement.

Fig. 11b shows the results when the speed is 0.65 of the speed of sound. The successive approximations for the pressure on the upper surface are diverging rapidly. The dotted line is the value of $v'/v\infty$ corresponding to the attainment of the local velocity of sound. It appears that when the local velocity of sound is attained on the surface of the aerofoil the method begins to produce divergent results and irrotational motion ceases to be possible.

By interpolation Professor Taylor considers that the local velocity of sound for this section at this incidence is obtained

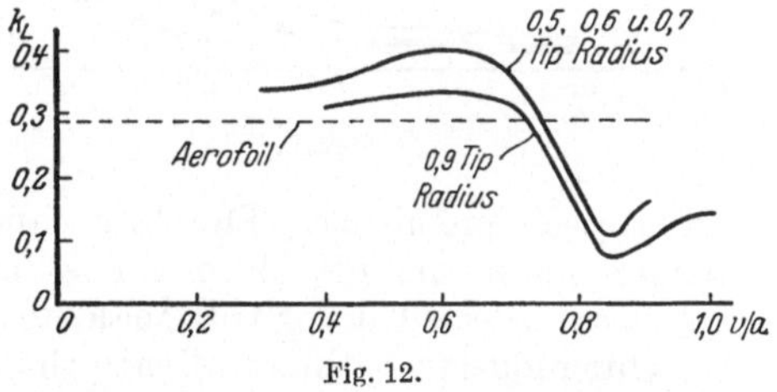

Fig. 12.

between 0.55 and 0.6 of the velocity of sound. Fig. 12 shows that for this section at this incidence the lift has ceased to rise at 0.6 of the velocity of sound but it is not until 0.7 of the speed of sound that the violent collapse occurs. The results in this diagram are from the model airscrew tests of R.A.F. 31a section at 4° incidence.

The failure of irrotational motion would be expected to give rise to a radial outflow and adjacent elements would cease to be independent of one another. We do find in fact that with certain sections the lift curves obtained from airscrew analysis at speed above 0.6a shows a marked variation with radius although they have shown no radius effect at lower speeds. This radius effect on the compressibility stall varies greatly for different sections being particularly marked for conventional sections and almost absent for sharp edged bi-convex sections.

Drag.

Apart from the loss of lift which accompanies the compressibility stall there is a very great increase of drag which causes serious loss in airs crew efficiency. As I have already mentioned this loss can be reduced to negligible proportions for tip speeds up to 0.9 of the velocity of sound by using thin enough sections, but thin sections are liable to flutter in practice.

Fig. 13[1] shows the results from our model airscrew tests of conventional

---

[1] The figure shows the value of k_D when $k_L = 0.2$ for the blade section at 0.8 of the tip radius.

sections 12½, 10 and 8% thick and also for Joukowski sections 12½ and 10% thick. The reduction in drag as the thickness is decreased will be noted. For the same thickness the Joukowski sections are superior to the conventional. Two lines of development suggested themselves as a mean of improving the Joukowski sections; one could either increase the camber to about 5% which would reduce the theoretical peak negative pressure at low speeds or we might reduce the camber to zero which should give the minimum change in lift when the compressibility stall occurred. The first was very unsuccessful but the zero camber aerofoil gave surprisingly low drag at high speeds. Fig. 14[1] shows the results for the three best sections we have tested with the 10% conventional results for comparison. The three sections

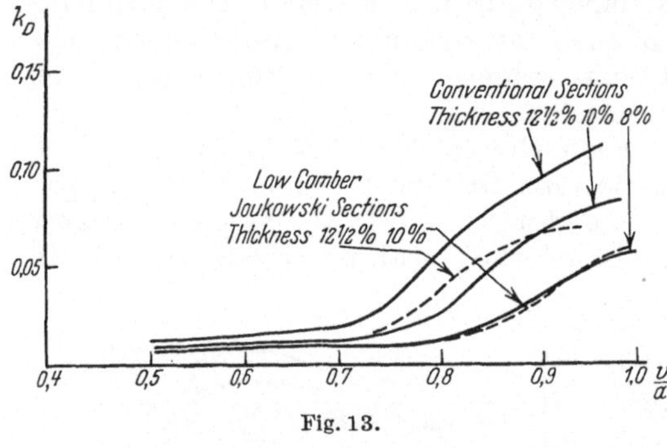

Fig. 13.

all appear promising. The low camber Joukowski section gives a better maximum lift than the symmetrical section at low speeds so we have selected it for full scale tests.

Our model tests thus indicate that the serious loss of efficiency which occurs with the thicker conventional section above 0.7 of the speed of sound can be greatly reduced by reducing the thickness of the section and that in general sections should be as thin as possible to minimise this loss. Low camber Joukowski sections are superior to conventional airscrew sections, a 0.10c thick Joukowski section giving almost as good results as a 0.080c thick conventional section.

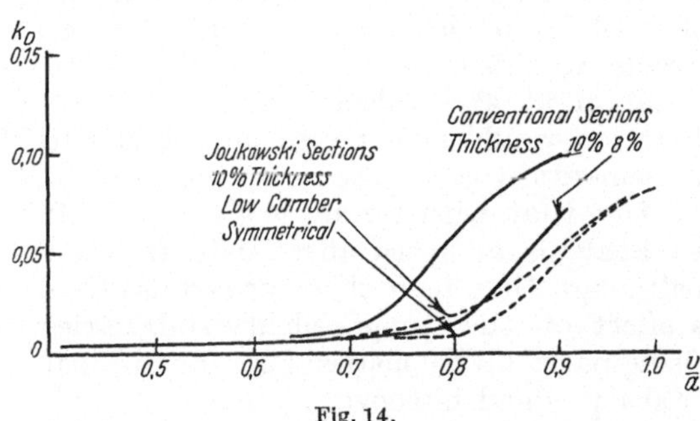

Fig. 14.

The 0.10c thick bi-convex section offers slight advantages over the conventional section of this thickness at speeds between 0.9 and 1.0a but even in this range it is inferior to the low camber Joukowski type; the maximum lift at low speed is also low.

Scale effect.

A very important question for the model worker is to know to what extent his results apply to full scale. There is a feeling amongst airscrew designers that the losses under full scale conditions are less than is indi-

---

[1]) The figure shows the value of k_D when $k_L = 0.3$.

cated by the model test i.e. the compressibility stall and increase of drag are postponed to a higher speed as the scale is increased. The flow pattern is a function of Reynolds number and v/a and at first it appears possible that when we get to an unstable condition such as the compressibility stall the type of flow may depend on Reynolds number just as it does for an ordinary low speed stall. If however the compressibility stall is related to the speed at which the speed of sound is obtained locally this would not depend on viscosity and it is difficult to see why the compressibility stall should vary with Reynolds number. There is a lot of circumstantial evidence pointing to a scale effect but no completely satisfactory experimental evidence is available and in all cases either the shape of the sections or the condition of test has not been strictly comparable.

In this paper I have only been able to draw your attention to a few of the more interesting points which have arisen, and, to refer you to the original papers for fuller information. Professor G. I. Taylor's paper R. & M. 1196 is of particular interest.

List of References and Reports.

Tests of Model Airscrew at High Tip Speed.

R. and M. No. 884: Douglas and Wood.
R. and M. No. 992: Douglas and Coombes.
R. and M. No. 1086, 1091, 1123, 1124, 1127, 1198: Douglas and Perring, also "Experiments at High Tip Speeds" (Douglas) in Royal Aeronautical Society Journal, June 1928.

Theory.

R. and M. No. 1195, 1196: Taylor and Sharman.
R. and M. No. 1135: Glauert.

Stanton's High Speed Tunnel Tests.

R. and M. No. 1130 and 1210.
    also
American Full Scale Tests: N. A. C. A. Report 302, etc.

Rendement de la propulsion au sein d'un fluide.
Hélice, fusée, hélice à réaction.

Par Maurice Roy,

Ingénieur au Corps des Mines, Docteur ès-Sciences, Professeur à l'Ecole Nationale des Ponts à Chaussées, Paris.

Introduction.

1. La propulsion au sein d'un fluide, tel que l'eau ou l'air, est généralement obtenue de nos jours en faisant agir un moteur thermique sur une hélice. Par ailleurs, des études récentes ont ramené l'attention sur la propulsion, dite par réaction, que permet de réaliser un jet fusant tel que ceux produits par les fusées de pyrotechnie. Enfin, divers chercheurs ont proposé de combiner les deux procédés au moyen d'un dispositif que l'on peut nommer hélice à réaction.

Envisagés du point de vue thermodynamique, ces systèmes variés de propulsion constituent des machines thermiques que l'on peut englober dans une théorie unique et suffisamment générale.

La présente note a pour objet d'exposer une telle théorie et, au moyen de formules aussi simples que possible, de permettre une comparaison des différents systèmes envisagés, principalement sous le rapport du rendement.

I. Sur la notion de rendement dans la propulsion au sein d'un fluide.

2. Pour déplacer un système, par exemple en translation horizontale et uniforme, dans un fluide, il faut assurer à la fois sa sustentation, c'est-à-dire équilibrer la pesanteur apparente du système (compte tenu, s'il y a lieu, de la poussée hydrostatique) et sa propulsion, c'est-à-dire équilibrer les résistances à l'avancement.

Les deux fonctions peuvent être assurées par un dispositif unique, comme l'aile battante ou une hélice sustentatrice et propulsive pour un appareil aérien. Je laisse ici de côté cette classe spéciale d'appareils pour ne considérer que ceux dont la propulsion est entièrement assurée par un dispositif spécial, ne participant pas directement à la sustentation et consommant toute l'énergie nécessitée par le vol. A la catégorie ainsi définie se rattachent, notamment, les avions et les navires (submersibles ou non). Nous ne considérons ici que les premiers.

On a déjà maintes fois signalé la difficulté d'une définition rationnelle du rendement d'un système motopropulseur agissant dans ces conditions.

Logiquement, le rendement doit se définir par le rapport entre l'effet utile obtenu et la dépense dont on le paye, les termes de ce rapport étant choisis et mesurés de telle façon que ce rapport soit pratiquement toujours inférieur à l'unité et ne puisse atteindre cette valeur limite que lorsque le système motopropulseur est absolument parfait.

Les difficultés que l'on rencontre ici pour établir un tel rapport sont évidentes:

D'une part, l'effet utile est malaisé à définir. On peut dire que ce que l'on se propose, en définitive, c'est de transporter, à une certaine vitesse et à une certaine altitude, une charge utile donnée. Mais, en fait, il s'agit de remorquer un système ou planeur dont le poids est bien supérieur à la charge utile et dépend de nombreux facteurs accessoires, notamment du système motopropulseur lui-même et du rayon d'action.

D'autre part, la dépense est représentée par le combustible consommé. Au point de vue énergétique, elle se chiffrerait par l'énergie utilisable de celui-ci[1]; au point de vue financier, par son prix.

En fait, il faut se résoudre à définir le rendement d'un système motopropulseur d'une manière toute conventionnelle.

La meilleure appréciation du rendement économique serait fournie, en réalité, par le «prix de revient» du transport en vol d'une unité de

---

[1] Signalons, en passant, que celle-ci n'est pas identique à ce qu'on nomme le «pouvoir calorifique» du combustible. La différence n'est, d'ailleurs, pas évaluable, en général, dans l'état actuel de la thermodynamique.

poids utile dans certaines conditions de vitesse, d'altitude et de rayon d'action. Mais ce n'est pas là une notion éxclusivement technique car elle dépend d'innombrables facteurs, à la fois matériels et psychologiques, sur lesquels l'action du technicien est partielle et limitée.

Du point de vue technique, on a été conduit, en fait, à une définition conventionnelle du rendement dans laquelle l'effet utile et la dépense sont représentées par des quantités d'énergie.

Pour un avion, on peut prendre pour effet utile du propulseur le travail dépensé pour vaincre les résistances à l'avancement de l'appareil. Ce travail dépend de la vitesse et, pour un avion de forme et de poids total donnés, de l'altitude du vol. Mais les formes de l'appareil, son poids total et le flux d'air qu'il rencontre sont influencés par la nature et les caractéristiques du système motopropulseur considéré de sorte qu'il faut préciser, par une convention spéciale, le travail des résistances à prendre en compte. Il semblerait assez logique de choisir la convention suivante: ce qu'il s'agit de propulser, c'est le planeur, y compris son équipement et sa charge utile. Donnons-nous son poids total, sa vitesse V et son altitude de vol. Si on le remorquait par un propulseur situé à très grande distance et n'exerçant aucune influence aérodynamique (par exemple au moyen d'un câble très long et dénué de masse), la résistance éprouvée serait R et la puissance utile RV.

L'adjonction du système motopropulseur oblige à modifier certaines formes (capotage du moteur, troncature antérieure du fuselage), à ajouter certaines parties supplémentaires (nacelles motrices, mâts, supports de moteurs, radiateurs) et, en outre, exerce une influence sur les caractéristiques aérodynamiques (résistance et portance) du planeur ainsi modifié. La résistance de l'appareil complet devient alors, pour la même vitesse et la même altitude, R' au lieu de R. L'effort de traction du propulseur, influencé lui-même par le planeur complet, doit, en vol horizontal uniforme, équilibrer la résistance R'. On peut poser $R = R'(1 - \varepsilon)$, en désignant par ε un coefficient, généralement positif et petit, qui représente, au régime considéré, l'influence totale de l'adjonction du système motopropulseur sur la résistance à vaincre.

D'autre part, en ce qui concerne la dépense, on peut la représenter par l'énergie totale disponible du combustible consommé. Par unité de masse de celui-ci, on peut convenir de mesurer cette énergie par le pouvoir calorifique[1] L dudit combustible. Si l'on désigne par m la masse du combustible consommée par unité de temps, la dépense a pour valeur mL.

En définitive, on a, selon ces conventions et par unité de temps:

$$\text{Effet utile} = RV = (1 - \varepsilon) R'V,$$
$$\text{Dépense} \quad = mL.$$

---

[1] Il serait logique, pensons-nous, de choisir le pouvoir supérieur (avec eau condensée) à pression constante, dans les conditions de pression et de température du milieu ambiant, c'est-à-dire à l'altitude du vol. Pratiquement, ce pouvoir se confond avec celui défini dans les conditions atmosphériques normales au sol. Il ne représente d'ailleurs pas, rigoureusement, l'énergie utilisable du combustible mais, faute de pouvoir apprécier mieux celle-ci, cette notion semble suffisante.

Le rendement global η_g du système motopropulseur a ainsi pour valeur:

$$\eta_g = \frac{R\,V}{m\,L} = (1 - \varepsilon)\frac{R'\,V}{m\,L}\,.$$

Si l'on désigne par η_{th} le rendement thermique de l'évolution thermodynamique des corps actifs (combustible et air) dans le système motopropulseur, on peut mettre celui-ci en évidence et écrire:

$$\eta_g = (1 - \varepsilon)\,\eta_{th}\frac{R'\,V}{m\,\eta_{th}\,L}\,,$$

ou, en appelant rendement du propulseur le rapport $\eta_p = \dfrac{R'\,V}{m\,\eta_{th}\,L}$

$$\eta_g = (1 - \varepsilon)\cdot\eta_{th}\cdot\eta_p\,, \tag{1}$$

formule qui a l'avantage de mettre en évidence les trois termes essentiels suivants:

l'influence ε de l'adjonction du système motopropulseur sur les résistances à vaincre, au régime de vol considéré;

la nature de l'évolution thermodynamique des corps actifs (combustible et air) dans le système motopropulseur;

le rendement du propulseur, ou rapport de la puissance réelle de traction qu'il fournit à l'énergie produite par le système motopropulseur.

C'est cette façon de voir qui sera suivie dans cette étude. J'ai tenu à la préciser dès le début pour éviter toute ambiguité. On verra qu'elle conduit à des formules simples et, en quelque sorte, naturelles pour l'évaluation des divers termes considérés.

Ce n'est pas tout à fait, il convient de le remarquer, la façon de voir ordinairement adoptée. Généralement, on néglige a priori toute influence du système motopropulseur sur le planeur et l'on se contente de prendre pour résistance R' de celui-ci, dans les conditions réelles de la propulsion, sa résistance en vol au même régime de portance en l'absence du propulseur proprement dit. Cela revient à identifier R et R' ou à faire $\varepsilon = 0$. En outre, on admet que le rendement du propulseur proprement dit n'est pas altéré, au régime considéré, par la présence du planeur.

En faisant apparaître ici le coefficient ε, généralement inconnu d'ailleurs mais vraisemblablement assez petit, je tiens surtout à réserver le principe de son influence laquelle est certaine et, suivant les cas, probablement assez variable.

Il importe encore de souligner le caractère conventionnel de la définition adoptée pour le rendement global du système motopropulseur. Ce caractère interdit, a priori, de penser que le rendement ainsi défini soit forcément inférieur à l'unité et on verra, par l'exemple du propulseur-fusée traité plus loin, que l'éventualité opposée peut être logiquement envisagée.

II. Formules générales du rendement du système
motopropulseur.

3. Définition du système motopropulseur considéré. Ainsi qu'il a été spécifié, nous admettons que ce système n'agit que comme propulseur.

Le combustible (essence, huile lourde, explosif) est approvisionné à bord de l'avion.

En outre, le système emprunte à l'atmosphère ambiante de l'air qui sert ou non à la combustion. La prise d'air est réalisée au moyen d'une embouchure convenablement disposée. Il est facile de montrer qu'il n'y a aucun avantage à imaginer que cette prise d'air soit animée d'un mouvement de rotation dans l'atmosphère autour de l'axe de translation de l'avion. Nous la supposerons ici fixe par rapport à l'avion et orientée face à la direction de translation.

Le combustible et l'air utilisés par le système évoluent, facultativement et en partie, dans un moteur thermique agissant sur une hélice[1] fonctionnant comme propulseur.

Les corps actifs (combustible et air, plus ou moins transformés par les réactions de combustion et l'évolution thermique au sein du moteur)

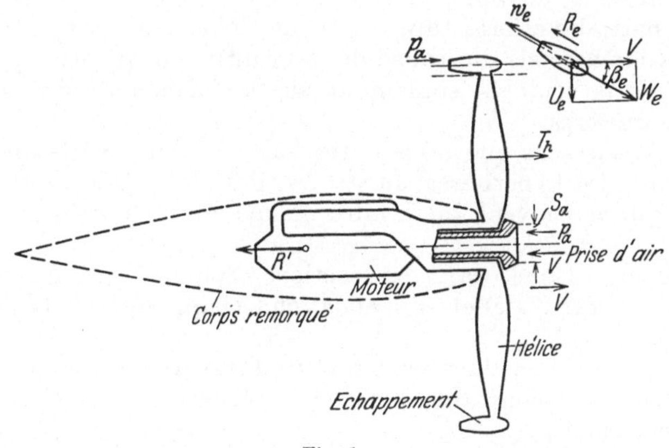

Fig. 1.

achèvent leur évolution thermodynamique dans un système aboutissant aux orifices d'échappement symétriquement disposés autour de l'axe de la translation et animés d'un mouvement de rotation autour de cet axe. Ces orifices sont supposés orientés perpendiculairement (et vers l'arrière) à leur vitesse absolue résultante W_e, composée de la vitesse de translation V et de la vitesse périphérique U_e. Les bras tournants qui conduisent à ces orifices d'échappement, si ces bras existent, sont supposés formés par les pales de l'hélice propulsive.

Cette disposition est représentée schématiquement par la figure 1.

Elle comporte les cas particuliers suivants :

1⁰ fusée proprement dite, en supprimant l'hélice et supposant les orifices d'échappement fixes ;

2⁰ moteur et hélice ordinaires, en supposant les orifices d'échappement fixes ;

3⁰ hélice à reaction, en supprimant le moteur.

---

[1] On peut supposer qu'il y a plusieurs hélices équivalentes à l'hélique unique considérée dans cette étude.

Ces trois cas particuliers seront spécialement discutés plus loin en détail. Auparavant, nous allons établir les formules générales d'évaluation du rendement.

4. Notations adoptées — Hypothèses simplificatrices. La résistance à l'avancement d'un corps immergé dans un fluide est la résultante, suivant la direction de la vitesse, des efforts du fluide ambiant sur la surface extérieure du corps. Si cette surface possède des ouvertures, certaines parties de la surface interne sont en contact avec le fluide ambiant (c'est le cas des fuselages et, notamment, des carènes de moteurs) et doivent, en réalité, faire partie de sa surface extérieure ou de contact avec le fluide.

Si l'on admet que la pression, à l'intérieur du corps, est uniforme et égale à la pression p_a du fluide non troublé, on peut s'affranchir de cette difficulté en considérant la résistance comme la résultante suivant la direction de la vitesse:

d'une part, des efforts tangentiels du fluide ambiant; d'autre part, de sa pression normale diminuée de la quantité constante p_a;

tous efforts comptés seulement sur la surface extérieure proprement dite du corps.

C'est dans ce sens que nous entendons ici le mot résistance.

Adoptons les hypothèses suivantes, destinées à simplifier le problème et qui ne peuvent introduire qu'une erreur pratiquement négligeable:

1º Admettons que, dans les sections droites S_a et S_e des orifices d'admission (prise d'air) et d'évacuation (échappement), la pression est uniforme et égale à p_a;

2º Admettons que, dans ces sections, l'état des fluides intéressés est bien déterminé et constant, lorsque le régime de fonctionnement du système est établi;

3º Assimilons le régime de fonctionnement, en général périodique (notamment pour un moteur alternatif ou à pistons), à un régime permanent;

4º Admettons que la résultante des efforts du fluide ambiant sur les têtes des pales d'hélices formant enveloppe des orifices d'échappement se réduit à une résistance R_e opposée à la vitesse absolue W_e du centre de ces orifices;

5º Enfin, admettons que, à l'endroit du passage des corps actifs, du moteur proprement dit au système tournant conduisant à l'échappement, ces corps actifs s'écoulent avec une vitesse sensiblement parallèle à l'axe de rotation.

Ces hypothèses admises, adoptons les notations suivantes:

m = masse de combustible consommée dans l'unité de temps,
a = masse d'air extérieur consommée par unité de masse de combustible évoluante,
U = énergie interne du mélange $(1 + a)$ de combustible et d'air,
V = volume de ce mélange,
T_h = traction réelle fournie par l'hélice proprement dite;
C_h = couple réellement absorbé par celle-ci,
ω_h = vitesse de rotation de l'hélice,

$$\eta_h \; = \; \frac{T_h\,V}{C_h\,\omega_h} \; = \; \text{rendement réel de l'hélice,}$$

$\mathcal{C}_m$ = travail mécanique fourni par le moteur à l'hélice, par unité de masse de combustible consommée,

$V,\,U_e,\,W_e$ = vitesses axiale, périphérique et résultante des calottes d'échappement, dont la distance à l'axe de rotation est U_e/ω_h,

β_e = angle de W_e et de V,

w_e = vitesse relative d'échappement dans la section S_e,

$w_a = V$ = vitesse relative de l'air consommé, à son entrée dans l'embouchure S_a de la prise d'air,

R' = résistance réelle du système remorqué, égale à l'effort réel de traction du système motopropulseur.

5. Définition du rendement thermique η_{th} du système motopropulseur.
Pendant l'unité de temps, le système consomme:

la masse m de combustible prise au réservoir, à la pression p_a et à la temperature T_a;

la masse $(m\,a)$ d'air extérieur pris à la pression p_a et à la température T_a.

Il rejette à l'extérieur la masse $m\,(1+a)$ de ces corps actifs, plus ou moins transformés, dans un état supposé uniforme, à la pression p_a et à la température T_e.

Il cède à l'extérieur la quantité de chaleur $m\,Q_R$ transmise par rayonnement et conductibilité par l'enveloppe du système. Cette quantité de chaleur comprend, d'une part, la chaleur $m\,Q_r$ cédée par les corps actif à l'enveloppe et, d'autre part, la chaleur $m\,\mathcal{C}_f$ équivalente au travail des frottements mécaniques et résistances passives[1] du système.

Si les corps actifs évoluaient dans un moteur fixe, où leur introduction et leur évacuation se feraient dans le même état physique et chimique que dans le système considéré et sans énergie cinétique absolue appréciable (cette évolution comportant le même dégagement extérieur $m\,Q_R$ de chaleur), ce moteur produirait, par unité de masse de combustible consommée, le travail effectif:

$$\mathcal{C}_{\text{eff}} = (\mathcal{U} + p\mathcal{V})_a - (\mathcal{U} - p\mathcal{V})_e - Q_R, \tag{2}$$

que l'on peut écrire:

$$\mathcal{C}_{\text{eff}} = L - Q_c - Q_e - Q_R, \tag{3}$$

en désignant par:

$L = (\mathcal{U} + p\mathcal{V})_a - (\mathcal{U} + p\mathcal{V})_f$, le pouvoir calorifique supérieur à pression constante du combustible, dans les conditions $(p_a,\,T_a)$, l'état f ci-dessus visé correspondant à ces conditions et à la combustion complète;

$Q_e = (\mathcal{U} + p\mathcal{V})_{f'} - (\mathcal{U} + p\mathcal{V})_f$, la perte thermique par combustion incomplète, l'état f' étant celui des gaz de la combustion réelle, ramenés à $(p_a,\,T_a)$;

$Q_e = (\mathcal{U} + p\mathcal{V})_e - (\mathcal{U} + p\mathcal{V})_{f'}$, la perte thermique à l'échappement ou chaleur des gaz d'échappement dans l'état e, par rapport au milieu extérieur.

---

[1] On doit comprendre, dans ce terme, le travail absorbé par les corps auxiliaires évoluant en circuit fermé, s'il s'en trouve, dans la machine: par exemple, l'eau de refroidissement d'un moteur à refroidissement par eau.

L'équation (2), mise sous la forme (3), constitue le bilan thermique classique des moteurs thermiques ordinaires au sein d'une atmosphère (p_a, T_a).

Nous conviendrons d'appeler rendement thermique du système motopropulseur le rapport de $\mathcal{C}_{eff}$ défini par (2) au pouvoir L. On aura ainsi, par définition:

$$\mathcal{C}_{eff} = (\mathcal{U} + p\mathcal{V})_a - (\mathcal{U} + p\mathcal{V})_e - Q_R = \eta_{th} L . \tag{4}$$

6. Calcul de la traction réelle. La traction réelle est égale et opposée à la résistance réelle R' du système remorqué, en translation uniforme et horizontale.

Appliquant le théorème des quantités de mouvement, en régime permanent et en projection sur la direction de la vitesse V, au système considéré et aux corps actifs compris à l'intérieur, on obtient facilement la relation:

$$- R' + T_h - R_e \cos \beta_e = - m [(a + 1) w_e \cos \beta_e - a V] ,$$

ou, en posant:

$$\varkappa_e = \frac{w_e}{V} ; \qquad \alpha = \frac{a + 1}{a} ;$$

la relation:

$$R' = T_h + m a V [\alpha \varkappa_e \cos \beta_e - 1] - R_e \cos \beta_e . \tag{5}$$

Le deuxième terme du second membre représente l'effet propulsif de la réaction des corps actifs, à l'admission et à l'échappement.

On peut mettre R_e sous la forme:

$$R_e = c_{r_e} \frac{\varrho_a}{2} S_e W_e^2 ,$$

en désignant par c_{f_e} un coefficient aérodynamique de résistance frontale des calottes d'échappement (rapportée à la section de leur orifice de sortie S_e).

D'autre part, le débit de l'échappement est:

$$m (a + 1) = m a \alpha = \varrho_e S_e w_e .$$

On a, par suite:

$$R_e = \frac{m a V^2}{2} \cdot c_{r_e} \frac{\varrho_a}{\varrho_e} \frac{\alpha}{V \varkappa_e \cos \beta_e} . \tag{6}$$

La traction T_h de l'hélice proprement dite peut se mettre, par définition du rendement η_h réel de l'hélice, sous la forme:

$$T_h = \eta_h \frac{C_h \omega_h}{V} . \tag{7}$$

Nous allons calculer $C_h \omega_h$ et $w_e = \varkappa_e V$.

7. Calcul de la vitesse d'échappement. En appliquant au système ci-dessus considéré, dans la translation uniforme, le principe de la conservation de l'énergie, on obtient facilement, en tenant compte de la permanence du régime, la relation:

$$m [(\mathcal{U} + p V)_a - (\mathcal{U} + p V)_e - Q_R] = C_h \omega_h + R_e U_e \sin \beta_e$$
$$+ \frac{m a}{2} [\alpha (w_e^2 + U_e^2 - 2 U_e w_e \sin \beta_e) - V^2] ,$$

ou, en tenant compte de la définition (4) du rendement thermique η_{th} :

$$m\,\eta_{th}\,L = C_h\,\omega_h + R_e\,U_e \sin\beta_e$$

$$+ \frac{m\,a\,V^2}{2}\,[\alpha\,(\varkappa_e^2 + \mathrm{tg}^2\,\beta_e - 2\,\varkappa_e \cos\beta_e\,\mathrm{tg}\,\beta_e) - 1]\,. \qquad (8)$$

Appliquons, d'autre part, le théorème des moments cinétiques, autour de l'axe de rotation, à l'hélice et aux corps actifs contenus à l'intérieur de celle-ci. On a, en remarquant que, dans les sections droites de communication avec le moteur, les vitesses relatives des corps actifs sont supposées axiales :

$$-C_h + m\,\frac{\tau_m}{\omega_h} - R_e \sin\beta_e\,\frac{U_e}{\omega_h} = -m\,a\,\alpha\,(w_e - W_e)\sin\beta_e\,\frac{U_e}{\omega_h}$$

ou :

$$m\,\tau_m = C_h\,\omega_h + R_e \sin\beta_e\,U_e - m\,a\,\alpha\,(w_e - W_e)\,U_e \sin\beta_e\,. \qquad (9)$$

Posons :

$$\tau_m = h\,\tau_{\text{eff}} = h\,\eta_{th}\,L\,,$$

le coefficient h désignant la proportion du travail thermodynamique (travail effectif du moteur thermique équivalent au système complet) fournie par le moteur réel au système tournant constitué par l'hélice et l'échappement.

L'équation (9) se met ainsi sous la forme :

$$m\,h\,\eta_{th}\,L = C_h\,\omega_h + R_e\,U_e \sin\beta_e + m\,a\,\alpha\,(w_e - W_e)\,U_e \sin\beta_e\,. \qquad (10)$$

Retranchant (10) de (8), on obtient :

$$m\,(1 - h)\,\eta_{th}\,L = \frac{m\,a\,V^2}{2}\,[\alpha\,\varkappa_e^2 - (1 + \alpha\,\mathrm{tg}^2\,\beta_e)]\,, \qquad (11)$$

qui détermine $\varkappa_e$ lorsque η_{th}, h et $\mathrm{tg}\,\beta_e$ sont donnés.

8. Calcul du rendement du système motopropulseur. D'après la définition adoptée (1), le rendement global η_g est :

$$\eta_g = (1 - \varepsilon)\cdot\eta_{th}\cdot\eta_p\,, \qquad (12)$$

le rendement η_p du propulseur étant :

$$\eta_p = \frac{R'\,V}{m\,\eta_{th}\,L}\,. \qquad (13)$$

Les équations (5), (6), (7), (8), (10) et (11) ci-dessus permettent d'expliciter les rendements η_g et η_p ainsi définis.

Posons, pour simplifier :

$$q = \frac{\eta_{th}\,L}{a\,V^2}\,. \qquad (14)$$

De (11), on tire la valeur du rapport $\varkappa_e = w_e/V$ qui définit la vitesse relative w_e d'échappement.

$$\varkappa_e = \sqrt{\frac{1}{\alpha} + \mathrm{tg}^2\,\beta_e + \frac{2\,(1 - h)\,q}{\alpha}}\,. \qquad (15)$$

Le coefficient h, qui définit la part du travail du moteur absorbée par l'hélice, étant compris entre 0 et 1, on voit que $\varkappa_e$ est toujours positif et supérieur à $\dfrac{1}{\alpha} = \dfrac{a}{(a+1)}$.

Quant au rendement η_p du propulseur, il se met aisément sous la forme:

$$\eta_p = h\,\eta_h + (1-h)\,\frac{2\,\alpha}{\alpha\varkappa_e^2 - (1 + \alpha\,\mathrm{tg}^2\,\beta_e)}$$
$$\left\{\left(1 + \eta_h\,\mathrm{tg}^2\,\beta_e\right)\left[\varkappa_e\cos\beta_e - \left(1 + \frac{c_{re}}{2}\frac{\varrho_a}{\varrho_e}\frac{1}{\varkappa_e\cos\beta_e}\right)\right] + \frac{\alpha-1}{\alpha}\right\}. \quad (16)$$

L'effet de propulsion est dû, d'une part, à l'hélice et, d'autre part, à l'effet de réaction axiale de la fusée tournante formée par l'échappement monté sur les pales d'hélice.

Le terme $h\eta_h$ représentant la part, dans le rendement η_p du propulseur total, de l'hélice propulsive, il est logique d'appeler rendement η_f de la fusée, en tant que propulseur, le facteur de $(1 - h)$ dans le second terme de η_p évalué par la relation précédente (16). On a ainsi:

$$\eta_f = \frac{2\,\alpha}{\alpha\varkappa_e^2 - (1 + \alpha\,\mathrm{tg}^2\,\beta_e)}$$
$$\left\{\left(1 + \eta_h\,\mathrm{tg}^2\,\beta_e\right)\left[\varkappa_e\cos\beta_e - \left(1 + \frac{c_{re}}{2}\frac{\varrho_a}{\varrho_e}\frac{1}{\varkappa_e\cos\beta_e}\right)\right] + \frac{\alpha-1}{\alpha}\right\}. \quad (17)$$

On peut vérifier que, dans cette relation, le terme en c_{r_e} est généralement négligeable avec une erreur relative à peine sensible. Négligeons-le pour simplifier. Dans ces conditions, nous avons, en tenant compte de (15):

$$\eta_f = \frac{1}{(1-h)\,q}\left\{(1 + \eta_h\,\mathrm{tg}^2\,\beta_e)(\sqrt{\alpha[1 + 2(1-h)q\cos^2\beta_e]} - \alpha) + \alpha - 1\right\}. \quad (18)$$

Telle est la relation générale à laquelle nous voulions aboutir.

Nous allons étudier excessivement les trois cas particuliers suivants:

1^0 Fusée simple. Il n'y a pas d'hélice et l'échappement est fixe et axial. On a donc: $h - 0$, $\mathrm{tg}\,\beta_e = 0$ et, par suite:

$$\eta_g = (1 - \varepsilon)\cdot\eta_{th}\cdot\eta_f, \quad (19)$$

avec :

$$\eta_f = \frac{1}{q}\left[\sqrt{\alpha\,(1 + 2\,q)} - 1\right]. \quad (20)$$

2^0 Moteur normal avec hélice propulsive. Dans ce cas, l'échappement est encore fixe et axial ($\mathrm{tg}\,\beta_e = 0$) et nous admettrons que l'hélice absorbe tout le travail effectif de l'évolution thermodynamique des corps actifs, c'est-à-dire que nous devons faire $h = 1$.

On a alors:

$$\eta_g = (1 - \varepsilon)\cdot\eta_{th}\cdot\eta_h. \quad (21)$$

C'est la formule générale appliquée au cas des systèmes motopropulseurs usuels sur les avions. On remarquera qu'elle correspond à une vitesse relative d'échappement $\varkappa_e = \sqrt{\dfrac{1}{\alpha}}$, pour laquelle la variation d'énergie cinétique relative des corps actifs à travers le système est nulle. C'est bien, à une erreur négligeable près, le cas des moteurs d'aviation ordinaires.

3^0 **Hélice à réaction** — L'hélice à réaction totale est celle qui est mûe par la réaction même des fusées montées sur les pales. Elle ne constitue qu'un cas particulier du système motopropulseur général envisagé dans cette étude, à savoir le cas $h = 0$.

Nous ne nous bornerons pas à ce cas particulier et nous considérerons le cas général auquel s'appliquent les formules:

$$\eta_p = h\,\eta_h + (1 - h)\,\eta_f, \tag{22}$$

avec:

$$\eta_f = \frac{1}{(1 - h)\,q}\left\{(1 + \eta_h \operatorname{tg}^2\beta_e)(\sqrt{\alpha[1 + 2(1 - h)q\cos^2\beta_e]} - \alpha) + \alpha - 1\right\}. \tag{23}$$

Nous simplifierons d'ailleurs cette formule en assimilant α à l'unité, ce qui revient à supposer que, dans le mélange évoluant des corps actifs, la masse du combustible est négligeable par rapport à celle de l'air. Dans tous les moteurs thermiques usuels à combustibles liquides, le rapport de ces masses étant généralement compris entre 1/16 et 1/40, il est facile de reconnaître que cette simplification est tout à fait admissible, au moins en première approximation.

Dans ces conditions, la formule (23) se simplifie et peut être remplacée par la formule (approchée):

$$\eta_f = \frac{(1 + \eta_h \operatorname{tg}^2\beta_e)}{(1 - h)\,q}\left[\sqrt{1 + 2(1 - h)\,q\cos^2\beta_e} - 1\right]. \tag{24}$$

C'est cette formule que nous utiliserons dans l'étude comparative que nous ferons plus loin.

III. Propulsion par fusée directe.

9. Etude du rendement. Le rendement global a pour valeur, d'après (19) et (20):

$$\eta_g = (1 - \varepsilon)\cdot\eta_{th}\cdot\eta_f = (1 - \varepsilon)\cdot\eta_{th}\cdot\frac{1}{q}\left[\sqrt{\alpha(1 + 2q)} - 1\right]. \tag{25}$$

Si l'on néglige ε (en remarquant, d'ailleurs, que, dans le cas de la fusée, ce coefficient peut vraisemblablement être annulé, sinon même rendu négatif), on voit que η_g ne dépend que de:

$$\eta_{th}, \quad L, \quad a \text{ et } V.$$

Les paramètres L et a ne sont pas absolument indépendants. Les combustibles tels que les explosifs peuvent brûler sans adjonction d'air mais ils ont un pouvoir calorifique beaucoup plus faible, en général, que les combustibles liquides dont la combustion exige une addition d'air variant au moins entre 15 à 20 fois leur poids propre.

On peut, dans l'équation (20), mettre en évidence l'addition d'air a. On obtient alors:

$$\eta_f = \frac{V^2}{\eta_{th}\,L}\left[\sqrt{(a + 1)\left(a + 2\frac{\eta_{th}\,L}{V^2}\right)} - a\right]. \tag{26}$$

Si l'on se donne le produit $k = \dfrac{V^2}{\eta_{th} L}$, on vérifie que :

η_f augmente avec a si l'on a : $V^2 < 2\,\eta_{th}\,L$;

η_f diminue avec a dans le cas contraire.

Pour $a = 0$, c'est-à-dire dans le cas de la fusée utilisant un explosif ou combustible similaire sans addition d'air extérieur, on a :

$$\varkappa_e = \frac{w_e}{V} = \sqrt{2\,\frac{\eta_{th}\,L}{V^2}}\,; \quad \eta_f = V\sqrt{\frac{2}{\eta_{th}\,L}} = \frac{2\,V}{w_e}\,; \quad \eta_g = (1-\varepsilon)\,V\sqrt{\frac{2\,\eta_{th}}{L}}. \quad (27)$$

Ces formules montrent ce résultat apparemment surprenant que les rendements η_g et η_f croissent indéfiniment avec V.

Ce résultat ne doit pourtant pas étonner si l'on remarque que la définition des rendements considérés est toute conventionnelle et qu'il n'existe pas, à proprement parler, de régime rigoureusement permanent puisque le système propulsé consomme en partie sa propre masse (celle du combustible) pour se propulser et que, par suite, l'énergie cinétique préalablement communiquée au combustible emporté fonctionne, pour la propulsion ultérieure, comme une source d'énergie.

En fait, il est vraisemblable que l'on ne peut imaginer le système animé d'une vitesse de translation arbitraire et aussi grande que l'on voudrait.

En particulier, on peut montrer qu'il existe pour un système donné, propulsé à partir du repos uniquement par une fusée, une certaine vitesse-limite.

Quoi qu'il en soit, le diagramme de la figure 2 représente, d'après la relation (26), la variation de η_f en fonction de a, pour différentes valeurs du rapport $k = V^2/\eta_{th} L$ supposé constant. Ainsi qu'il a été dit, tant que k est inférieur à 2, η_f augmente avec a.

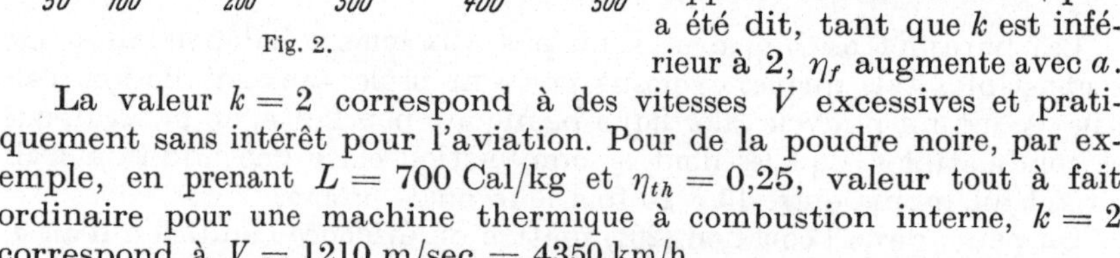

Fig. 2.

La valeur $k = 2$ correspond à des vitesses V excessives et pratiquement sans intérêt pour l'aviation. Pour de la poudre noire, par exemple, en prenant $L = 700$ Cal/kg et $\eta_{th} = 0{,}25$, valeur tout à fait ordinaire pour une machine thermique à combustion interne, $k = 2$ correspond à $V = 1210$ m/sec $= 4350$ km/h.

Pour le domaine des vitesses intéressant l'aviation, on doit considérer seulement les valeurs de k inférieures à 2 et, dans ces conditions, η_f augmente avec a, si k est supposé constant.

Pour a infiniment grand, η_f tend vers la valeur limite:

$$(\eta_f)_{a \to \infty} = 1 + \frac{k}{2}. \tag{28}$$

La formule (26) ou les courbes de la figure 2 permettent une comparaison précise de l'utilisation de divers combustibles.

Considérons, par exemple, un système à propulser à une vitesse $V = 200$ m/sec.

Une fusée à explosif consommant de la poudre noire ($L = 700$ Cal/kg) sans air additionnel et ayant un rendement thermique $\eta_{th} = 0{,}365$ aurait un coefficient $k = 0{,}05$, un rendement de propulsion $\eta_f = 0{,}316$ et un rendement global (ε étant négligé) $\eta_g = 0{,}114$.

Si l'on imagine, au lieu de cette fusée à explosif, une fusée alimentée en huile lourde ($L = 11\,000$ Cal/kg) avec addition d'air pris à l'extérieur et fonctionnant avec un rendement thermique $\eta_{th} = 0{,}232$, auquel cas $k = 0{,}005$, on constate qu'il suffit d'une addition d'air a, de masse égale à 46 fois la masse du combustible brûlé, pour obtenir un rendement de propulseur $\eta_f = 0{,}497$ et le même rendement global $\eta_g = 0{,}114$.

Dans ce second cas, la consommation en poids de combustible serait inverse du rapport des pouvoirs calorifiques, c'est-à-dire 15,7 fois moins forte, ce qui est d'un intérêt capital pour l'aviation.

On peut multiplier ces exemples pour des cas variés, correspondant à des éventualités réalisables. Tous les résultats concordent pour montrer que la fusée à consommation d'air nulle (fusée dite à explosif) ne peut soutenir la comparaison avec la fusée consommant de l'air extérieur.

10. Fusée à combustible liquide extérieur. Tenant compte de l'intérêt fondamental, au point de vue de la réduction de l'approvisionnement de combustible à emporter à bord, des pouvoirs calorifiques élevés[1], on est conduit à envisager de préférence la consommation des combustibles liquides dérivés du pétrole ou de la houille et qui possèdent des pouvoirs L relativement peu différents et de l'ordre de 11\,000 Cal/kg.

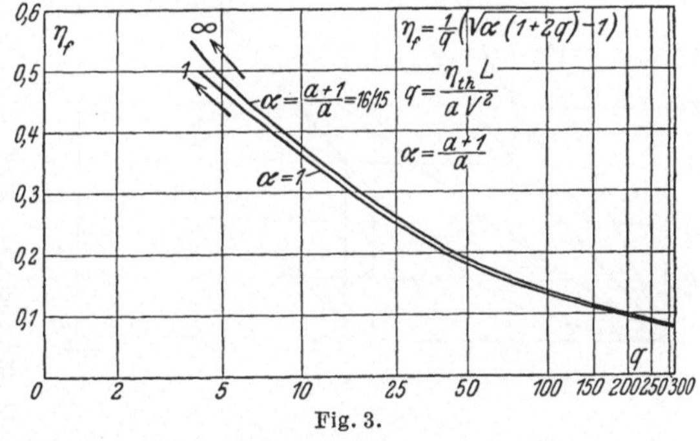

Fig. 3.

Pour de tels combustibles, il y a intérêt, V et η_{th} étant supposés donnés, à faire a aussi grand que possible.

Dans la formule (20), le coefficient $\alpha = \dfrac{(a+1)}{a}$ est au moins égal à 1 et au plus égal à 16/15 environ (dans le cas des combustibles liquides, pour lesquels a est au moins égal à 15).

---

[1] Ceci résulte immédiatement du fait que la consommation spécifique μ du système motopropulseur, ou poids de combustible consommé par unité de puissance utile RV de propulsion, est donnée par la formule: $\mu = \dfrac{1}{\eta_g L}$.

Le rendement η_f, pour une valeur donnée de $q = \eta_{th}\dfrac{L}{aV^2}$ est donc compris entre les valeurs représentées par les deux courbes de la fig. 3. On reconnaît ainsi que, si q est supérieur à 5, η_f est donné avec une erreur relative par défaut inférieure à 5% par la formule approchée:

$$\eta_f = \frac{1}{q}\left[\sqrt{1 + 2\,q} - 1\right]. \qquad (q > 5) \qquad (29)$$

Le coefficient q se détermine facilement par l'abaque de la figure 4, établi pour $L = 11\,000$ Cal/kg.

A titre d'indication, notons que pour des valeurs de:

η_{th} comprises entre 0,30 et 0,70,

a comprises entre 15 et 150,

V comprises entre 28 et 139 m/sec (100 et 500 m/h),

les valeurs extrêmes (correspondantes) de q sont égales à 5 et 2750, les valeurs extrêmes de η_f sont 0,43 et 0,026, c'est-à-dire bien inférieures au rendement des hélices propulsives qui dépasse couramment 0,70.

Ces chiffres suffisent à montrer combien le rendement de la fusée utilisée comme propulseur est faible, à moins que:

ou bien la vitesse V soit très élevée,

ou bien la dilution a soit considérable.

Aux grandes vitesses, le paramètre q devient petit et la fusée devient un propulseur intéressant.

Si l'on tient compte du fait que, aux très grandes vitesses, la compressibilité de l'air, qui joue un rôle important, paraît devoir compromettre le rendement

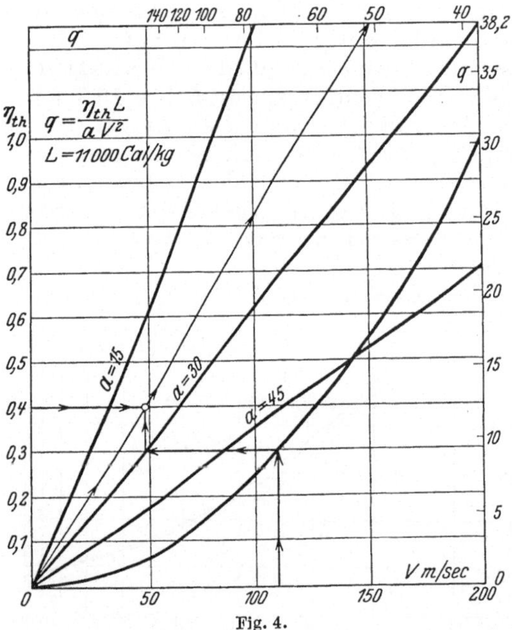

Fig. 4.

des hélices propulsives, on peut conclure que la **fusée est, probablement, le propulseur idéal aux très grandes vitesses.**

11. Réalisation de la fusée à combustible liquide. Fusée-trompe. Pour une vitesse V donnée, il faut, pour améliorer le rendement global η_g, obtenir un bon rendement thermique η_{th} et consommer une proportion d'air a aussi importante que possible.

La fusée se présente comme un moteur à combustion interne à travail effectif nul, c'est-à-dire dans lequel la détente des gaz brûlés ne s'effectuerait sur le piston ou les roues mobiles du moteur que dans la mesure nécessaire pour compenser le travail absorbé par la compression préalable du mélange évoluant et par les résistances passives.

La détente complète s'achèverait alors dans une tuyère située à l'aval du moteur et dont l'orifice constituerait l'échappement de la fusée.

On voit, par suite, que la fusée propulsive considérée comporte des organes analogues à ceux des moteurs connus, notamment un compresseur.

Pour augmenter son rendement thermique, il faut, comme pour les moteurs ordinaires, utiliser des rapports de compression élevés et il est facile de reconnaître que la dilution du mélange combustible, c'est-à-dire la proportion d'air consommé, exerce une influence considérable sur le rendement thermique effectif. Pratiquement, on peut prévoir que le rendement thermique maximum[1] correspond à un certain rapport de compression et à une certaine dilution du mélange qui ne sont, ni l'un ni l'autre, très élevés. Ce rendement thermique maximum ne dépasserait vraisemblablement pas 0,40 environ avec une dilution de l'ordre de 40 à 60 (la limite inférieure étant de 15 environ) et un rapport des pressions finale et initiale de compression de l'ordre de 5 à 15.

L'idée se présente immédiatement, par suite, d'augmenter la dilution par un effet de trompe en utilisant l'échappement d'une fusée, consommant une proportion (a') d'air, dans un système de tuyères, analogue à celui des injecteurs et éjecteurs et produisant l'entraînement d'une proportion additionnelle a'' d'air.

Etudions sommairement ce dispositif.

La fusée proprement dite travaille avec un rapport de compression λ' et une dilution a'. Si elle échappait directement à l'atmosphère, à la pression p_a et à la température T'_e, elle aurait un rendement thermique η'_{th}.

Supposons qu'on produise son échappement dans un «mélangeur», où les gaz entrent à la pression p_i, à la température T'_i et avec une vitesse relative w'_i.

La proportion a'' d'air additionnel parvient dans ce mélangeur à la pression p_i, à la température T_i'' et avec une vitesse relative w_i''.

On admet que, dans le mélangeur où règne la pression constante p_i, les vitesses et températures des deux jets s'uniformisent et deviennent w_i et T_i.

Le jet total est ensuite évacué, par une tuyère appropriée, dans l'atmosphère où il sort à la pression p_a et à la température T_e.

Soit η_{th} le rendement thermique de la fusée-trompe ainsi constituée. Il s'agit de comparer η_{th} à η'_{th} pour évaluer l'effet de l'adjonction de la trompe à la fusée primitive.

Pour raisonner simplement, assimilons les gaz brûlés et l'air à des gaz parfaits, de même chaleur spécifique C (à pression constante),

---

[1] On pourra se reporter, sur ce sujet, aux considérations et calculs développés par l'auteur dans un mémoire récent sur la «Turbine à combustion interne». Comptes rendus de l'Association Technique maritime et aéronautique. Paris, 1928.

indépendante de la température dans la zone des températures considérées: T_a, T_i, T'_i, T''_i, T_e et T'_e. Cette hypothèse n'entraîne qu'une erreur négligeable.

Supposons, en outre, l'évolution des gaz adiabatique, tant dans le mélangeur que dans les tuyères qui le précèdent ou qui lui font suite.

Dans le mélangeur, le mélange adiabatique des gaz brûlés et de l'air additionnel met en jeu la viscosité puisque c'est celle-ci qui uniformise les vitesses des deux jets contigus. Soit φL le travail (non compensé) de cette viscosité, rapporté à l'unité de masse de combustible consommée. Le coefficient φ est difficile à évaluer théoriquement: du moins, on sait qu'il est nécessairement positif.

Enfin, supposons que la chaleur transmise à l'extérieur Q_R (par unité de combustible consommée) n'est pas modifiée par l'adjonction de la trompe.

On a, dès lors, par le bilan thermique des appareils comparés:

$$(1 - \eta'_{th})\, L = Q_R + (1 + a')\, C\, (T'_e - T_a)\,, \tag{30}$$

$$(1 - \eta_{th})\, L = Q_R + (1 + a' + a'')\, C\, (T_e - T_a)\,. \tag{31}$$

On a, d'autre part, les compressions et détentes dans les tuyères en amont et en aval du mélangeur étant supposées effectuées suivant la même loi polytropique, en posant $\tau = \dfrac{T'_i}{T'_e}$ (rapport qui fixe le rapport p_i/p_a):

$$\tau = \frac{T'_i}{T'_e} = \frac{T''_i}{T_a} = \frac{T_i}{T_e}\,. \tag{32}$$

Enfin, dans le mélangeur, le mélange est adiabatique et s'effectue avec un travail non compensé φL. On a donc, d'après le principe de Carnot-Clausius:

$$(1 + a')\, C\, (T_i - T'_i) + a''\, C\, (T_i - T''_i) - \varphi L = 0\,. \tag{33}$$

Retranchant (31) de (30) et tenant compte de (32) et (33), on obtient aisément la relation:

$$\eta_{th} = \eta'_{th} - \frac{\varphi}{\tau}\,. \tag{34}$$

Cette formule montre, φ étant positif, que le rendement thermique du système est nécessairement diminué par l'adjonction de la trompe.

Le terme $\dfrac{\varphi}{\tau}$ dépend de la disposition des tuyères, du rapport $\dfrac{a''}{a'}$ et du rapport $\tau \left(\text{ou}\ \dfrac{p_i}{p_a}\right)$. L'augmentation de a'', qui augmente le rendement de propulsion η_f du système, affaiblit son rendement thermique η_{th} et il faudrait faire l'étude méthodique, de préférence expérimentale, du terme $\dfrac{\varphi}{\tau}$ pour fixer les dispositions et valeurs optima à adopter pour obtenir le meilleur rendement global $\eta_g = (1 - \varepsilon)\, \eta_{th} \cdot \eta_f$ du système.

Sans vouloir préciser davantage ici cette question, je conclurai que la fusée-trompe est, peut-être, susceptible de procurer un gain de rendement global η_g par rapport à la fusée simple mais il me paraîtrait illusoire d'escompter de ce dispositif une amélioration très notable.

12. Remarque sur la fusée propulsive fonctionnant en atmosphère combustible. Un cas particulier intéressant à envisager est celui d'une fusée propulsive puisant à l'extérieur à la fois son comburant et son combustible.

Ce cas n'est peut-être pas absolument dénué d'intérêt pratique si l'on admet que, selon certaines conceptions, l'atmosphère de notre globe contient, à une altitude très élevée, de l'oxygène et de l'hydrogène en proportions susceptibles de former un mélange combustible.

A cette altitude, une fusée pourrait fonctionner en empruntant à l'atmosphère ambiante le mélange combustible tout formé.

Dans ce cas, son rendement de propulsion η_f serait donné par la formule rigoureuse:

$$\eta_f = \frac{1}{q}\,[\sqrt{1 + 2\,q} - 1].\tag{35}$$

Lorsque le paramètre $q = \dfrac{\eta_{th}\,L}{a\,V^2}$ tend vers zéro, le rendement η_f tend vers l'unité[1].

Une fusée propulsive utilisée dans ces conditions permettrait ainsi la propulsion à très grande vitesse, avec un rendement de propulsion voisin de l'unité et un rayon d'action illimité, puisqu'aucun approvisionnement de combustible à bord ne serait nécessaire.

IV. Propulsion par moteur et hélice.

13. Etude du rendement de ce système motopropulseur. Pour ce système, le rendement global est défini par la formule (21):

$$\eta_g = (1 - \varepsilon) \cdot \eta_{th} \cdot \eta_h.$$

Négligeons ε, ainsi qu'on le fait ordinairement, et cherchons le maximum escomptable de ce rendement.

Les bons moteurs d'aviation actuels ont un rendement thermique η_{th} de l'ordre de 26 à 28%, les hélices propulsives bien adaptées un rendement de propulsion η_h de l'ordre de 74 à 76%. Dans les meilleures conditions, le rendement global des systèmes motopropulseurs usuels de nos avions atteint donc une valeur de 19,5 à 21,5%.

On peut espérer améliorer encore ces résultats. D'une part, on peut concevoir des moteurs à essence ou des moteurs à huile lourde convenablement disposés et suralimentés dont le rendement thermique puisse atteindre, respectivement, 36% ou 40%. D'autre part, on peut concevoir des hélices travaillant avec un rendement de propulsion voisin

---

[1] Ici disparaît le fait, signalé plus haut et en apparence paradoxal, de la croissance illimitée de η_f lorsque q tend vers zéro. Ce fait était la conséquence de l'alimentation de la fusée en combustible emporté à bord. Ici le combustible est pris à l'extérieur et le rendement η_f ne peut dépasser l'unité, quelles que soient les conditions de fonctionnement que l'on envisage.

de 80% (sauf peut-être à de très grandes vitesses). De sorte que le rendement global pourrait passer à des valeurs, probablement limites, voisines
de 28,5 et 32% ce qui représenterait une amélioration relative de l'ordre
de 45 à 50% par rapport aux meilleurs résultats actuellement obtenus.

14. Rendement de propulsion de l'hélice. Au sein de l'atmosphère,
l'hélice propulsive agit surtout en communiquant à l'air ambiant, dans
sa zone d'action, un mouvement de recul vers l'aval.

L'image la plus simple que l'on puisse en donner est celle du propulseur dit de Froude, que l'on peut regarder comme constitué de deux
hélices tournant l'une derrière l'autre, en sens contraire et à l'intérieur
d'une enveloppe latérale formant la paroi de la veine d'air sur laquelle
agit directement le propulseur [1].

Dans ce cas et en supposant l'air incompressible et parfait
(dénué de viscosité) on établit que le rendement de propulsion η_h
est lié au coefficient de traction $c_t = \dfrac{2\,T_h}{\varrho_a\,S_h\,V^2}$ par la relation:

$$\eta_h = \frac{4}{4 + c_t}, \tag{36}$$

la surface S_h étant la section amont de la veine. Si l'on désigne par mA
le débit d'air de la veine, A étant le débit rapporté à l'unité de masse de
combustible consommée par le moteur, on a:

$$\varrho_a\,S_h\,V = mA\,; \quad T_h\,V = \eta_h\,m\,\widetilde{C}_h = m\,\eta_h\eta_{th}\,L\,;$$

$$c_t = 2\,\eta_h \cdot \frac{\eta_{th}\,L}{A\,V^2}. \tag{37}$$

Si l'on pose:

$$Q = \frac{\eta_{th}\,L}{A\,V^2}, \tag{38}$$

on peut tirer η_h de (36) et (37) et l'on obtient:

$$\eta_h = \frac{1}{Q}\,[\sqrt{1 + 2Q} - 1]. \tag{39}$$

Cette relation est analogue à la formule approchée (29) qui donne le
rendement de propulsion η_f de la fusée lorsque a est assez grand. La
seule différence est que le débit spécifique a de la fusée est remplacé ici
par le débit spécifique A du propulseur de Froude.

Si η_{th}, L et V sont donnés, la formule (39) montre que η_h croît con-
tinuellement et tend vers l'unité lorsque Q tend vers zéro, c'est-à-dire
lorsque A indéfiniment.

Pour les hélices d'aviation ordinaires adaptées dans les meilleures conditions, le rendement η_h est inférieur à celui du propulseur
de Froude [2], le coefficient de réduction étant pratiquement

---

[1] Sur cette conception du propulseur de Froude et sur la théorie des propul-
seurs à veine limitée, on pourra se reporter au mémoire de l'auteur «Contribution à
la théorie de l'hélice propulsive» publié dans les comptes-rendus de 1929 de l'Association Technique Maritime et Aéronautique (Paris, Chaix).

[2] Notamment, à cause de la viscosité de l'air qui provoque une perte
d'énergie négligée par la théorie de Froude.

constant et égal à 0,85 environ, de sorte qu'on peut mettre le rendement de ces hélices sous la forme simple:

$$\eta_h = \frac{0,85}{Q}\,[\sqrt{1 + 2\,Q} - 1],\tag{40}$$

dont la limite supérieure est 0,85 lorsque A tend vers l'infini.

Ces calculs élémentaires montrent immédiatement la supériorité de principe des hélices à grande zone d'action, c'est-à-dire démultipliées.

15. Comparaison de l'hélice et de la fusée propulsives. Nous avons donné plus haut (cf. art. 10 et 13) quelques indications sur le rendement de chacun de ces systèmes de propulsion.

Si on cherche à les comparer, on aboutit immédiatement à la conclusion que le système moteur-hélice universellement employé sur les avions actuels est bien supérieur à celui de la fusée propulsive à combustible liquide et, à fortiori, à celui de la fusée à explosif dont la consommation de combustible en poids est absolument prohibitive.

La fusée ne peut devenir intéressante qu'aux très grandes vitesses (V supérieur à 200 m/sec au moins, soit 720 km/h) pour les raisons suivantes:

d'une part, son rendement de propulsion η_f peut alors devenir notable et même supérieur à l'unité;

d'autre part, l'hélice qu'on lui compare perd vraisemblablement une grande partie de sa qualité, lorsque la vitesse de l'extrémité de ses pales dépasse la vitesse du son dans le fluide ambiant.

On peut se demander à quelles conditions les deux systèmes considérés, alimentés avec le même combustible, seraient équivalents, au même régime de vol.

Il suffit pour cela qu'ils aient le même rendement global.

Cette condition se traduit, en affectant d'un accent les grandeurs relatives à la fusée, par l'égalité:

$$\eta_g = \eta_g',$$

ou, d'après (25) et (40):

$$(1 - \varepsilon) \cdot 0,85\,A \left[\sqrt{1 + 2\,\frac{\eta_{th}\,L}{A\,V^2}} - 1\right]$$
$$= (1 - \varepsilon')\,a' \left[\sqrt{\left(1 + \frac{1}{a'}\right)\left(1 + 2\,\frac{\eta_{th}'\,L}{A'\,V^2}\right)} - 1\right].$$

En supposant l'influence du système motopropulseur sur la résistance à vaincre identique dans les deux cas, c'est-à-dire $\varepsilon = \varepsilon'$, il suffit que l'on ait:

$$0,85\,A \left[\sqrt{1 + 2\,\frac{\eta_{th}\,L}{A\,V^2}} - 1\right] = a' \left[\sqrt{\left(1 + \frac{1}{a'}\right)\left(1 + 2\,\frac{\eta_{th}'\,L}{a'\,V^2}\right)}\right] - 1.\tag{41}$$

Pour l'hélice, la masse d'air A refoulée par unité de masse de combustible brûlé est considérable.

Si l'on suppose le même rendement thermique ($\eta_{th} = \eta_{th}'$) pour les deux systèmes, il est facile de voir que la condition (41) est satisfaite approximativement lorsque a' est comparable à A.

La condition $a' = A$ est rigoureuse si l'hélice agit comme le propulseur de Froude. Celui-ci étant habituellement considéré comme le type idéal de l'hélice propulsive, on pourrait, en adoptant ce langage, énoncer le théorème suivant:

«Pour qu'une fusée soit équivalente à un système moteur-hélice idéale, alimenté avec le même combustible et à la même vitesse, il suffit:

1° que le rendement thermique des deux systèmes soit le même;

2° que l'embouchure ou prise d'air de la fusée ait la même surface que la zone d'action de l'hélice.»

La disposition de ces deux systèmes motopropulseurs équivalents est représentée schématiquement par la fig. 5.

Il saute aux yeux que le propulseur-fusée serait, pour les avions normaux et les vitesses de vol usuelles, un appareil encombrant et dont

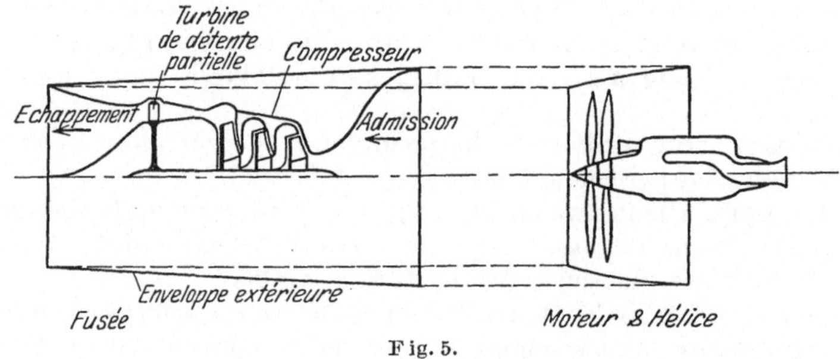

Fig. 5.

on ne peut attendre un rendement thermique équivalent à celui du système ordinaire et si simple à moteur et hélice. On ne saurait davantage retenir l'idée de remplacer la fusée par une fusée-trompe, idée qui serait pourtant assez séduisante à priori puisque les organes mécaniques (compresseur et turbine à gaz fournissant le travail de compression) de la fusée-trompe ne travailleraient que sur une proportion d'air comparable à celle traitée par le moteur du système à hélice et, au besoin, pourraient même être formés par le moteur de ce système convenablement modifié pour fournir un travail utile nul. Nous avons vu, en effet (cf. art. 11), que le rendement thermique de la fusée-trompe est, vraisemblablement, réduit dans une proportion importante par l'action de la trompe.

En définitive, dans le domaine des vitesses interéssant l'avion d'aujourd'hui ou du proche avenir, la fusée propulsive ne peut soutenir la comparaison, tant pour le rendement que pour la simplicité de construction et pour l'encombrement, avec l'hélice propulsive mûe par un moteur thermique de bon rendement comme nos moteurs d'aviation.

V. Propulsion par hélice à réaction.

16. Etude du rendement. La propulsion par effet de réaction n'étant interéssante qu'aux grandes vitesses, de nombreux inventeurs ont eu l'idée de produire cette réaction à l'extrémité de bras tournants constitués par les pales d'une hélice, extrémité qui est animée d'une vitesse bien supérieure à la vitesse d'avancement du système propulsé.

Dans cette conception, fort séduisante à priori, le moteur normal peut disparaître complètement, l'hélice étant propulsée par la réaction de l'échappement et constituant ainsi, en quelque sorte, une turbineà gaz à action directe analogue au tourniquet hydraulique. En même temps, on utilise l'hélice, dont la rotation est ainsi entretenue, pour produire la traction nécessaire à la propulsion du système remorqué.

D'autres chercheurs, sans aller aussi loin dans la voie de la suppression du moteur ordinairement accouplé à l'hélice, ont cherché à utiliser l'échappement d'un moteur analogue à ceux en usage pour produire une réaction propulsive supplémentaire agissant à l'extrémité des pales d'hélice.

Les formules (22) et (23) données plus haut permettent d'étudier, de la façon la plus générale, toutes les variétés possibles de ce genre de système motopropulseur.

Considérant toujours des moteurs alimentés en combustible liquide, pour lesquels a est au moins égal à 15 et le rapport $\alpha = (a + 1)/a$ toujours compris entre 1 et 16/15, on peut reconnaître aisément que, sauf pour de très grandes vitesses V inaccessibles pour longtemps encore aux avions normaux, il est légitime d'assimiler α à l'unité. Dans ces conditions la formule approchée (24) servira de base à notre discussion.

Convenons ici de négliger le coefficient ε. Le rendement η_p du propulseur est donné par la relation :

$$\eta_p = h\,\eta_h + (1 - h)\,\eta_f, \tag{42}$$

η_h et η_f désignant les rendements propres de propulsion longitudinale de l'hélice et de la fusée tournante, et h (compris entre 0 et 1) la proportion du travail effectif de l'évolution thermodynamique des corps actifs qui est effectivement produite par le moteur et transmise par celui-ci à l'arbre de l'hélice.

On a, d'ailleurs, d'après la formule (24) précitée :

$$\left.\begin{aligned}
\eta_f &= \frac{1 + \eta_h\,\mathrm{tg}^2\,\beta_e}{(1 - h)\,q}\,[\sqrt{1 + 2\,(1 - h)\,q\cos^2\beta_e} - 1], \\
q &= \frac{\eta_{th}\,L}{a\,V^2}\,.
\end{aligned}\right\} \tag{43}$$

D'après ces relations, si l'on se donne le rendement propre η_h de l'hélice et le paramètre q, que l'abaque de la figure 4 permet de calculer aisément, on voit que η_f et, en définitive, η_p ne dépendent que des paramètres β_e et h dont nous allons examiner l'influence.

1º Influence de β_e ou du rapport U_e/V. La dérivée partielle de η_p par rapport à β_e est :

$$\frac{\partial\,\eta_p}{\partial\,\beta_e} = \frac{2\,\mathrm{tg}\,\beta_e}{q\cos^2\beta_e}$$

$$\frac{\{\eta_h\,[1 + (1 - h)\,q\cos^2\beta_e\,(1 + \cos^2\beta_e) - \sqrt{1 + 2\,(1 - h)\,q\cos^2\beta_e}] - (1 - h)\,q\cos^2\beta_e\}}{\sqrt{1 + 2\,(1 - h)\,q\cos^2\beta_e}}\,. \tag{44}$$

Il est aisé de voir que cette dérivée n'a pas un signe constant.
Elle s'annule pour les valeurs suivantes de β_e:

$$\operatorname{tg} \beta_e = 0; \quad \cos^2 \beta_e = 0; \quad \cos^2 \beta_e = \frac{\eta_h}{1 - \eta_h} \left[1 \pm \sqrt{\frac{2(1 - \eta_h)}{\eta_h(1 - h) q}} \right].$$

Pour $\cos \beta_e = 0$ ou $\operatorname{tg} \beta_e$ infini, on est assuré que η_p passe par un maximum ou minimum dont la valeur:

$$\eta_p = \eta_f = \eta_h \qquad \qquad (45)$$

est, d'ailleurs, indépendante de $q\,*$ et de h.

Pour $\operatorname{tg} \beta_e = 0$, η_p prend la valeur:

$$\eta_p = h \, \eta_h + \frac{1}{q} \left[\sqrt{1 + 2(1 - h) q} - 1 \right]. \qquad (46)$$

Celle-ci est soit un maximum, soit un minimum, suivant que η_h est inférieur ou supérieur à la quantité: $\dfrac{1 + \sqrt{1 + 2(1 - h) q}}{2 \sqrt{1 + 2(1 - h) q}}$.

Si c'est un minimum, le rendement η_p passe, lorsqu'on fait croître $\operatorname{tg} \beta_e$ à partir de zéro, par un maximum pour une valeur de $\operatorname{tg} \beta_e$ comprise entre 0 et l'infini.

En fait, c'est le cas général pour des systèmes analogues aux moteurs et hélices actuellement employés, ainsi qu'on le verra plus loin par les exemples qui seront donnés.

On a donc, en général, intérêt à faire tourner la fusée avec la plus grande vitesse périphérique possible. Mais on se trouve évidemment limité dans cette voie par la difficulté, que l'on rencontre aussi dans les turbines à vapeur ou à gaz, de dépasser une vitesse périphérique de 250 à 320 m/sec environ pour des rotors soumis à la fois à une fatigue thermique notable et à la fatigue mécanique dûe à la force centrifuge. En outre, dans le cas présent, l'augmentation de cette vitesse tend à compromettre le rendement propre η_h de l'hélice.

2° Influence de h. La dérivée partielle de η_p par rapport à h est:

$$\frac{\partial \eta_p}{\partial h} = \eta_h - \frac{(1 + \eta_h \operatorname{tg}^2 \beta_e) \cos^2 \beta_e}{\sqrt{1 + 2(1 - h) q \cos^2 \beta_e}}. \qquad (47)$$

Cette dérivée s'annule pour la valeur h_1 de h telle que

$$(1 - h_1) = \frac{(1 - \eta_h)(1 + \eta_h + 2 \eta_h \operatorname{tg}^2 \beta_e)}{2 q \, \eta_h^2 (1 + \operatorname{tg}^2 \beta_e)} \qquad (48)$$

et pour laquelle le rendement η_p passe par un maximum supérieur à η_h. L'écart relatif de ce maximum par rapport au rendement de l'hélice est:

$$\frac{(\eta_p)_{\max} - \eta_h}{\eta_h} = \left(\frac{1 - \eta_h}{\eta_h} \right)^2 \frac{\cos^2 \beta_e}{2 q}, \qquad (49)$$

d'autant plus grand que η_h est plus faible, $\operatorname{tg} \beta_e$ plus voisin de zéro et q

---

* En réalité, ceci n'est vrai que si q n'est pas trop petit, puisque nos calculs sont basés sur la formule (24) qui n'est valable que dans les mêmes conditions.

plus petit (nos formules ne sont, en fait, valables que si q n'est pas trop petit).

On peut donc affirmer que, η_h et q étant considérés comme invariables, le dispositif de l'hélice à réaction améliore le rendement du propulseur si ce dispositif satisfait à la condition (48).

Cependant, pour les cas intéressant la technique actuelle de l'aviation, cet avantage est pratiquement inexistant comme on va le voir.

Il faut, d'abord, choisir des valeurs pratiques du paramètre

$$q = \frac{\eta_{th}\, L}{a\, V^2}\,.$$

Admettons que tous les cas intéressant la technique présente ou prochaine de l'aviation soient définis par des valeurs de:

V comprises entre 30 et 150 m/sec (108 et 540 km/h);

a comprises entre 15 et 30;

η_{th} comprises entre 0,20 et 0,35;

L étant pris égal à 11000 Cal/kg.

Les valeurs extrêmes correspondantes de q sont 13,6 et 1080.

Evaluons, pour ces cas extrêmes, les conditions de meilleur rendement. Supposons, pour fixer les idées, un rendement d'hélice $\eta_h = 0,75$.

Admettant une vitesse périphérique maximum de 300 m/sec, $\operatorname{tg}\beta_e$ peut atteindre au plus, pour chacun des cas considérés, les valeurs 2 et 10.

Dans le premier cas ($q = 13,6$), on aura, en utilisant les relations (48) et (49):

$$1 - h_1 = 0,0286 \text{ et } (\eta_p)_{\max} = 0,753, \text{ pour tg } \beta_e = 0,$$
$$1 - h_1 = 0,0253 \text{ et } (\eta_p)_{\max} = 0,7506, \text{ pour tg } \beta_e = 2,$$

Dans le second cas ($q = 1080$), on aura:

$$1 - h_1 = 0,00036 \text{ et } (\eta_p)_{\max} = 0,7504, \text{ pour tg } \beta_e = 0,$$
$$1 - h_1 = 0,00031 \text{ et } (\eta_p)_{\max} = 0,7500004, \text{ pour tg } \beta_e = 10.$$

Ces exemples, qui paraissent encadrer tous les cas de la pratique, montrent que le maximum de η_p est pratiquement confondu avec η_h et qu'il est atteint pour une valeur de h extrêmement voisine de l'unité, c'est-à-dire avec un moteur réalisant, à une différence insignifiante près, tout le travail de l'évolution thermodynamique des corps actifs.

17. Exemples numériques. Pour fixer les idées, j'ai fait le calcul de η_f; $(1 - h)\,\eta_f$; η_p en fonction de h et de tg β_e pour deux cas particuliers et extrêmes de rendement d'hélice, savoir $\eta_h = 0,60$ et $\eta_h = 0,80$, en donnant à chaque fois au paramètre q deux valeurs $q = 50$ et $q = 150$ qui paraissent encadrer suffisamment bien les cas intéressant la technique actuelle ou du proche avenir.

Le cas $q = 50$ correspond, en effet, à:

$$L = 11000 \text{ Cal/kg}; \quad a = 20; \quad \eta_{th} = 0,30; \quad V = 117 \text{ m/sec} = 420 \text{ km/h}$$

et le cas $q = 150$ à:

$$L = 11000 \text{ Cal/kg}; \quad a = 20; \quad \eta_{th} = 0,20; \quad V = 55,5 \text{ m/sec} = 200 \text{ km/h}.$$

                M. Roy:

Les résultats de ces calculs sont résumés dans les tableaux ci-après:

Premier cas — $q = 50$.

		$\eta_h = 0{,}60$					$\eta_h = 0{,}80$				
		$h=0$	$h=0{,}25$	$h=0{,}50$	$h=0{,}75$	$h=1{,}0$	$h=0$	$h=0{,}25$	$h=0{,}50$	$h=0{,}75$	$h=1{,}0$
$\mathrm{tg}\,\beta_e = 0$	$\eta_f =$	0,181	0,206	0,246	0,368	1,000	0,181	0,206	0,246	0,368	1,000
	$(1-h)\eta_f =$	0,181	0,154	0,123	0,092	0,000	0,181	0,154	0,123	0,092	0,000
	$h\eta_h =$	0,000	0,150	0,300	0,450	0,600	0,000	0,200	0,400	0,600	0,800
	$\eta_p =$	0,181	0,304	0,423	0,542	0,600	0,181	0,354	0,523	0,692	0,800
$\mathrm{tg}\,\beta_e = 2$	$\eta_f =$	0,243	0,272	0,314	0,396	0,680	0,300	0,336	0,389	0,488	0,840
	$(1-h)\eta_f =$	0,243	0,204	0,157	0,099	0,000	0,300	0,253	0,1945	0,122	0,000
	$h\eta_h =$	0,000	0,150	0,300	0,450	0,600	0,000	0,200	0,400	0,600	0,800
	$\eta_p =$	0,243	0,354	0,457	0,549	0,600	0,300	0,452	0,5945	0,722	0,800
$\mathrm{tg}\,\beta_e = 4$	$\eta_f =$	0,344	0,376	0,418	0,484	0,625	0,447	0,491	0,542	0,628	0,815
	$(1-h)\eta_f =$	0,344	0,282	0,209	0,121	0,000	0,447	0,368	0,272	0,157	0,000
	$h\eta_h =$	0,000	0,150	0,300	0,450	0,600	0,000	0,200	0,400	0,600	0,800
	$\eta_p =$	0,344	0,432	0,509	0,571	0,600	0,447	0,568	0,672	0,757	0,800
$\mathrm{tg}\,\beta_e = 6$	$\eta_f =$	0,416	0,447	0,480	0,530	0,610	0,547	0,589	0,634	0,698	0,805
	$(1-h)\eta_f =$	0,416	0,335	0,240	0,1325	0,000	0,547	0,441	0,317	0,1745	0,000
	$h\eta_h =$	0,000	0,150	0,300	0,450	0,600	0,000	0,200	0,400	0,600	0,800
	$\eta_p =$	0,416	0,485	0,540	0,5825	0,600	0,547	0,641	0,717	0,7745	0,805
$\mathrm{tg}\,\beta_e = \infty$	$\eta_f =$	0,600	0,600	0,600	0,600	0,600	0,800	0,800	0,800	0,800	0,800
	$(1-h)\eta_f =$	0,600	0,450	0,300	0,150	0,000	0,800	0,600	0,400	0,200	0,000
	$h\eta_h =$	0,000	0,150	0,300	0,450	0,600	0,000	0,200	0,400	0,600	0,800
	$\eta_p =$	0,600	0,600	0,600	0,600	0,600	0,800	0,800	0,800	0,800	0,800

Deuxième cas — $q = 150$.

		$\eta_h = 0{,}60$					$\eta_h = 0{,}80$				
		$h=0$	$h=0{,}25$	$h=0{,}50$	$h=0{,}75$	$h=1{,}0$	$h=0$	$n=0{,}25$	$h=0{,}50$	$h=0{,}75$	$h=1{,}0$
$\mathrm{tg}\,\beta_e = 0$	$\eta_f =$	0,109	0,125	0,150	0,206	1,000	0,109	0,125	0,150	0,206	1,000
	$(1-h)\eta_f =$	0,109	0,093	0,075	0,051	0,000	0,109	0,093	0,075	0,051	0,000
	$h\eta_h =$	0,000	0,150	0,300	0,450	0,600	0,000	0,200	0,400	0,600	0,800
	$\eta_p =$	0,109	0,243	0,375	0,501	0,600	0,109	0,293	0,475	0,651	0,800
$\mathrm{tg}\,\beta_e = 2$	$\eta_f =$	0,154	0,175	0,208	0,272	0,680	0,190	0,216	0,256	0,336	0,840
	$(1-h)\eta_f =$	0,154	0,131	0,104	0,068	0,000	0,190	0,162	0,128	0,084	0,000
	$h\eta_h =$	0,000	0,150	0,300	0,450	0,600	0,000	0,200	0,400	0,600	0,800
	$\eta_p =$	0,154	0,281	0,404	0,518	0,600	0,190	0,362	0,528	0,684	0,800
$\mathrm{tg}\,\beta_e = 3$	$\eta_f =$	0,195	0,219	0,256	0,326	0,640	0,250	0,282	0,328	0,420	0,820
	$(1-h)\eta_f =$	0,195	0,164	0,128	0,082	0,000	0,250	0,2105	0,164	0,105	0,000
	$h\eta_h =$	0,000	0,150	0,300	0,450	0,600	0,000	0,200	0,400	0,600	0,800
	$\eta_p =$	0,195	0,314	0,428	0,532	0,600	0,250	0,4105	0,564	0,705	0,800
$\mathrm{tg}\,\beta_e = 4$	$\eta_f =$	0,234	0,263	0,302	0,376	0,625	0,306	0,342	0,394	0,488	0,814
	$(1-h)\eta_f =$	0,234	0,197	0,151	0,194	0,000	0,306	0,256	0,197	0,122	0,000
	$h\eta_h =$	0,000	0,150	0,300	0,450	0,600	0,000	0,200	0,400	0,600	0,800
	$\eta_p =$	0,234	0,347	0,451	0,544	0,600	0,306	0,456	0,597	0,722	0,800
$\mathrm{tg}\,\beta_e = 5$	$\eta_f =$	0,271	0,300	0,341	0,392	0,615	0,356	0,395	0,448	0,516	0,806
	$(1-h)\eta_f =$	0,271	0,225	0,1705	0,098	0,000	0,356	0,295	0,224	0,129	0,000
	$h\eta_h =$	0,000	0,150	0,300	0,450	0,600	0,000	0,200	0,400	0,600	0,800
	$\eta_p =$	0,271	0,375	0,4705	0,548	0,600	0,356	0,495	0,624	0,729	0,800

Deuxième cas — $q = 150$ (condinuation).

		$\eta_h = 0,60$					$\eta_h = 0,80$				
		$h=0$	$h=0,25$	$h=0,50$	$h=0,75$	$h=1,0$	$h=0$	$n=0,25$	$h=0,50$	$h=0,75$	$h=1,0$
$\operatorname{tg}\beta_e = 6$	$\eta_f =$	0,305	0,334	0,377	0,445	0,610	0,401	0,440	0,496	0,588	0,805
	$(1-h)\eta_f =$	0,305	0,250	0,1885	0,1115	0,000	0,401	0,330	0,248	0,147	0,000
	$h\eta_h =$	0,000	0,150	0,300	0,450	0,600	0,000	0,200	0,400	0,600	0,800
	$\eta_p =$	0,305	0,400	0,4885	0,5615	0,600	0,401	0,530	0,648	0,747	0,800
$\operatorname{tg}\beta_e = \infty$	$\eta_f =$	0,600	0,600	0,600	0,600	0,600	0,800	0,800	0,800	0,800	0,600
	$(1-h)\eta_f =$	0,600	0,450	0,300	0,150	0,000	0,800	0,600	0,400	0,200	0,000
	$h\eta_h =$	0,000	0,150	0,300	0,450	0,600	0,000	0,200	0,400	0,600	0,800
	$\eta_p =$	0,600	0,600	0,600	0,600	0,600	0,800	0,800	0,800	0,800	0,800

Les résultats de ces calculs sont représentés par les réseaux de courbes des fig. 6, 7, 8 et 9 qui indiquent immédiatement les valeurs de η_f, $(1-h)\eta_f$, $h\eta_h$ et η_p correspondant à toute valeur de h et de $\operatorname{tg}\beta_e$ pour les cas considérés.

Ainsi qu'il a été signalé plus haut, η_p passe par un maximum supérieur à η_h pour une certaine valeur h_1 de h inférieure à l'unité. Dans les cas étudiés ici, h_1 est si voisin de 1 et le maximum de η_p si voisin de η_h que ce maximum est pratiquement confondu avec le point ($h = 1$, $\eta_p = \eta_h$) et n'apparaît pas sur les courbes des fig. 6 à 9.

On peut, par suite, conclure que, pour des cas intermédiaires entre les cas extrêmes que nous venons de considérer:

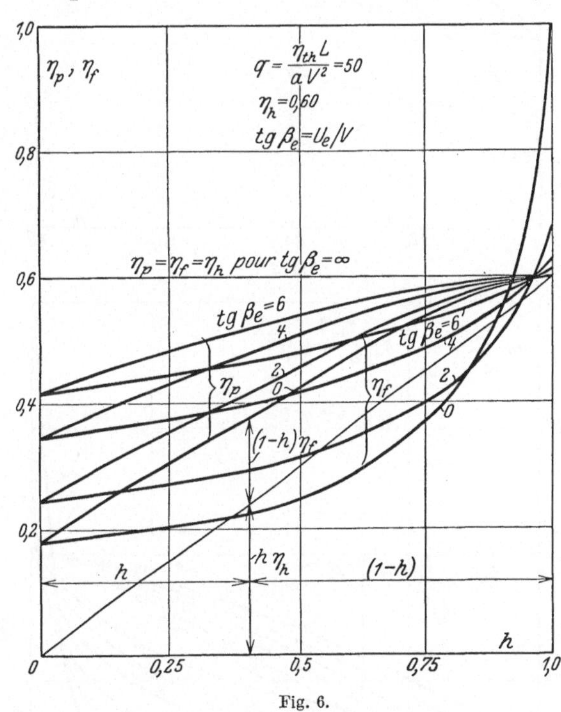

Fig. 6.

1º le rendement η_p augmente toujours avec h et avec $\operatorname{tg}\beta_e$;

2º cette croissance est assez rapide et ceci d'autant plus que h et $\operatorname{tg}\beta_e$ sont plus faibles;

3º le rendement η_p atteint son maximum, quel que soit $\operatorname{tg}\beta_e$, pour $h = 1$ (à une différence insignifiante près);

4º ce maximum est indépendant de $\operatorname{tg}\beta_e$ et égal au rendement propre η_h de l'hélice.

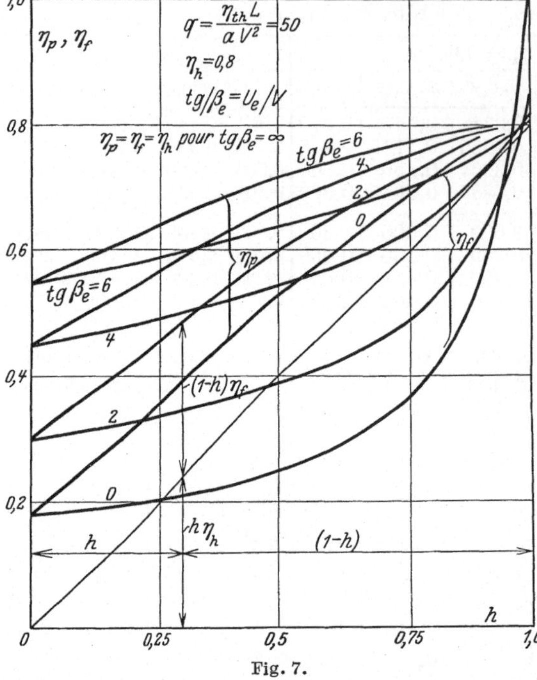

Fig. 7.

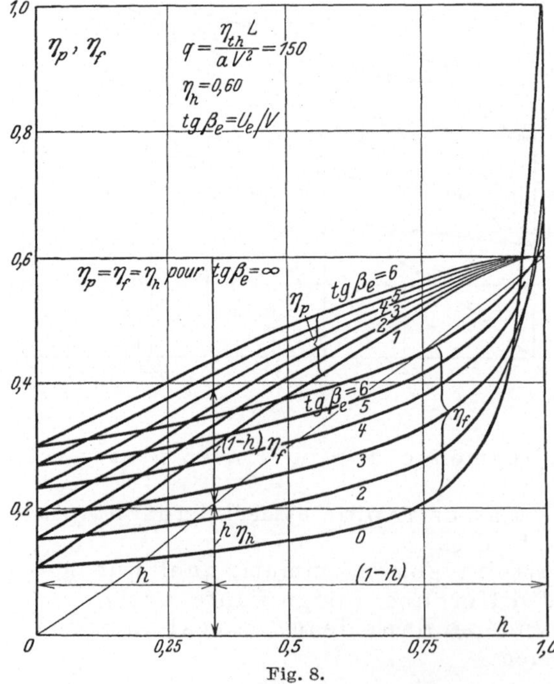

Fig. 8.

On peut donc affirmer que, à valeur fixée et invariable du paramètre q, le dispositif de la fusée rotative ne peut exercer, pratiquement, qu'une influence défavorable sur le rendement.

Au reste, on remarquera que tg $\beta_e = U_e/V$ ne peut atteindre des valeurs très considérables. Par exemple, si l'on fixe la limite de la vitesse périphérique U_e de la fusée tournante à 400 m/sec, tg β_e ne peut dépasser la valeur 3,4 pour $q = 50$ ($V = 117$ m/sec) ou la valeur 7,2 pour $q = 150$ ($V = 55,5$ m/sec).

Encore faut-il remarquer que la limite admissible pour U_e ne résulte pas seulement de la fatigue ou de la résistance du système tournant mais aussi de la considération du rendement aérodynamique η_h de l'hélice à laquelle les fusées sont, par hypothèse, associées.

18. Influence de l'hélice à réaction sur le rendement thermique du système. Il importe de souligner un point essentiel de la comparaison précédente, à savoir l'hypothèse que le paramètre q garde une valeur constante ou invariable.

Cela suppose, si a, V et L sont donnés,

que le rendement thermique η_{th} garde une valeur constante.

Cette hypothèse n'est pas nécessairement vérifiée si l'on applique une hélice à réaction à un moteur donné et l'on peut concevoir que le rendement thermique du système complet varie suivant que l'on utilise ou non l'échappement rotatif constitué par l'hélice à fusée, ou bien encore qu'une hélice à réaction sans moteur ait un rendement thermique différent de celui d'un moteur d'aviation normal.

Pour traiter cette question, il faudrait faire l'étude thermodynamique complète, compte tenu des pertes de toute nature, de chacune des machines que l'on voudrait comparer.

Cette étude déborderait le cadre de cette communication et l'on me permettra de me borner à en signaler ici l'intérêt.

Du moins, on peut affirmer qu'une hélice à réaction pure ($h = 0$) ne saurait dépasser, sinon même atteindre, les rendements thermiques déjà élevés actuellement réalisés par les meilleurs moteurs à combustion interne, soit 28 à 35% suivant que ces moteurs

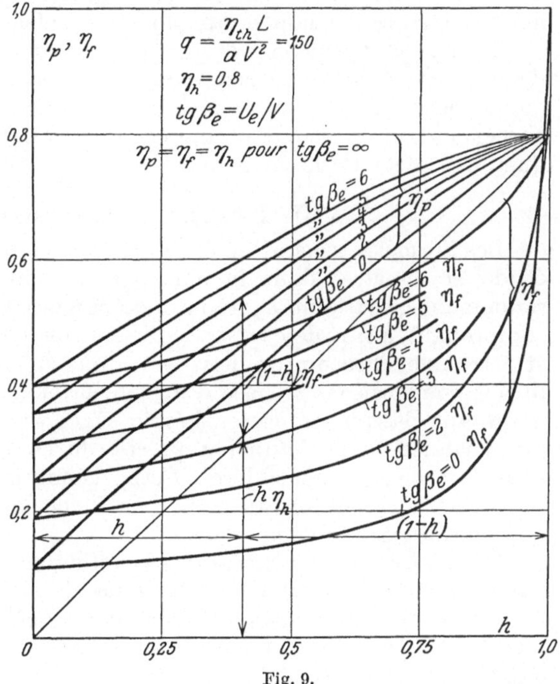

Fig. 9.

sont à explosion ou à injection, rendements qui seront certainement encore améliorés à l'avenir. Dans ces conditions, l'examen des fig. 6 à 9 suffit à convaincre que l'hélice à réaction pure reste nettement moins avantageuse que le système motopropulseur usuel à moteur et hélice normaux.

Cette conclusion reste vraie, quel que soit le degré d'utilisation h du moteur, si l'on suppose que l'évolution thermodynamique des corps actifs correspond à un type invariable.

Soit, par exemple, une évolution comprenant une compression adiabatique réversible (en première approximation), une combustion à pression constante et une détente adiabatique complète et réversible (en première approximation).

Que cette évolution se fasse en plus ou moins grande proportion dans un moteur proprement dit ou dans l'hélice à réaction, son rendement thermique ne dépend que du rapport de compression, l'influence de la dilution a du mélange étant elle-même à peu près négligeable dans une évolution théorique du type considéré. Dans ces conditions, l'hypothèse: $q =$ constante serait vérifiée pourvu que la dilution du mélange et le taux de compression soient les mêmes.

En fait, la réalisation d'une telle évolution se ferait avec un meilleur rendement, si l'on tient compte des situations respectives actuelles de la technique des turbo-machines à gaz et de celle des moteurs alternatifs, dans un moteur alternatif du type classique que dans une hélice à réaction, associée ou non à un moteur supplémentaire.

Tout au plus peut-on indiquer que l'hélice à réaction convenablement disposée et adaptée pourrait, peut-être, améliorer légèrement le rendement thermique d'un moteur à explosion du type actuellement utilisé en permettant de recupérer une partie de la perte dûe à la détente tronquée des moteurs de ce genre.

VI. Résumé et Conclusions.

Les formules générales, établies dans la deuxième partie de cette étude et discutées dans la suite, permettent l'évaluation précise du rendement global d'un système motopropulseur de type très général et comprenant, à titre de cas particuliers, la fusée propulsive directe, simple et à trompe, l'hélice propulsive entraînée par un moteur thermique, enfin les combinaisons variées d'un moteur et d'une hélice à réaction.

Avant d'esquisser cette théorie synthétique, j'ai tenu à souligner l'importance d'une définition précise du ou des rendements que l'on peut être amené à considérer. Cette définition ne peut-être, en ce qui concerne la propulsion au sein d'un fluide, que conventionnelle et non parfaitement rationnelle.

En passant, je rappellerai que la définition adoptée ici pour le rendement global met en évidence l'influence du système motopropulseur sur le système propulsé, sous la forme d'un coefficient ε qu'il y aurait le plus grand intérêt à déterminer et à étudier, au moins expérimentalement.

La comparaison des divers systèmes motopropulseurs étudiés peut se résumer, assez grossièrement, de la façon suivante:

Aux vitesses de propulsion inférieures à 500 km/h aujourd'hui réalisées en aviation, le système moteur-hélice est très supérieur à tout système de propulsion par réaction directe (à rendement thermique comparable).

Cela tient essentiellement au fait suivant: l'effet utile d'un propulseur est, en première approximation, proportionnel au produit de la vitesse de translation par la variation de la quantité de mouvement, absolue et longitudinale, du fluide intéressé par le propulseur: air extérieur, s'il s'agit d'une hélice; corps actifs consommés s'il s'agit d'une fusée. La part de l'énergie libérée (par l'évolution thermodynamique des corps actifs dans le système) qui est perdue dans la propulsion est, d'autre part, proportionnelle à la variation de l'énergie cinétique absolue de ce fluide.

Dans ces conditions, on aperçoit immédiatement que l'énergie perdue est, pour un effet utile donné, d'autant plus grande (c'est-à-dire le rendement d'autant plus petit) que la masse de fluide intéressé est plus petite et par conséquent sa variation (moyenne) de vitesse absolue plus grande.

La supériorité fondamentale de l'hélice résulte précisément de ce qu'elle communique à une grande masse d'air de faibles vitesses de recul, comparativement à tout système de propulsion par réaction directe.

Aux très grandes vitesses, c'est-à-dire au delà de 800 à 1000 km/h, la fusée peut devenir un système motopropulseur intéressant. On ne peut la concevoir pratiquement pour l'aviation que comme un moteur analogue aux moteurs connus (moteur alternatif ou turbo-machine), alimenté en combustible liquide et caractérisé par une détente incomplète dans le moteur, exactement suffisante pour fournir le travail absorbé par la compression préalable et les résistances passives, et par un échappement à grande vitesse obtenu par achèvement de la détente dans un système d'ajutages ou tuyères convenables.

A des vitesses encore plus grandes, la fusée pourrait avoir un rendement très élevé et supérieur à l'unité, fait paradoxal en apparence mais dont les raisons très simples ont été indiquées. En outre, à de telles vitesses, le rendement des hélices aériennes usuelles paraît susceptible de décroître considérablement et cette circonstance pourrait nécessiter, à elle seule, le recours à la fusée comme propulseur.

Enfin, s'il s'agit de combiner le moteur ordinaire avec une hélice munie de fusées formant un échappement rotatif, les formules établies dans cette étude permettent de discuter aisément tous les cas d'espèce.

Pour les cas considérés spécialement et qui encadrent le domaine d'utilisation actuelle ou prochaine des avions, cette étude conduit à considérer cette disposition comme toujours défavorable au rendement global du système, son rendement thermique étant supposé constant. Cette dernière hypothèse, qui paraît valable d'une façon générale, peut motiver quelques réserves dans certains cas, pour lesquels il faudrait reprendre la discussion en modifiant les données du problème. Le sens de la conclusion ne paraît, d'ailleurs, pas susceptible d'être modifié par ce souci de plus grande exactitude.

Avant de conclure, je ferai encore remarquer que les formules utilisées sont basées sur quelques hypothèses fondamentales, notamment l'uniformité de l'état physique et des vitesses dans les sections d'admission et d'échappement des corps actifs. Peut-être pourrait-on échapper à ces hypothèses, comme nous l'avons montré ailleurs pour l'hélice propulsive, d'une façon très avantageuse au point de vue du rendement global.

Quoi qu'il en soit de ces échappatoires éventuelles, il me paraît ressortir, en définitive, de cette étude l'affirmation que la solution utilisée dès l'origine de l'aviation pour la propulsion des avions, c'est-à-dire la combinaison d'une hélice et d'un moteur thermique, constitue la meilleure solution possible. Elle ne perdra cette qualité qu'à de très grandes vitesses non encore atteintes ou utilisables d'une façon courante.

Les techniciens qui appliquent leurs efforts à l'étude du progrès des moteurs thermiques et de l'amélioration des hélices propulsives accomplissent, par suite, l'une des tâches les plus utiles au progrès réel de la technique aéronautique, sans qu'aucune menace de concurrence ne puisse encore apparaître à l'horizon de leur domaine.

Verdichtungsstöße in ebenen Gasströmungen.

Von A. Busemann, Göttingen.

Die folgenden Ausführungen über die Verdichtungsstöße in Gasströmungen stellen zunächst eine einfachere Darstellung der Ergebnisse der Arbeit von Th. Meyer in dem Forschungsheft 62 des VDI dar, an die sich einige Erweiterungen für die Anwendung anschließen.

Bei der Behandlung von Verdichtungsstößen hat man zugleich den Energiesatz, den Kontinuitätssatz, den Impulssatz, die Zustandsgleichung des gegebenen Gases, sowie die Bedingung des zweiten Wärmehauptsatzes zu beachten, daß in einem abgeschlossenen System keine Entropieverminderung möglich ist. Es ergibt sich daraus, daß in solchen Fällen, in denen die stoßweise Zustandsveränderung nach dem zweiten Wärmehauptsatz möglich ist, stets eine Verdichtung des Gases stattfindet, die durch die übrigen Bedingungen eindeutig festgelegt ist.

Zunächst soll gezeigt werden, daß man die hierbei auftretenden Verhältnisse leicht überblicken kann, wenn man vorher die thermodynamischen Beziehungen und die rein dynamischen so umformt, daß man in ein und demselben Diagramm zugleich reine Thermodynamik als auch reine Dynamik treiben kann. Da der statische Druck p selbst schon sowohl eine Zustandsgröße als auch eine dynamische Größe darstellt, sei die eine Achse des Diagramms eine p-Achse. Aus dem Energiesatz für stationäre Strömung aus einem Kessel erhält man bei Vernachlässigung der Wärmeleitung die bekannte Beziehung, daß die kinetische Energie der Masseneinheit $\frac{1}{2}w^2$ (wobei w die Geschwindigkeit darstellt) gleich der Differenz des Kesselwärmeinhaltes i_0 und des momentanen Wärmeinhaltes i ist. Wählt man daher als andere Achse eine w-Achse, so entsprechen die Linien $w = $ konst. bestimmten

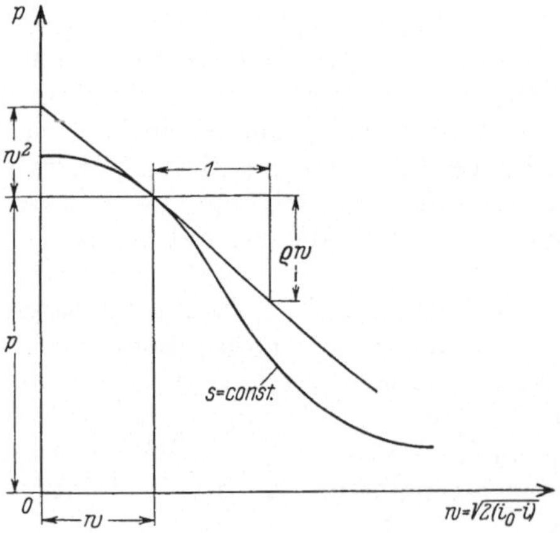

Abb. 1. Beziehungen im p, w-Diagramm.

Wärmeinhalten i und man kann das Diagramm als ein verzerrtes p, i-Diagramm ebenso verwenden wie jedes andere Zustandsdiagramm, in dem zwei Zustandsgrößen als Achsen benutzt werden. Folgende allgemein gültigen Beziehungen in diesem Diagramm lassen sich bei verlustloser, also adiabatischer Strömung leicht beweisen (Abb. 1). Der negative Differentialquotient $- dp/dw$ bei konstanter Entropie stellt die Stromstärke $\varrho \cdot w$ (ϱ die Gasdichte) dar, wie sich aus der Bernoullischen Gleichung: $- dp/\varrho = \frac{1}{2} dw^2$ ergibt. Die Neigung der Linie konstanter Entropie stellt demnach für jeden Punkt die Stromstärke,

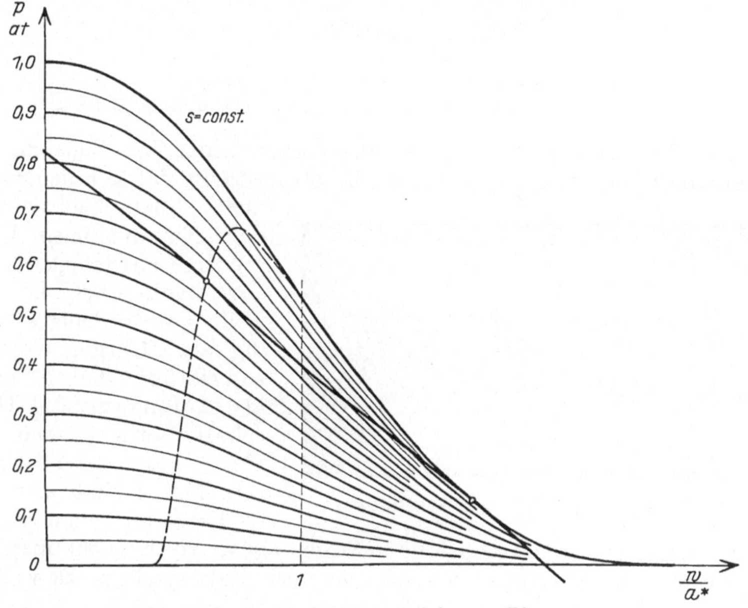

Abb. 2. Gerader Verdichtungsstoß im p, w-Diagramm.

d. h. den reziproken Wert der für den Durchfluß der Masseneinheit notwendigen Fläche dar. Aus dieser Beziehung ergibt sich sofort, daß die Tangente an die Entropielinie auf der p-Achse den Impuls: $p + \varrho w^2$ abschneidet.

Aus diesen einfachen Beziehungen im p, w-Diagramm läßt sich die Behauptung beweisen, daß gerade Verdichtungsstöße oder Verdichtungsstöße in eindimensionaler Strömung nur zwischen solchen Punkten möglich sind, die eine gemeinsame Tangente an ihren Entropielinien besitzen. Derartige Zustände erfüllen die Zustandsgleichung des betreffenden Gases, weil sie auf seinem p, i-Diagramm liegen, sie erfüllen den Energiesatz, weil der Energiesatz bei der Aufstellung der w-Achse benutzt ist, sie erfüllen die Kontinuität, weil ihre Entropielinien die gleiche Richtung haben, und sie haben gleichen Impuls, weil sie gleichen Abschnitt der Tangente auf der p-Achse haben (Abb. 2).

Der zweite Wärmehauptsatz verlangt nur noch, daß der Zustand
größerer Entropie der spätere ist. Da bei Überschallgeschwindigkeit

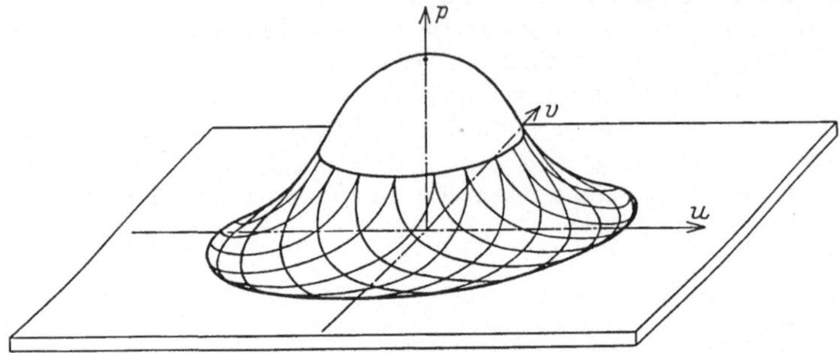

Abb. 3. p, u, v-Diagramm bei ebenen Strömungen mit konstanter Entropie.

der für die Masseneinheit notwendige Querschnitt bei Zunahme der
Geschwindigkeit steigt, und daher die Stromstärke fällt, bedeutet der
nach oben konkave Teil
der Entropielinien Über-
schallgeschwindigkeit und
der nach oben konvexe
Teil Unterschallgeschwin-
digkeit. Gerade Verdich-
tungsstöße haben daher
als Anfangszustand Über-
schallgeschwindigkeit und
als Endzustand Unter-
schallgeschwindigkeit.

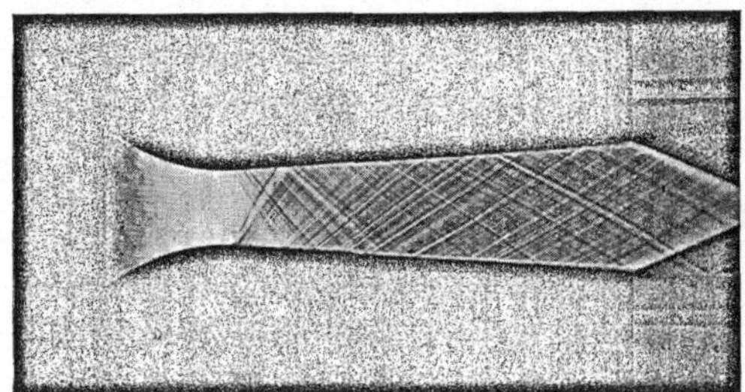

Abb. 4. Schlierenbild stationärer Schallwellen.

Erweitert man die Be-
trachtungen auf zweidimensionale Strömungen, so braucht man nur
statt der w-Achse eine u, v- oder Geschwindigkeitsebene zu wählen,

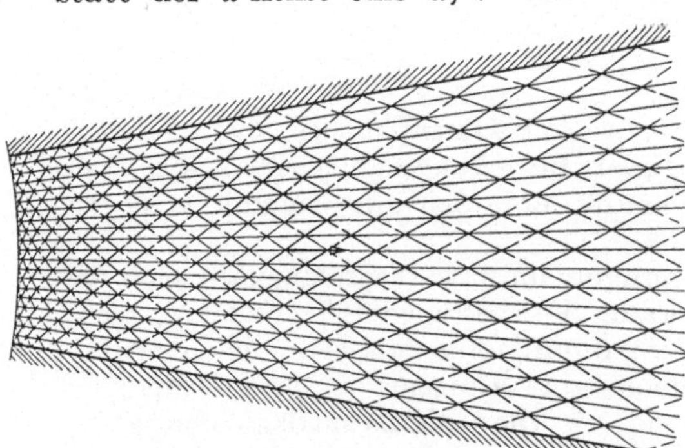

Abb. 5. Zeichnerische Darstellung der Strömung
von Abb. 4.

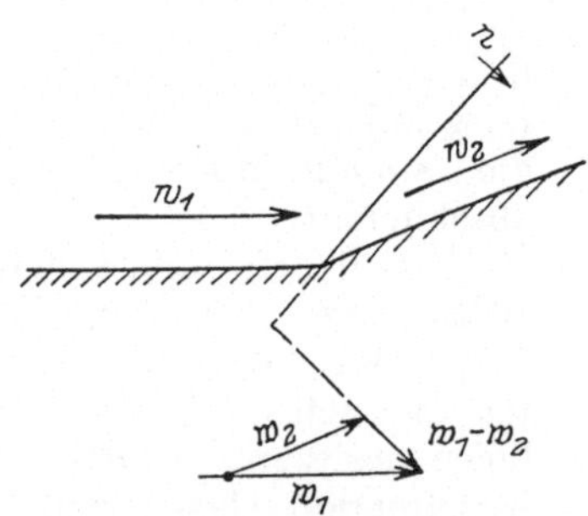

Abb. 6. Verdichtungsstoß bei Ablenkung um einen endlichen Winkel.

über der man die Drücke p aufträgt, wobei man die Flächen gleicher
Entropie als Rotationsflächen der Entropielinien des p, w-Diagramms

erhält (Abb. 3). Bei verlustlosen (adiabatischen) Strömungen liegen alle Zustände auf einer einzigen Fläche konstanter Entropie. Wie ich

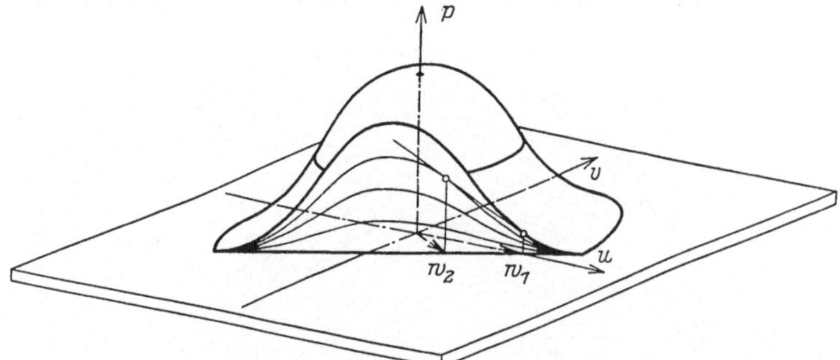

Abb. 7. p, u, v-Diagramm mit Entropievermehrung.

im vorigen Jahre bei der Hamburger Physikertagung ausführte, was jetzt in der Stodola-Festschrift[1] veröffentlicht ist, ist die Gasströmung in solchen Querschnitten merkwürdig empfindlich, in denen eine relativ größte Stromstärke fließt. In der eindimensionalen Strömung fließt die absolut größte Stromstärke durch Querschnitte, in denen die Strömungsgeschwindigkeit gleich der Schallgeschwindigkeit ist. Im p, w-Diagramm werden sie durch den Wendepunkt der Entropielinie, als Punkt größter Neigung der Entropielinie, dargestellt. Bei zweidimensionaler Strömung liegen alle derartigen Querschnitte normal zu den Richtungen der Haupttangentenkurven auf dem sattelförmig gekrümmten Bereich der Entropiefläche. Die empfindlichen Querschnitte,

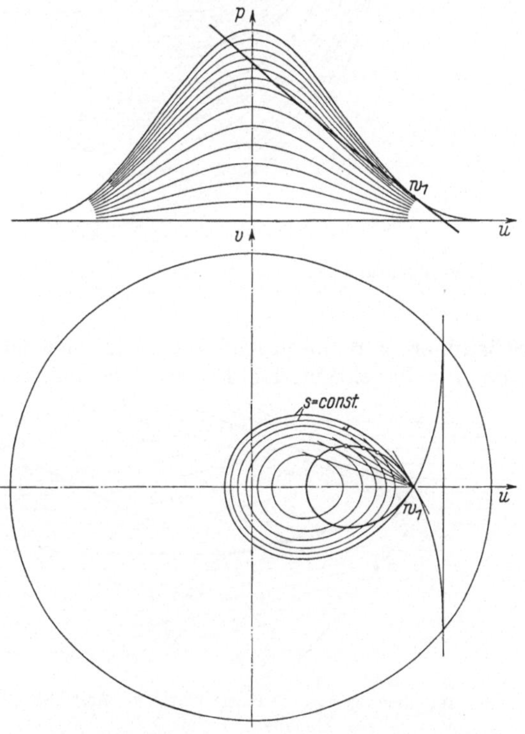

Abb. 8. Stoßpolare in der Tangentialebene an den „p-Berg".

<hr>

[1] Prandtl, L. und A. Busemann: „Näherungsverfahren zur zeichnerischen Ermittlung von ebenen Strömungen mit Überschallgeschwindigkeit" in Honnegger, Stodola-Festschrift, Zürich 1929, S. 499.

durch die eine relativ größte Stromstärke fließt, zeichnen sich in
einer · ebenen Überschallströmung als stationäre Schallwellen ab,
wenn man an den begrenzenden Wänden der Strömung kleine

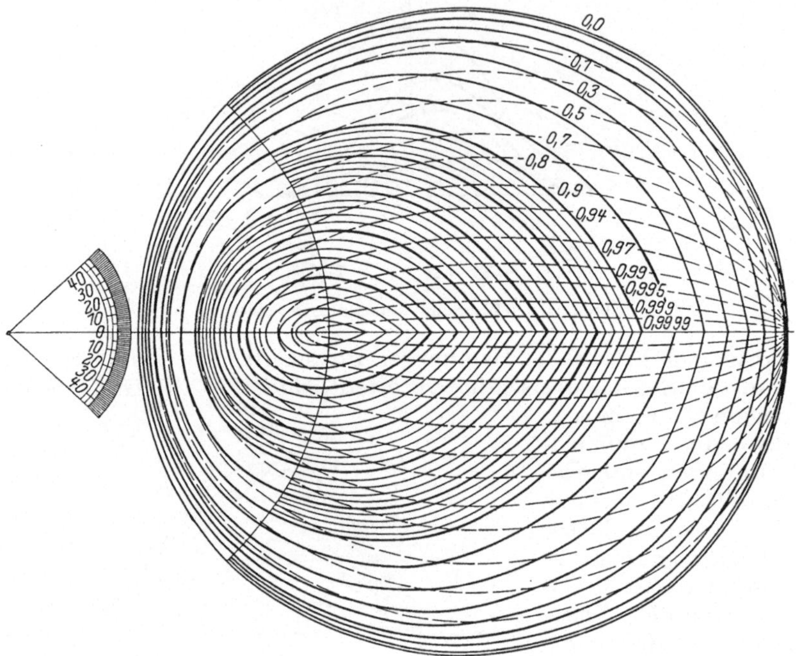

Abb. 9. Stoßpolarendiagramm von Luft ($k = 1{,}405$). Stoßpolaren ausgezogen; p_0'/p_0-Kurven gestrichelt.

Störungen (z. B. durch Aufrauhen mit Feilenstrichen) anbringt (Abb. 4).
Aus der Projektion der Haupttangentenkurven auf die Geschwindig-
keitsebenen erhält man ein Maschennetz, mit dessen Hilfe man die Überschallströmung in vorgegebenen Kanälen verfolgen kann (Abb. 5).

Wird in einer Überschallströmung, z. B. durch die begrenzende Wand, die Ablenkung der Stromlinien um einen endlichen Winkel

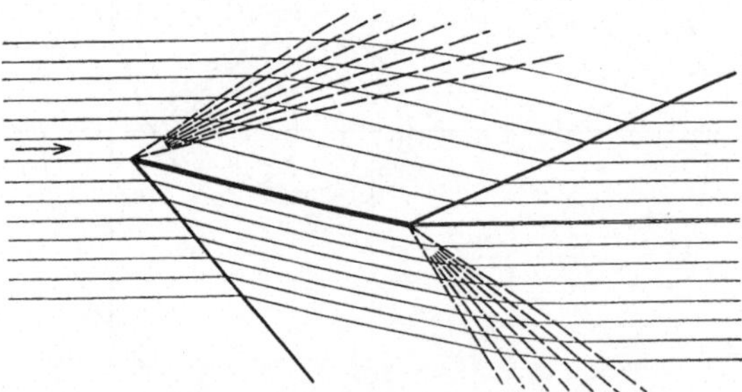

Abb. 10. Strömung um eine ebene Platte mit Anstellwinkel.

auf die Strömung zu erzwungen, so braucht an dieser Stelle kein Staupunkt aufzutreten wie bei der Unterschallströmung. Die Überschallströmung kann vielmehr, wenn der Ablenkungswinkel einen gewissen
Betrag nicht überschreitet, die Ablenkung durch einen schiefen Ver-

dichtungsstoß vollziehen (Abb. 6). Hierbei tritt jedoch eine Entropievermehrung auf, ohne die sich Impuls-, Energie- und Kontinuitätssatz nicht erfüllen lassen. Die Endzustände nach einem Verdichtungsstoß liegen daher nicht mehr auf der Fläche konstanter Entropie, sondern, wegen der Entropievermehrung, im Innern des Druckberges konstanter Ausgangsentropie. Nimmt man die Richtung des Verdichtungsstoßes oder, normal zu dieser, die Richtung der Geschwindigkeitsänderung als gegeben an, so erhält man über der betreffenden Geraden im Geschwindigkeitsbild ein p, w-Diagramm, in dem man den Endzustand genau wie in Abb. 2 als geraden Verdichtungsstoß auffinden kann (Abb. 7).

Bei gegebener Geschwindigkeit w_1 liegen alle Endzustände nach Verdichtungsstößen auf der Tangentialebene an den Druckberg im Punkte p_1, $\mathfrak{w}_1$ (Abb. 8).
In der Tangentialebene findet man die Endzustände wieder als Punkte relativ größter Entropie auf allen Strahlen durch p_1, $\mathfrak{w}_1$. In der Projektion auf die Geschwindigkeitsebene soll die Verbindungslinie aller von $\mathfrak{w}_1$ aus möglichen Endzustände $\mathfrak{w}_2$ als Stoßpolare bezeichnet werden. Aus den Stoßpolaren ersieht man sowohl die möglichen Ablenkungen als auch zu jeder Ablenkung die Lage der Stoßfläche senkrecht zur Geschwindigkeitsdifferenz $\mathfrak{w}_1 - \mathfrak{w}_2$. In Abb. 9 ist ein Stoßpolarendiagramm für Luft mit $k = 1{,}405$ angegeben. In ihm sind von verschiedenen Ausgangspunkten auf der u-Achse die Stoßpolaren gezeichnet. Zugleich sind die Kurven konstanter Entropie des Endzustandes angegeben und mit dem Druckverhältnis p_0'/p_0 bezeichnet. Durch Multiplikation mit p_0'/p_0 erhält man bei vollkommenen Gasen aus den Höhen der Ausgangsdiabatenfläche die Höhe der übrigen Flächen konstanter Entropie.

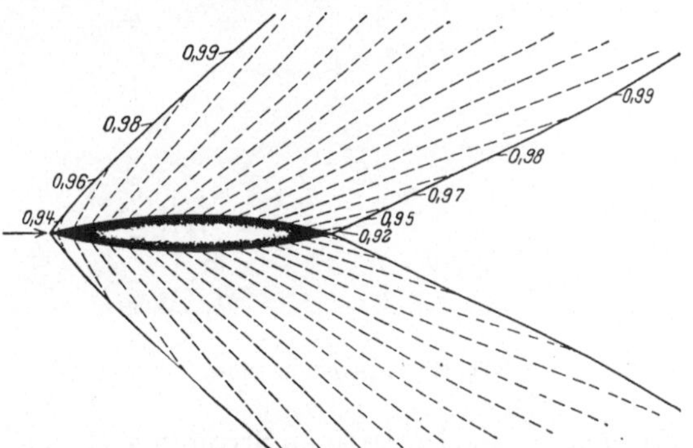

Abb. 11. Strömung um ein bikonvexes Profil.

Mit Hilfe dieses Diagramms ist es möglich, ebene Strömungen auch in solchen Fällen zu verfolgen, bei denen Verdichtungsstöße auftreten. Als Beispiel ist in Abb. 10 eine ebene Platte mit Anstellwinkel angegeben und in Abb. 11 eine symmetrische Strömung um ein bikonvexes Profil. In Abb. 12 ist ein Schlierenbild einer wirklichen Strömung um ein solches Profil angegeben. Dieses Beispiel zeigt, daß auch Überschallströmungen, in denen Verdichtungsstöße auftreten, in guter Übereinstimmung mit der Wirklichkeit zeichnerisch behandelt werden können. Kleine Ablenkungen darf man dabei mit den Methoden der adiabatischen Strömung behandeln.

Bei starken Verdichtungsstößen tritt eine gewisse Schwierigkeit dann auf, wenn nebeneinander herlaufende Stromfäden Verdichtungsstöße verschiedener Stärke durchlaufen. Derartige Strömungen sind nicht mehr wirbelfrei, und man kann sie nur dann angenähert mit den Methoden der Potentialströmung behandeln, wenn man die Wirbelstärke in gewisse Stromlinien konzentriert. Man hat dann jeden Strei-

Abb. 12. Schlierenbild einer Strömung um ein bikonvexes Profil.

fen zwischen zwei derartigen Stromlinien für sich als Potentialströmung zu behandeln und die begrenzenden Stromlinien so zu zeichnen, daß gleicher Druck und gleiche Geschwindigkeitsrichtung in beiden benachbarten Streifen auftreten. Bei den gezeichneten Beispielen (Abb. 10 und 11) ist die Abweichung von der Potentialströmung als verschwindend gering angesehen worden.

Diskussionsbemerkung zum Vortrag Busemann.

Herr Burgers, Delft, fragte, ob man aus den Verdichtungsstößen auf den Wellenwiderstand von Körpern bei Überschallgeschwindigkeit schließen kann.

Busemann: Um die Größe des Wellenwiderstandes zu berechnen, ist es für flache Profile zulässig, mit adiabatischen Verdichtungsstößen zu arbeiten, wie z. B. Riemann[1] sie angibt. Man erhält dann auf Flächen, die die Strömung abdrängen, stets einen Überdruck, und auf Flächen, die der Strömung Platz freigeben, Unterdruck. Hieraus ergibt sich ohne weiteres der Wellenwiderstand[2]. Aus den Verdichtungsstößen kann man dagegen auch bei flachen Profilen die Frage beantworten, wo die Widerstandsarbeit im Gase bleibt. Wie Abb. 11 zeigt, erhält man Verdichtungsstöße, deren Stärke zugleich mit der Auslöschung

---

[1] Riemann-Weber: Partielle Differentialgleichung. 5. Aufl. S. 481. Braunschweig 1912.

[2] Ackeret: Z. f. Flugtechnik u. Motorluftschiffahrt 1925 S. 72.

des Wellenfeldes bei zunehmender Entfernung vom Profil abklingt. Durch Integration über alle Stromfäden läßt sich nachweisen, daß die Erwärmung des Gases beim Durchlaufen der Verdichtungsstöße gerade die Widerstandsarbeit darstellt. Ebenso ergibt sich der Widerstandsimpuls als Impuls der durch die Verdichtungsstöße hervorgerufenen Nachlaufströmung.

Modus Operandi of the Air-Jet Pulsator.

By Jul. Hartmann, Kopenhagen.

1. Introduction.

The so-called air-jet-generator for acoustic waves has been several times described[1-5]. We may therefore in this introduction confine ourselves to a brief statement of the fundamental principle. The generator depends on an air-jet with super sound-velocity. Such a jet is produced if air streams from a container, in which the excess-pressure exceeds 0.9 atm, into the free atmosphere. It is known from investigations carried out by E. Mach and P. Salcher[6], R. Emden[7] and others, that the jet exhibits a peculiar structure of which a picture may be obtained by means of the method of striæ (Fig. 1). As is generally known the explanation of the picture has been given by L. Prandtl[8]. To the periodic aspect of the structure corresponds a periodic variation of the static pressure and of the velocity in the jet, as proved for instance by Stodola[9]. The static pressure has minima in the centres of the jet-sections and maxima in the borderlines between the said sections while for the velocity the opposite distribution prevails. If the sound of a simple Pitot-apparatus, (Fig. 2), is moved along the axis of the jet, the aperture being directed against the flow, the reading of the apparatus will also vary in a periodic way. Fig. 3 shows a Pitot-curve found with a jet-orifice of 0.535 mm and an excess-pressure of 141 cm Hg. The maxima are nearly in the centres of the jet-sections. The Pitot-curve plays a fundamental part in the acoustic generator to be considered in the present paper. It was found that if the mouth of a container or bottle, say of the shape indicated in Fig. 4a, was introduced into one or other of the parts of the air-jet in which the Pitot-pressure

---

[1] Om en ny Metode til Frembringelse af Lydsvingninger. Det kgl. danske Vidensk. Selsk. math.-fys. Medd. I, 13, 1919.

[2] On a new Method for the Generation of Sound-Waves. Phys. Rev. vol. XX, 719, 1922.

[3] New Investigation on the Air-Jet Generator for acoustic Waves. Det kgl. danske Vidensk. Selsk. math.-fys. Medd. VII, 6, 1926.

[4] A new acoustic Generator. J. of Scientific Instruments. Vol. IV, Nr. 4, p. 101, 1927.

[5] Modus Operandi of the Air-Jet Pulsator. Det kgl. danske Vidensk. Selsk. math.-fys. Medd. X, 4, 1930 (complete account).

[6] Mach, E. u. P. Salcher: Wied. Ann. 41, p. 144, 1890.

[7] Emden, R.: Wied. Ann. 69, p. 426, 1899.

[8] Prandtl, L.: Phys. Z. 5, p. 599, 1904 and 8, p. 23, 1907.

[9] Stodola, A.: Die Dampfturbinen. Berlin 1910.

                          Jul. Hartmann:

increases with the distance from the jet-orifice, i. e. into one of the intervals $a_1 b_1$, $a_2 b_2$, $a_3 b_3$, $a_4 b_4$ (Fig. 3), the intervals of instability, then the bottle behaved in the following way. It filled with air, then discharged it, then again took in air etc. The period of the process is the longer the larger the volume of the bottle and the smaller the width of its mouth. With suitable dimensions periods from many seconds or

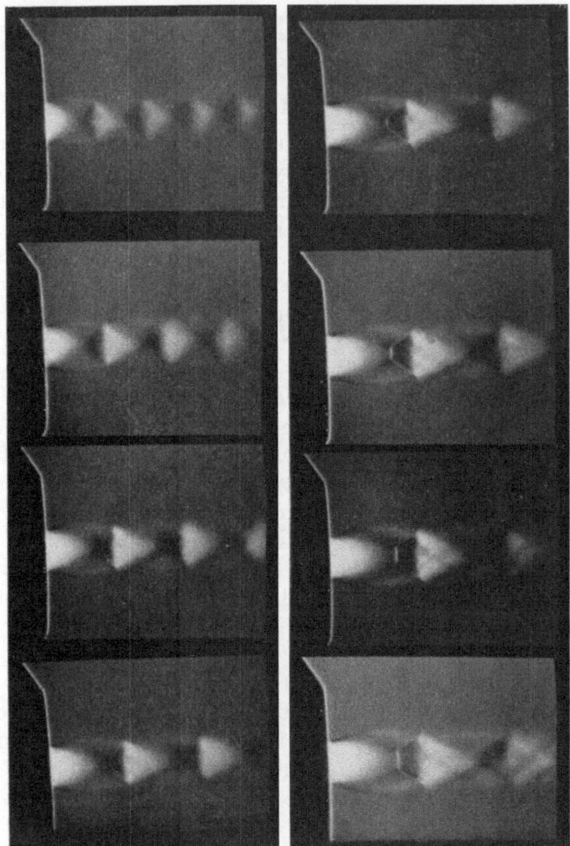

Fig. 1. Structure of Air-Jet.

minutes down to $^1/_{1000}$ of a second or below may be produced. The bottle in Fig. 4a is called a pulsator. If it is replaced by a cylindrical oscillator, consisting, as indicated in Fig. 4b, of a cylindrical bore with a sharpened edge in the end of a piece of brass, and if the mouth of the oscillator is brought into an interval of instability, vigorous vibrations are set up with a period roughly equal to the natural period of the oscillator. As the depth of the oscillator must be approximately equal to its diameter, and as the latter must be of nearly the same size as that of the jet, the acoustic generator here indicated is especially suited for the production of high frequencies. With jets from 2 mm down to 0.5 mm and an excess-pressure of 3—5 atm, frequencies from 10000 up to 100000 per sec or above may be produced. If hydrogen is used for the production of the jet, frequencies up to 300000 per sec or above may be created. With the high density of kinetic energy in the jet the acoustic waves emitted from the oscillator may obtain a very high intensity. A proof hereof is to be found in the fact that the waves may be photographed by the method of striæ just like the waves emitted from electric sparks. In Fig. 5 a—b two instances are given.

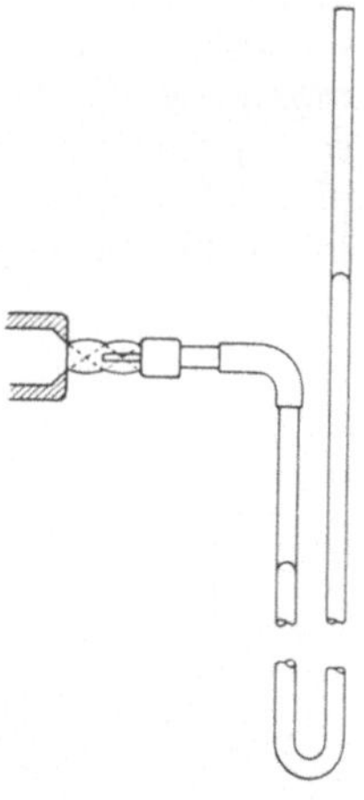

2. Anticipations with Regard to the Explanation of the Pulsation-Process.

The purpose of the investigation described in the present paper was to elucidate the modus operandi of the pulsator and oscillator. We have, however, so far confined ourselves to the pulsator. When the latter and not the oscillator was chosen as the first object of investigation, it was because the pulsation-process could easily be made of such a duration as to permit observations of details, while the rapid varia-

Fig. 2. Pitot-Apparatus.

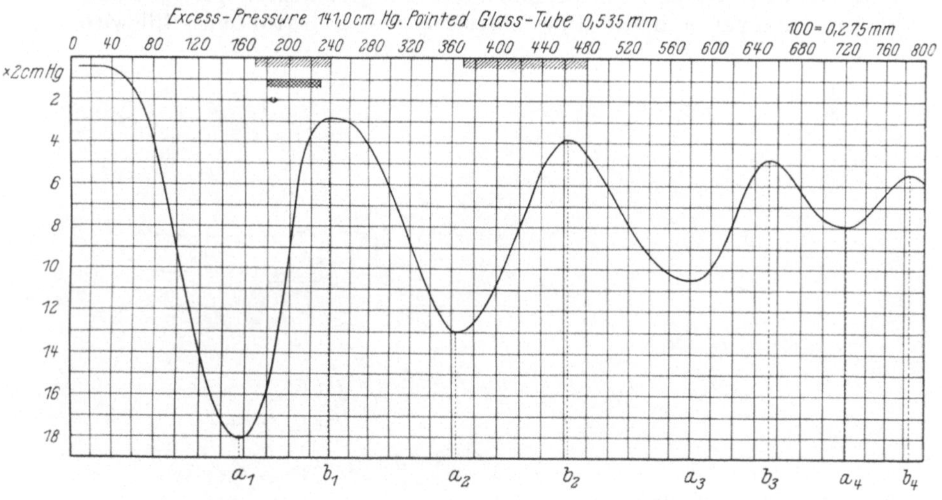

Fig. 3. Pitot-Curve.

tions with the oscillator would generally make such observations diffi-cult. So it should be noted at the outset that the relations stated below in the first instance only apply to the slow variations of the pulsator. It is thought likely that they will also approximately picture the process with the oscillator, at any rate in the case of moderate frequencies. With very high frequencies they may probably fail.

Now, before the present work was taken up, a rather definite notion of the process of pulsation had been formed. It may be illustrated by means of Fig. 6. Here N_1 indicates the jet-orifice and N_2 the mouth-piece of the pulsator. From N_1 an air-jet J is discharged, the Pitot-curve

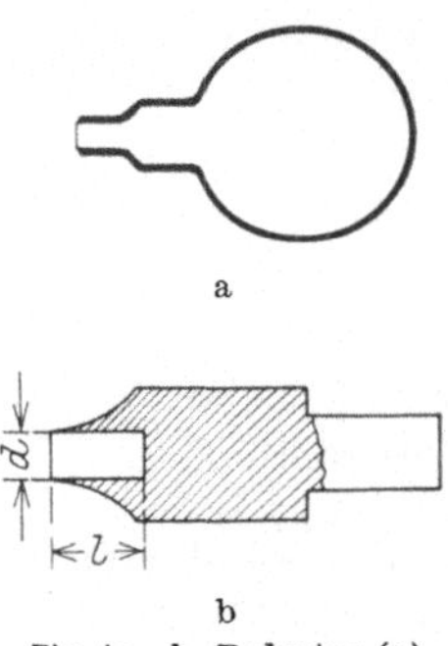

a

b

Fig. 4a—b. Pulsator (a). Oscillator (b).

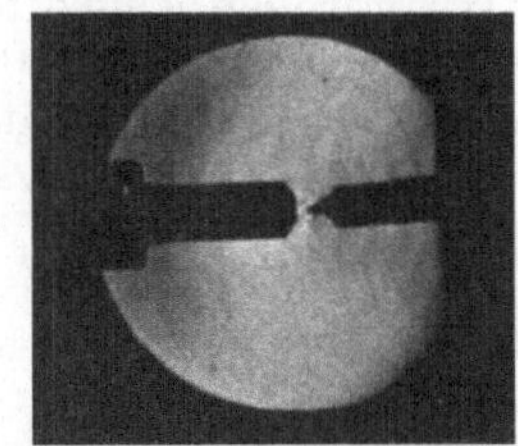

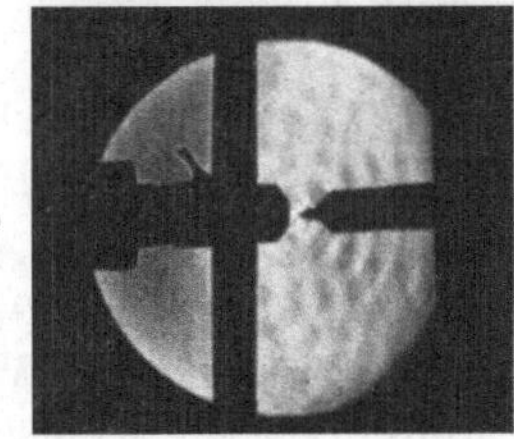

Fig. 5a—b. Waves emitted from acoustic Generator.

of which is P_1. In the figure the mouth of the pulsator is placed within the first interval of instability. Obviously the pulsator must fill with

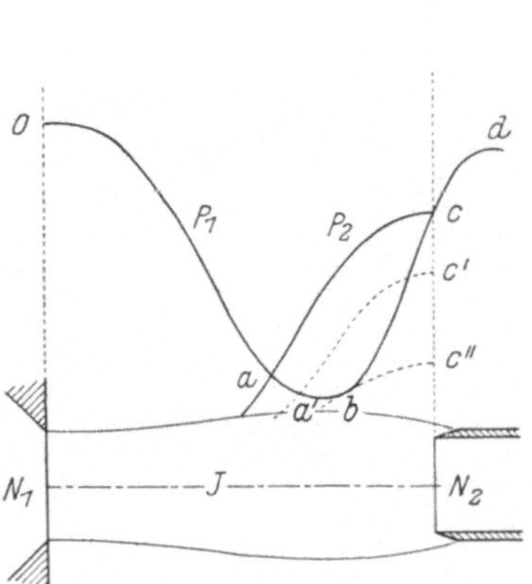

Fig. 6. Explanation of the Process of Pulsation.

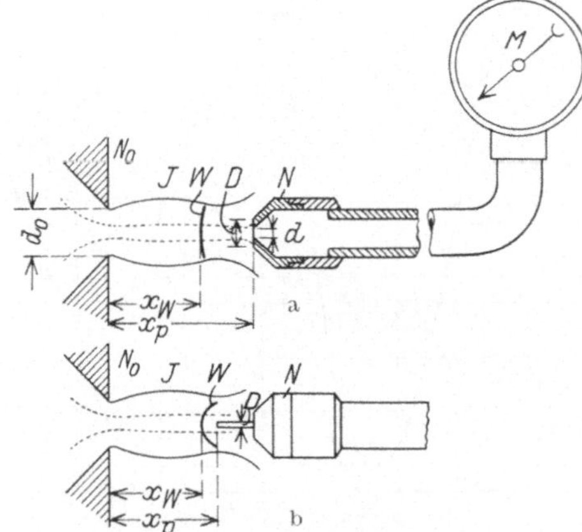

Fig. 7a—b. Pitot-Apparatus.

air, and it seems reasonable to assume that it will charge to a pressure equal to the Pitot-pressure, i. e. the pressure indicated by the point c of the Pitot-curve P_1. Now it is easy to see that the state of the pulsator, when charged to the said pressure, cannot be a stable one. For any disturbance causing air to escape from the pulsator will undoubtedly set up a jet which at the outset will generally have a velocity higher than that of sound, i. e. a Pitot-curve P_2 of the same type as that of the main jet. As the curve P_2 will be above the curve P_1 out to the point a, the main jet will not be able to check the jet bursting forth from the pulsator within this distance from N_2. So it may be anticipated that

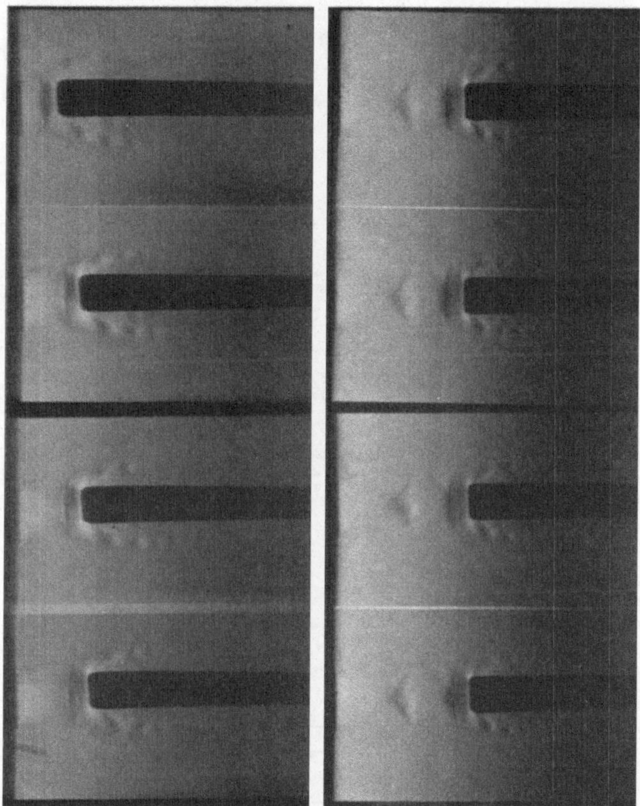

Fig. 8. Pictures used in the Production of a normal Pitot-Curve.

the pulsator-jet will penetrate to a. As now the pulsator gradually empties, the Pitot-curve falls, as indicated in the figure, while at the same time the front of the pulsator-jet retreats. It was thought likely that the discharge would continue down to the pressure at which the Pitot-curve of the pulsator just touches the curve of the main jet. Then, at any rate, the state is again instable as the curve-branch $b\,c$ is at any point higher than b, c''. So undoubtedly the main jet will burst forth to N_2 and recharge the pulsator.

It was the main object of the investigation to put the anticipations indicated above to the test and, if possible, to reveal the mechanism of the various parts of the pulsation-process.

3. The normal Pitot-Curve.

The work was started with an investigation of the Pitot-curve with a view to throwing light on the nature of this curve and on the

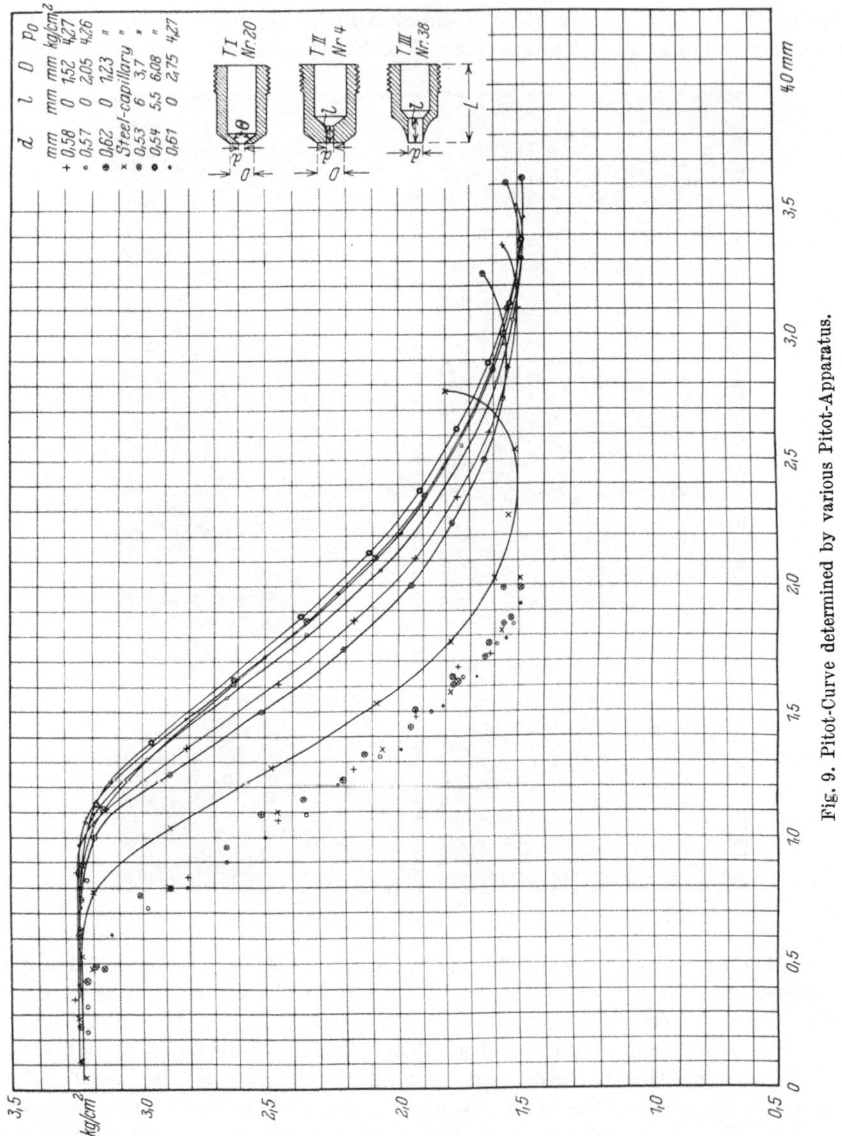

Fig. 9. Pitot-Curve determined by various Pitot-Apparatus.

conditions for its experimental determination. In Fig. 7a—b two Pitot-apparatus are shown, one with a bore in a plane wall, the other with a thin sound. If the nozzles are by steps moved out along the axis of the same jet and the readings on the manometers are plotted against the positions of the apertures of the two apparatus, two curves are obtained displaced relatively to each other in the direction of the axis. The apparatus with the sound will give a curve situated closer to the jet-orifice than the apparatus with the hole in a plane wall. The explanation hereof is the following. With a jet of super sound-velocity a compression-wave (,,Verdichtungs-stoß"), known from Riemann's classic investigations, is formed in front of the nozzle of the Pitot-apparatus[1]. Now, what is measured by the manometer of the latter apparatus is the pressure in the central stream-line tube of the jet when the latter is stopped through the compression-wave. But the said pressure, the stoppage-pressure, depends solely on the position of the compression-wave. I. e. to each point of the jet corresponds a definite stoppage-pressure which may be measured by any Pitot-apparatus if the latter is only adjusted so that the compression-wave comes in the point in question. With a bore in a plane wall the nozzle of the Pitot-apparatus will be removed farther from the compression-wave than with a thin sound. So, as will be seen, this accounts for the relative displacement

[1] Riemann-Weber: Die partiellen Differentialgleichungen. 5. Aufl. Bd. 2, S. 481, Braunschweig 1912.

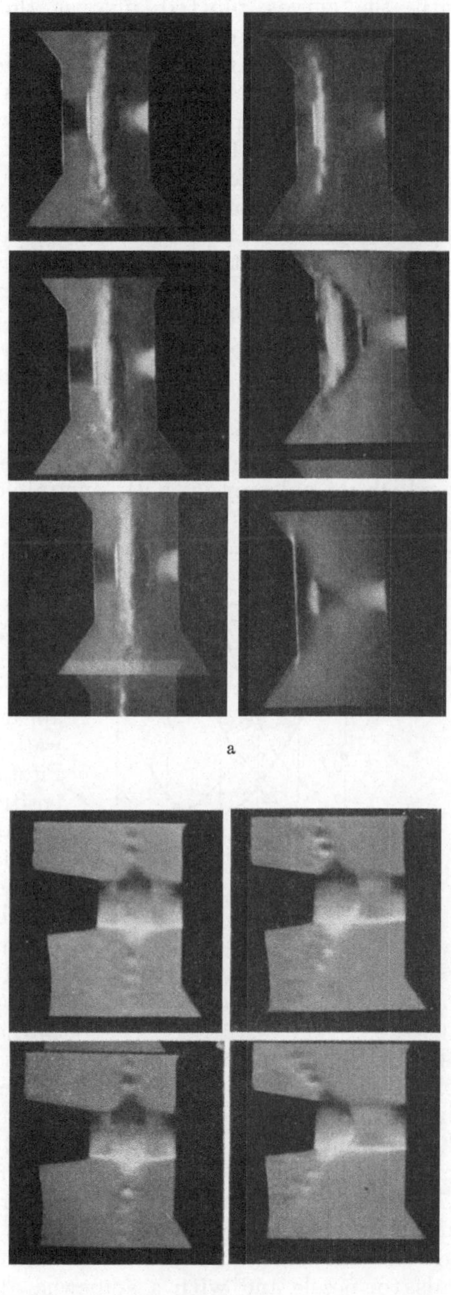

Fig. 10a—b. The Process of Discharge elucidated by the Method of Striæ.

with the curves plotted against the positions of the apertures, and at the same time we realise that the way to obtain a definite curve is always to plot the manometer-readings against the positions of the compression-wave in front of the nozzle of the Pitot-apparatus. This implies that pictures of the jet must be taken along with the readings. The method to be used is of course that of striæ. In Fig. 8a samples are given of the photographs used in the production of a Pitot-curve. In order to show how exactly Pitot-apparatus of various types will give the same Pitot-curve when the observations are referred to the position of the compression-wave, Fig. 9 is reproduced. The drawn curves are plotted against the positions of the nozzles. If the readings are plotted against the positions of the compression-wave, they all, as seen to the left, cluster round one definite curve, the normal Pitot-curve, as it may appropriately be called.

4. The Process of Discharge.

Now in order first to test our anticipations with regard to the point to which the pulsator-jet will penetrate during the process of discharge, normal Pitot-curves were determined for the nozzle of the main jet at the pressure to be used in the test, and furthermore for the pulsator-nozzle at a series of pressures within the limits of the pulsator-pressure during the discharge. The Pitot-curves were taken by means of a Pitot-apparatus with a bore in a plane wall. So, in addition to the normal Pitot-curve, a curve showing the position of this wall could be traced. Then, after this preparation, a series of photographs were taken during the process of discharge, and together with each photograph the pressure in the pulsator was read. Fig. 10a is to illustrate what is seen. At the first moment of the discharge two jets are observed, the main jet

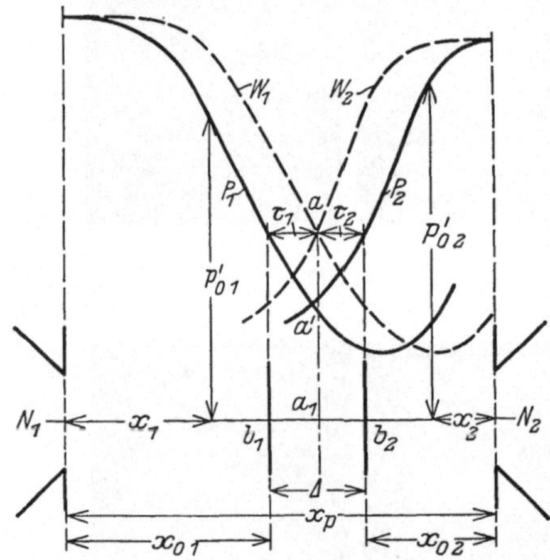

Fig. 11. Diagram illustrating the Process of Discharge.

(to the right) and a jet of the same kind, the pulsator-jet, bursting forth from the pulsator. In each jet a compression-wave is seen. Between the two compression-waves there is a layer of some width from which the air from the two jets escapes laterally. This layer of collision keeps in nearly the same position during the first stage of the process of discharge. Later on it is driven back against the pulsator-nozzle; quite suddenly it disappears, and the main jet penetrates right to the pulsator and fills the same. In Fig. 10b, the process is illustrated with a pointed pulsator-nozzle and with a somewhat different illumination of the jet.

Now, what we must obviously expect according to our anticipations, is that the positions of the two compression-waves shall, during each moment of the discharge, correspond to equal Pitot-pressures. For at one point or other between the two compression-waves the two flows will meet and stop each other, and the common pressure which prevails in the said point should be equal to the Pitot-pressure in both jets at the positions of the compression-waves. The test of this conception is indicated in Fig. 11. Here P_1 and P_2 are the normal Pitot-curves, P_2 corresponding to the pressure prevailing in the pulsator at the moment in question. Furthermore W_1 and W_2 indicate the positions of the wall of the Pitot-nozzle of the apparatus used in the determination of P_1 and P_2 respectively. It proved that the two compression-waves were found at b_1 and b_2. It means in the first instance that they correspond to points of equal Pitot-pressures. Furthermore it means that the collision takes place as if a thin wall were introduced between the jets at a_1 i. e. below the point of intersection a of the two curves W_1 and W_2. So it is seen that the relations vaguely stated in our anticipations hold good, and it may be noted that they hold good with great exactness during all stages of the process of discharge. In order to illustrate this exactness tables Ia—b and II are reproduced. The indications will be understood from Fig. 11. Those not given in this figure have the following meaning:

p_o Pressure in Container,
p_e External Pressure,
P Pressure in Pulsator at a given Moment,
$p'_{0.1}$ Pitot-Pressure corresponding to compression-wave in Main Jet,
$p'_{0.2}$ Pitot-Pressure corresponding to compression-wave in Pulsator Jet.

5. The lower Reversion-Point.

Our anticipations with regard to the point at which the discharge ceases, the lower reversion-point, were next put to the test. Be-

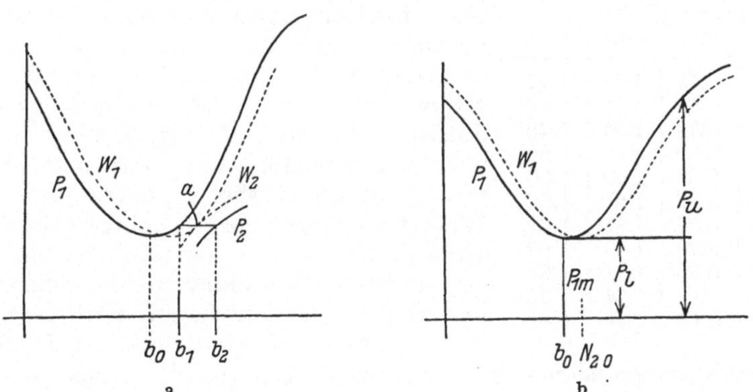

Fig. 12a—b. Diagrams illustrating Conditions at the lower Reversion-Point.

fore stating the results we may now more definitely consider what should in all probability be expected. So we shall in Fig. 12a again consider a diagram according to the facts illustrated in Fig. 11. It would seem that the last positions of the two compression-waves must be b_1 and b_2 in Fig. 12 a, provided the jet from the pulsator exhibits super sound-velocity down to the last stage of the discharge. As will be understood, the positions b_1 and b_2 correspond to the two curves W_1 and W_2 touching each other. The condition stated is sometimes fulfilled with the nozzle of the pulsator near to the rear boundary of the interval of instability. And as a matter of fact it has in this case been found that the compression-wave in the main jet may transgress the point b_0, i. e. the abscissa corresponding to the minimum of the Pitot-pressure. Otherwise with the nozzle of the pulsator closer to the foremost boundary of the interval of instability. Here the velocity of the jet from the pulsator will have gone down below that of sound before the discharge has ceased. So the stoppage-pressure of the jet will ultimately become equal to the pressure in the pulsator, and we shall expect the process of discharge to come to an end when the latter pressure has sunk to the minimum-value $P_{1 \cdot m}$ of P_1 (Fig. 12 b). For any further reduction of the pressure in the pulsator must cause the main jet to overcome the pulsator-jet and thus to bring the discharge to an end.

Now, what is actually observed is as follows. By means of a pulsator with an obtuse conical bore, T_I Fig. 9, and furnished with a manometer, one may take up the falling branch of the P_1-curve (Fig. 12 b). When the pulsator-nozzle, being moved down-stream, arrives at a certain position $N_{2,0}$, the foremost boundary of the interval of instability, pulsations begin. With the nozzle just in front of this limit it is found that the compression-wave in front of the nozzle stands at b_0 or at any rate very close to the minimum-abscissa of the P_1-curve. If, after this observation, the nozzle of the pulsator is drawn by steps farther into the interval of instability, it is found that the last position — during the discharge — of the compression-wave in the main jet, with all positions of the pulsator-nozzle, coincides with b_0. Furthermore

Table I a.

$p_o/p_e = 4.15, \qquad x_p = 3.27$ mm .

P kg/cm²	$x_{0.1}$ mm	$x_{0.2}$ mm	$p'_{0.1}$ kg/cm²	$p'_{0.2}$ kg/cm²
3.20	1.32	0.32	3.25	3.19
3.10	1.40	0.32	3.12	3.09
3.00	1.48	0.19	3.01	3.00
2.90	1.55		2.91	2.90
2.80	1.65	no	2.79	2.80
2.70	1.74	wave	2.69	2.70
2.55	1.84		2.60	2.55

Table I b.

$p_o/p_e = 4.15, \qquad x_p = 3.78$ mm.

P kg/cm²	$x_{0.1}$ mm	$x_{0.2}$ mm	$p'_{0.1}$ kg/cm²	$p'_{0.2}$ kg/cm²
3.3	1.45	0.83	3.07	3.04
3.2	1.45	0.80	3.06	2.99
3.1	1.48	0.74	3.00	2.95
3.0	1.50	0.66	2.98	2.92
2.9	1.53	0.58	2.93	2.85
2.8	1.65	0.48	2.80	2.79
2.7	1.74	0.27	2.70	2.70

Table II.

τ_1 mm	τ_2 mm	$\tau_1 + \tau_2$ mm	$\varDelta$ mm
0.92	0.73	1.65	1.71
1.01	0.70	1.71	1.76
1.13	0.73	1.86	1.78
0.92	0.60	1.52	1.60
0.87	0.63	1.50	1.50
0.91	0.70	1.61	1.62
0.90	0.71	1.61	1.62
0.95	0.70	1.65	1.62
1.01	0.73	1.74	1.68
1.05	0.69	1.74	1.73
0.89	0.60	1.49	1.60

it proves that the lowest pressure P_l in the pulsator is equal to the Pitot-pressure $P_{1.m}$ at the entrance to the interval of instability, and is likewise independent of the position of the pulsator-nozzle. So the anticipations with regard to the lower reversion-point are in all essentials borne out by the observations with the said nozzle, although it should be noted that it was not quite easy to locate exactly the minimum-point of the Pitot-curve due to the steep variation of the Pitot-pressure perpendicular to the axis of the jet just at this point. A series of observations are presented in tables IIIa and IIIb with a view to illustrating the constancy of the position x_W of the compression-wave facing the jet-orifice at the last moment of the discharge, and of the minimum-value P_l of the pressure in the pulsator.

What has been said refers exclusively to pulsator-nozzles of the obtuse conical type (T_I, Fig. 9). With cylindrical bores (T_{II}, T_{III}, Fig. 9), it was found that there is no definite final position of the compression-wave in front of the pulsator-nozzle when the latter is gradually removed from the jet-orifice and carried into the interval of instability. Neither is there as a rule any definite final pulsator-pressure before the pulsations set in.

Thus with a nozzle of the type T_{III}, Fig. 9, i. e. pointed with a cylindrical bore, it proved that within a certain region at the entrance

Table IIIa.

x_{N_2} mm	x_W mm	x_{N_2} mm	x_W mm	
2.52	1.62	2.92	1.87	
2.62	1.67	3.07	1.91	$N_1 = Z_1$, $N_2 =$ No. 20
2.72	1.69	3.22	1.87	
2.77	1.64	3.37	1.89	$p_o/p_e = 3.50$
2.87	1.70	3.52	1.89	
2.97	1.68	2.67	1.81	$x_{o.W} = 1.58$ mm
3.07	1.72	3.82	1.81	
3.17	1.65	3.97	1.81	$x_{o.N_2} = 2.48$ mm
3.27	1.58	4.17	1.87	
3.37	1.58			$x_{e.N_2} = 3.80$ mm
3.47	1.60			
3.57	1.58			
3.67	1.56			
3.77	1.60			

Table IIIb.

x_{N_2} mm	x_W mm	P_l kg/cm²	x_{N_2} mm	x_W mm	P_l kg/cm²	
			2.50	1.61	1.72	$N_1 = Z_1$
2.48	1.59	1.70	2.54	1.61	1.72	$N_2 =$ No. 1
2.49	1.59	1.70	2.64	1.61	1.72	
3.24	1.53	1.70	2.89	1.65	1.72	$p_o/p_e = 3.50$
3.79		2.48	3.14	1.57	1.74	
			3.39	1.65	1.74	$x_{o.N_2} = 2.50$ mm
			3.74	2.98	2.47	$x_{e.N_2} = 3.74$ mm

$x_{o.W}$ Position of the Compression-Wave in the main Jet with the Pulsator at the Entrance-Boundary of Interval of Instability.

$x_{o.N_2}$ Position of Pulsator-Nozzle when in the Entrance-Boundary of Interval of Instability.

$x_{e.N_2}$ Position of Pulsator-Nozzle when in the Exit-Boundary of Interval of Instability.

x_{N_2} Arbitrary Position of Pulsator-Nozzle.

x_W Position of the Main-Jet Compression-Wave in the Reversion-Point.

The distances x are measured from the front of the jet-orifice.

to the interval of instability the position of the compression-wave moved to and fro in an irregular way. At the same time it could be shown by means of a Kundt-tube that acoustic waves were emitted from the nozzle with a frequency corresponding to the natural period of the cylindrical bore acting as an open organ pipe. Finally it was found that the pulsation only started when already of a comparatively large amplitude. If, however, the aperture of the pulsator was for a moment partly shielded from the main jet, the pulsations would start with a position of the pulsator-nozzle closer to the jet-hole and with a correspondingly smaller amplitude.

Now, in spite of these anomalies with the cylindrical pulsator-nozzles, it was found that there is a rather definite and constant minimum value P_l of the pressure in the pulsator throughout the greater part of the interval of instability, just as with the pulsator-nozzle of the obtuse conical type. Likewise it proved that the position of the compression-wave facing the jet-hole in the lower reversion-point was also constant throughout most of the interval of instability. Finally it was found that both P_l and the said position of the compression-wave were independent of the pulsator-nozzle. So in all probability the same relations prevail with the obtuse conical bores and with the cylindrical bores except in the foremost part of the interval of instability.

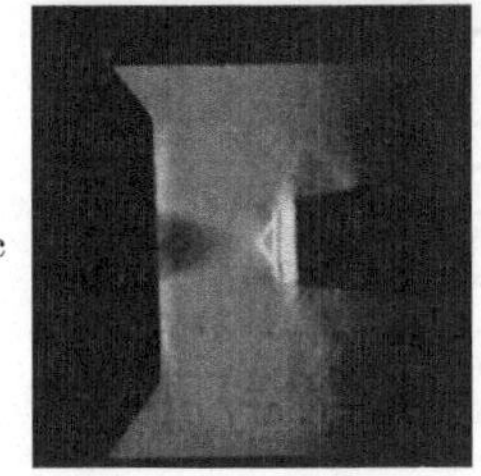

Fig. 13 a—c. Photographs of the Process of Filling.

6. The upper Reversion-Point.

The process of filling generally changes into the process of discharge as abruptly as the latter process is replaced by the former. In order to throw light on the process of filling and especially on the upper reversion-point, series of instantaneous photographs were again taken. In Fig. 13 a—c a sample is given. Fig. 13 a shows the jet at the beginning of the filling, Fig. 13 c at the end and Fig. 13 b at an intermediate point of the process. At the first stage the jet seems to penetrate without hindrance into the pulsator-nozzle to the right. Later on a compression-wave appears in front of the same. The distance from the nozzle to the wave gradually increases till the upper point of reversal is reached. On the basis of the insight thus obtained the following conception of the cause of the sudden start of the discharge was formed.

As, during the filling, the pressure in the pulsator is increased beyond a certain value, the air in the pulsator acts more and more as a hindrance to the main jet and accordingly sets up a compression-wave in front of the pulsator nozzle. This wave develops gradually as the static pressure in the pulsator and in front of the nozzle increases. At the same time more and more air escapes laterally. In this state of affairs no essential change can take place before the static pressure in the pulsator has risen to the least stoppage-pressure occurring in any of the stream-line tubes of which the main jet consists. Generally the stoppage-pressure will be least in the central stream-line tube. It is therefore to be anticipated that the flow of the latter is stopped while the surrounding tubes, owing to their larger stoppage-pressures, are not yet brought to a standstill and so will continue to charge the pulsator. This state can,

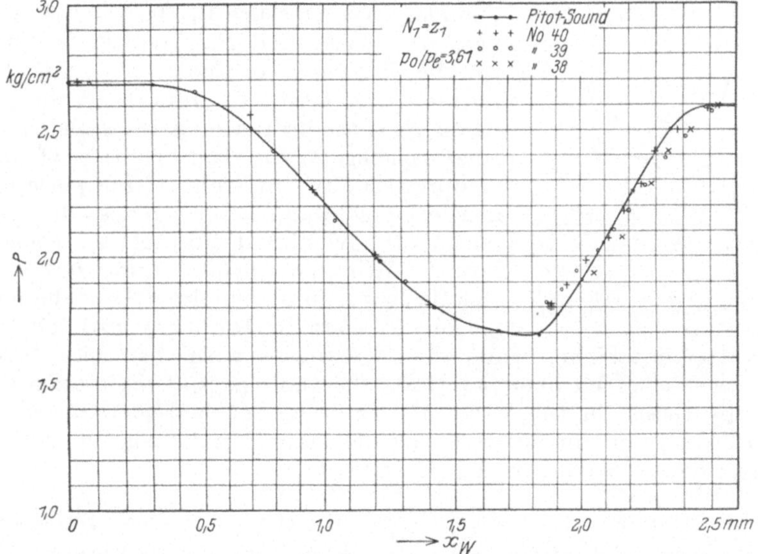

Fig. 14. Test of Anticipations with Regard to the upper Reversion-Point.

however, only last for quite a short moment for, owing to the said charging, the increase of the pressure in the pulsator will naturally cause a discharge from the pulsator along the central stream-line tube which cannot stand a larger pressure than its own stoppage-pressure.

With a view to testing the conception indicated above, simultaneous observations of the pulsator-pressure and the position of the compression-wave were undertaken at the upper point of reversal. From Pitot-curves for the main jet the Pitot-pressure corresponding to the said position of the wave could hereafter be found and compared with the pulsator-pressure. Results of the comparison are represented in Fig. 14. The full drawn line represents the normal Pitot-curve of the main-jet. The points around or near the rising branch of the curve show the final pressures in the pulsator plotted against the final position of the compression-wave in front of the pulsator-nozzle. The less the diameter of the cylindrical pulsator-nozzle, the closer to the Pitot-curve are the points of observation as a rule. With nozzles of about the same diameter as the jet, marked discrepancies may occur.

It should be noted that all the results stated correspond to pulsator-nozzles with cylindrical bores. With obtuse conical bores the pulsator pressure in the upper reversion-point is generally but a fraction of the ordinate of the Pitot-curve.

Reviewing the facts stated in paragraphs 4, 5 and 6 it is seen that conditions undoubtedly tend to be as illustrated in the diagram Fig. 15. With the pulsator nozzle N_2 in an arbitrary position x_{N_2} within the interval of instability and not too close to its exit-boundary, the pressure in the pulsator will vary between P_l and P_u. Here P_l is equal to the minimum ordinate $P_{1 \cdot m}$ of the normal Pitot-curve P_1 for the main jet while P_u is the ordinate of the same curve corresponding to the last position of the compression-wave in front of the pulsator-nozzle during filling. Discrepancies will occur both with cylindrical and obtuse conical bores. With the former they, however, merely consist in a disinclination of the pulsation to start in the first part of the interval of instability, while the discrepancies with the conical bores make themselves felt over practically the whole part of the interval and generally consist in the value P_u not being reached (dotted curve). So in order to obtain vigorous and well-defined pulsations cylindrical pulsator-nozzles should as a rule be used.

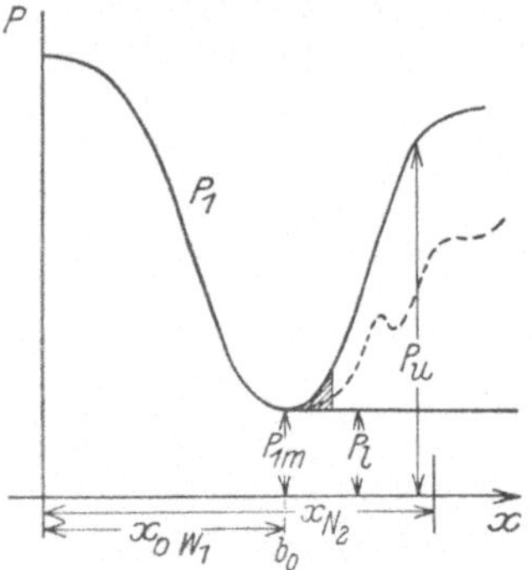

Fig. 15.   Diagram illustrating general Conditions under Pulsation.

7. The ultimate raison d'être of the Air-Jet Pulsator.

The explanation given and tested above is obviously based on the periodic character of the Pitot-curve, especially on the fact that the Pitot-curve exhibits rising branches. In the last paragraph of our paper we shall try to understand this character of the Pitot-curve and so the ultimate raison d'être of the air-jet pulsator.

In Fig. 16 a—b are indicated two jets emitted from nozzles to the left and hitting the nozzles of a Pitot-apparatus arranged to the right. The jet in Fig. 16 a has a velocity smaller than that of sound. It is known that the Pitot-apparatus will in this case in all points of the jet very nearly indicate the pressure in the container from which the air flows, for the central stream-line tube is stopped through a

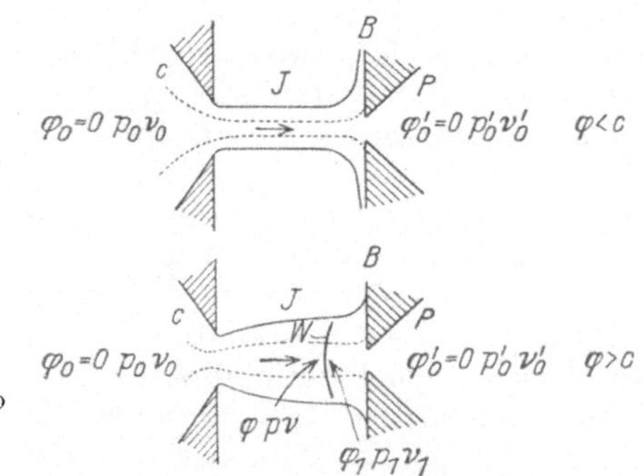

Fig. 16a—b. Difference between Jets with Velocities smaller and greater than that of Sound.

reversible adiabatic process. Otherwise with the jet in Fig. 16 b which is assumed to have super sound-velocity. Here a compression-wave W is, as already indicated in paragraph 3, formed in front of the nozzle of the Pitot-apparatus. As will be known, this compression-wave consists of an extremely thin layer in which kinetic energy is lost through an irreversible process the details of which are but little known. So the Pitot-apparatus will indicate a pressure smaller than the pressure in the container from which the jet flows. The reduction is the greater the greater the velocity at the point of the jet where the compression-wave is formed. Now it was mentioned in the first paragraph of the paper that the velocity in an air-jet of the type here considered varies periodically with maxima in the centres of the jet-sections. Hence the normal Pitot-curve will exhibit minima in these points while it will have maxima over the boundaries of the sections where the velocity generally is but little above the velocity of sound. We shall not in this place enter upon a closer review of the theory of the Pitot-curve with a jet of super sound-velocity. What has been stated suffices for making it clear that in the end the pulsation-phenomenon owes its existence to the compression-wave which can only exist in a jet with super sound-velocity.

The investigations reviewed in the present paper were carried out in the Physical Laboratory II of the Royal Technical College, Copenhagen, by the author in collaboration with Mag. scient. Miss Birgit Trolle. A more complete treatise has appeared in the Communications of the Royal Danish Society of Sciences, Copenhagen. The means necessary for the completion of the work have been granted by the Carlsberg Foundation.

Druckabfall und Wärmeübergang in Kühlerelementen.

Von H. Lorenz, Aachen.

Die von den Zylinderwandungen der Verbrennungsmotoren abgegebene Wärme wird teils unmittelbar an ein flüssiges oder gasförmiges Kühlmittel übertragen, teils unter Einschaltung eines „Kühlers" von einem ersten Kühlmittel an ein zweites abgeführt, wobei das erste in ständigem Kreislauf von dem Kühlmantel zum Kühler und wieder zurück zum Motor fließt. In dem letzteren Falle ist bei den Fahrzeugen eine zusätzliche Vortriebsleistung erforderlich, da der dem Fahrwind ausgesetzte Oberflächenkühler einen beträchtlichen Zusatzwiderstand hervorrufen kann. Bei Flugzeugen, insbesondere bei Rennmaschinen, erwächst daher in erster Linie die Forderung, durch die Wahl der Abmessungen des Kühlerelementes, wie auch des ganzen Blockes, ferner durch zweckentsprechenden Einbau an der Maschine das Verhältnis der Kühlleistung zu dem Energieaufwand infolge des Luftwiderstandes möglichst günstig zu gestalten. Dieser Wert hängt zunächst von dem „thermodynamischen Gütegrad"[1] ab, der das Verhältnis der tatsäch-

---

[1] Trefftz u. Pohlhausen: Über die Elementargesetze des Kühlvorganges in Pülz: Kühlung und Kühler für Flugmotoren.

lichen Lüfterwärmung zu dem zur Verfügung stehenden Gesamt-
temperaturgefälle zwischen der Kühlflüssigkeit und der Luft am Kühler-
eintritt angibt. Weiterhin ist das Verhältnis der durch den Kühler
durchfließenden zu der höchstmöglichen Luftmenge, der „aerodynamische Gütegrad" maßgebend, der seinerseits von einer dritten Größe,
dem Widerstandsbeiwert, abhängig ist. Die Wärmeübergangszahl hingegen steht nur mit einem Teilbetrag des letzteren, nämlich dem der
Oberflächenreibung in Zusammenhang. Es liegen mehrere Messungen
an einzelnen Kühlerblöcken vor, die jedoch den Einfluß der Abmessungen
und Formen des Elementes nicht eindeutig hervortreten lassen. Die
vom Bureau of Standards vorgenommenen Versuche[1] zeigen, daß der
Leistungsfaktor eines Kühlblockes mit Kühlblechen, durch die die
Wärme von den wasserberührten Wänden zunächst an Stellen niederer
Temperatur geleitet und von dort erst an die Luft übertragen wird,
kleiner ist als der eines thermisch äquivalenten Kühlerelementes, das
nur unmittelbare, d. h. auf einer Seite von der Kühlflüssigkeit berührte
Oberflächen besitzt. Lediglich beim Einbau in der Rumpf- oder Flügel-
spitze, wobei nur Elemente von geringer Luftdurchlässigkeit verwendet
werden dürfen, können sich diese Werte etwas zugunsten der ersteren
ändern. Es wurden daher für die eigenen Untersuchungen nur Kühlerelemente mit unmittelbarer Kühlfläche gewählt, und zwar vornehmlich
Luftröhrchenkühler von zylindrischem und sechskantigem Querschnitt,
die, in der Luftrichtung gesehen, gerade, glatte Luftwege besitzen. Für
diese können in erster Näherung die an Rohren ermittelten Meßwerte
zugrunde gelegt werden. In Anlehnung hieran sind auch die dort üblichen Bezeichnungen übernommen. So ist das Kühlerelement zunächst
durch seinen „hydraulischen Radius" $\left(r_h = \dfrac{F}{U}\right)$ und durch die Kühlertiefe l gekennzeichnet. Überdies ist noch die Bestimmung des „freien
Querschnitts", d. h. des Verhältnisses des für den Luftdurchtritt frei-
bleibenden Querschnittes, zur Gesamtstirnfläche erforderlich. Dieses ist
einerseits durch die Kleinstwerte der Materialstärke und des Durchfluß-
querschnittes für die Kühlflüssigkeit beschränkt, die man auch mit
Rücksicht auf die Gewichtsersparnis anzustreben sucht. Bei den
üblichen Ausführungen findet man Werte in den Grenzen $0,6 < f < 0,8$,
bei Lamellenkühlern bis $f = 0,9$. Die Materialstärke wird dabei aus
fabrikatorischen und konstruktiven Gründen nicht unter 0,1 mm
gewählt, bei Platten- und Lamellenkühlern zwischen 0,15 und 0,2 mm.
Den für den Durchtritt der Kühlflüssigkeit erforderlichen Querschnitt
nimmt man mit Rücksicht auf die Gefahr des Verstopfens und auf die
Größe der Pumpenleistung mit etwa 1 mm Breite an den engsten Stellen
an. Für die Kühlleistung der Stirnflächeneinheit ist bei gleicher Durchflußgeschwindigkeit in erster Annäherung das Verhältnis der Kühl-
fläche zur Stirnfläche $\dfrac{K}{St} = \dfrac{l}{r_h} f$ maßgebend. Der Gütegrad eines eingebauten Kühlers ist, abgesehen von den erwähnten Abmessungen, noch

---

[1] **Parsons** u. **Harper:** Technologic Papers of the Bureau of Standard
Nr. 211.

von den Gesamtabmessungen des Kühlers sowie von der Art des Einbaues abhängig. Eine Beurteilung des Einflusses der einzelnen Größen ist sehr schwierig. Hingegen kann man für einzelne Elemente die Kennwerte in Abhängigkeit von f, r_h und l feststellen. Zu diesem Zwecke wurden in einem geschlossenen Kanal des Aerodynamischen Instituts Aachen der Wärmeaustausch und der Druckabfall an einer Reihe von Kühlblöcken gemessen. Auch für diesen Fall kann man aus dem Verhältnis der Kühlleistung zum Energieverlust der durchströmenden Luft einen „Gütegrad" des Kühlerelementes berechnen.

Zunächst wurde der Druckabfall unmittelbar vor und hinter dem Kühlblock ermittelt und zwar bei ungeheiztem Kühler. Die Druckdifferenz setzt sich einerseits aus den Verlusten in den Luftwegen zu-

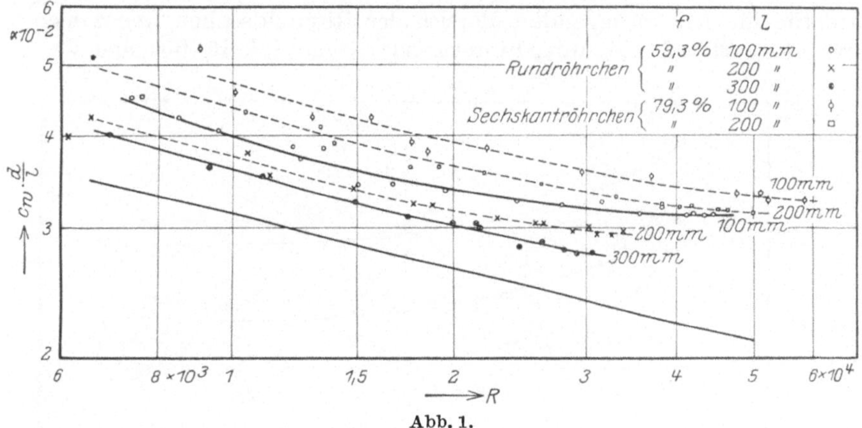

Abb. 1.

sammen. Diese sind durch die Wandreibung und die Beschleunigung des durchströmenden Luftgewichtes bedingt. Anderseits treten Verluste am Kühlerein- und -austritt auf, von denen die letzteren infolge der unvollständigen Energieumsetzung und der dort auftretenden Wirbelung überwiegen. Der zur Beschleunigung erforderliche Energieaufwand ist insbesondere bei großer spezifischer Wärmeleistung gegenüber den anderen Beträgen nicht zu vernachlässigen. Die Versuche hierüber sind z. Z. noch nicht abgeschlossen. Da Blöcke gleicher Type bei verschiedener Kühlertiefe verwendet wurden, konnte der Anteil der Ein- und Austrittsverluste durch Extrapolation für den Wert der Kühlertiefe $l = 0$ angenähert bestimmt werden. Es ergab sich, daß bei den üblichen Ausführungen in den Grenzen von $f = 0{,}6$ bis $f = 0{,}8$ dieser Restbetrag etwa 8 bis 15% der Geschwindigkeitsenergie in den Luftwegen beträgt, entsprechend etwa 5 bis 50% des Druckabfalles infolge der Wandreibung. In Abb. 1 sind für einige Kühlerelemente — eine Veröffentlichung sämtlicher Versuchsergebnisse wird später erfolgen — die Widerstandsbeiwerte gemäß der Beziehung

$$\lambda = c_w \cdot \frac{d}{l} = \frac{\varDelta p}{\frac{\varrho}{2}\,\bar{v}_m^2} \cdot \frac{d}{l}$$

                         H. Lorenz:

in Abhängigkeit von der Reynoldschen Kennzahl aufgetragen, wobei

$\Delta p =$ Druckabfall zwischen den Meßstrecken kg/m²,

$\bar{v}_m =$ mittlerer Luftgeschwindigkeit in der Mittelebene des Kühlerelementes m/sek,

$d =$ Durchmesser des Luftweges (für nicht kreisrunden Querschnitt

$$d = 4\,\frac{F}{U} = \text{dem vierfachen hydraulischen Radius) m,}$$

$l =$ Kühlertiefe m,

$v =$ kinematische Zähigkeit m²/sek

bedeuten. Die eingezeichnete Gerade gibt die Blasiusschen Interpolationswerte

$$\lambda = 0{,}316\,R^{-\frac{1}{4}}$$

an, die für den vorliegenden Bereich der Reynoldsschen Kennzahlen bis etwa $\Re = 6 \cdot 10^4$ mit hinreichender Genauigkeit für eine ent-

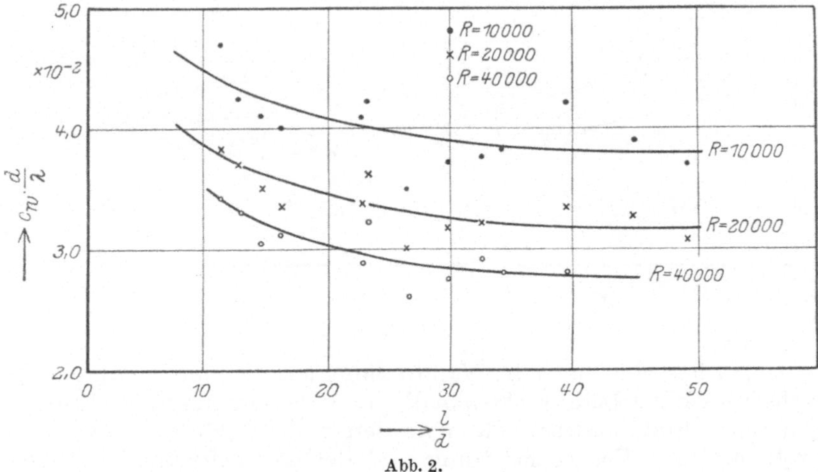

Abb. 2.

sprechende Rohrlänge zugrunde gelegt werden können. Allerdings ist dabei zu berücksichtigen, daß innerhalb der gemessenen Grenzen

$$10 < \frac{l}{d} < 50$$

über einem größeren Teile des Luftweges hin die dem obigen Gesetz zugrunde liegende Annahme einer gleichbleibenden Geschwindigkeitsverteilung nicht zutrifft, d. h. daß die betreffende Rohrlänge als Anlaufstrecke anzusehen ist. Zu Abb. 1 ist noch zu bemerken, daß der verhältnismäßige Anteil der Ein- und Austrittsverluste bei größeren Kühlertiefen kleiner wird. Die Werte aus Abb. 1 sind in Abb. 2 übernommen, in der die gleichen Beiwerte in Abhängigkeit von dem Verhältnis $\frac{l}{d}$ mit der Kennzahl $\Re$ als Parameter aufgetragen sind. Unter Berücksichtigung des Umstandes, daß die Lötungen der Stirnflächen nicht so gleichmäßig ausgebildet sind, wie es zu einer genauen Bestimmung der Kennwerte notwendig wäre, läßt sich trotz der Streuung einzelner Punkte doch eine Abhängigkeit entsprechend den eingezeichneten Kurven daraus entnehmen.

Die Kühlleistung der Kühlerelemente wurde in dem gleichen geschlossenen Kanal bestimmt, und zwar wurde die Wärmebilanz sowohl auf der Luftseite als auch auf der Wasserseite aufgestellt. Aus der Beziehung

$$\alpha\, U\, l\, \vartheta = \bar{v}_m\, \gamma\, F\, c_p\, \varDelta\, \vartheta$$

ergibt sich mit den Bezeichnungen

$$\frac{\varDelta\, \vartheta}{\vartheta} = \eta_{\text{th}} \quad \text{und} \quad d = 4\,\frac{F}{U}$$

entsprechend der Kenngröße für den Druckabfall der „thermodynamische Gütegrad"

$$\eta_{th} \cdot \frac{d}{l} = 4 \cdot \frac{\alpha}{\bar{v}_m\, \gamma\, c_p}.$$

Die aus den Einzelmessungen für verschiedene Kühlerelemente berechneten Werte sind in Abb. 3 über der Reynoldsschen bzw. der Péclet-

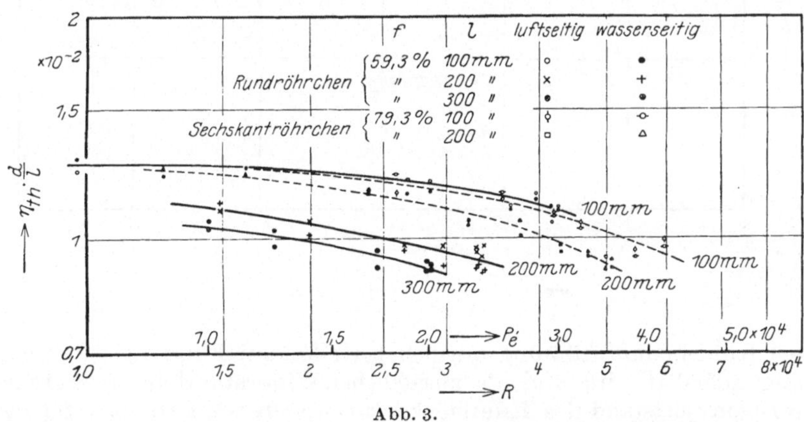

Abb. 3.

schen Kennzahl aufgetragen. In Analogie zu Abb. 2 sind sodann in Abb. 4 die gleichen Werte über dem Längenverhältnis $\frac{l}{d}$ mit der Reynoldsschen Kennzahl $\Re$ als Parameter eingezeichnet. Sie lassen sich, abgesehen von einem Kühlblock, durch die eingetragenen Kurven wiedergeben.

Zur Ermittlung des Gesamtgütegrades eines eingebauten Kühlers ist noch die Bestimmung einer dritten Kenngröße erforderlich, nämlich des Verhältnisses der tatsächlich durchfließenden zur höchstmöglichen Luftmenge, des sogenannten „aerodynamischen Gütegrades". Dieser ist, abgesehen von den Abmessungen des Kühlerelementes, noch abhängig von dem Seitenverhältnis des ganzen Kühlers infolge des Formwiderstandes des Blockes an sich und überdies von der gegenseitigen Beeinflussung des Kühlers und desjenigen Flugzeugbauteiles, an dem er angebracht ist. Es wurden zunächst Messungen an frei im Luftstrom aufgehängten Kühlerblöcken vorgenommen. Berechnet man den aerodynamischen Gütegrad unter Vernachlässigung des hinter dem Kühlblock auftretenden Unterdruckes sowie der Einwirkung des schrägen Anströmens der Randzonen, so ergibt sich eine Übereinstimmung der Meßwerte mit der Rechnung auf etwa 10%. Durch eingehendere Untersuchungen sollen genauere Unterlagen insbesondere unter Berücksichtigung des Formwiderstandes gewonnen werden. Falls durch den Einbau

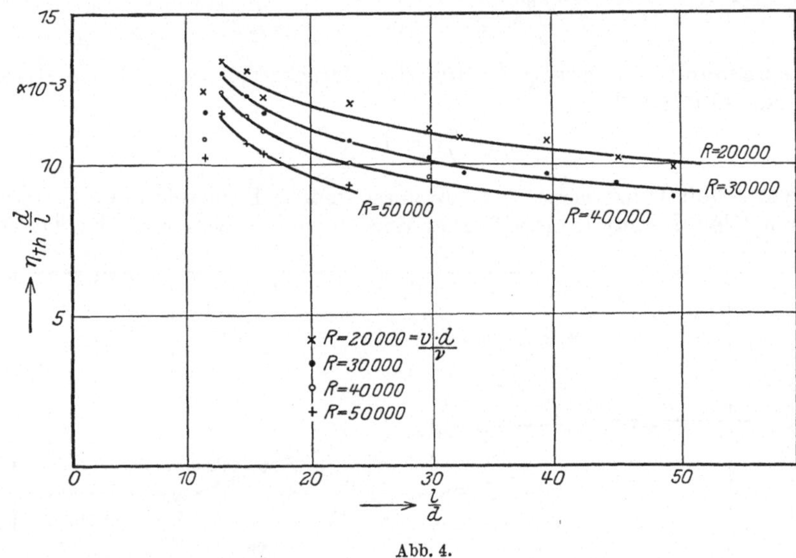

Abb. 4.

eines Kühlers die Strömung um den betreffenden Flugzeugbauteil nur wenig geändert wird und als zusätzlicher Widerstand in erster Linie der Eigenwiderstand des Kühlblockes anzusehen ist, kann man für die üblichen Bauarten von Luftrährchen und Lamellenkühlern auf Grund der gewählten Abmessungen einen Gesamtgütegrad

$$E = \frac{\eta_{th} \cdot \eta_{aer}}{c'_w} \cdot \frac{A\, c_p\, \vartheta}{\dfrac{v_0^2}{2\,g}}$$

bestimmen. Hierin bedeuten:

1. η_{th} = thermodynamischer Gütegrad (in Abhängigkeit von der Durchflußgeschwindigkeit der Luft).

2. η_{aer} = Verhältnis der tatsächlichen durchtretenden Luftmenge zu einer gedachten, mit der Geschwindigkeit v_0 der ungestörten Strömung durch die Stirnfläche des Kühlers durchfließende Luftmenge.

3. c'_w = Beiwert des durch den Kühlereinbau bedingten zusätzlichen

Widerstandes, bezogen auf die Geschwindigkeitsenergie der ungestörten Strömung $\frac{\varrho}{2}\,v_0^2$ und auf die Stirnfläche des Kühlers.

In der obigen Beziehung kann man das erste Glied als die innere Charakteristik des gewählten Kühlers ansehen, während das zweite Glied die äußeren Vergleichsbedingungen angibt. Dabei ist jedoch zu beachten, daß der erste Ausdruck, wenn auch innerhalb weiter Grenzen nur in geringem Maße, auch von v_0 und ϑ abhängig ist. Auf diese Weise kann man einen ersten Anhalt zur Beurteilung der gewählten Type wie auch der Art des Einbaues gewinnen.

Bewegungstypen beim Steuern von Flugzeugen.
Von L. Hopf, Aachen.

Der Zweck jeder Steuermaßnahme ist eine Krümmung der Flug-bahn; aber kein Steuerorgan kann unmittelbar auf die Flugbahn wir-ken, es kann nur ein Moment auf das Flugzeug ausüben. Dadurch wird zunächst nur eine veränderte Einstellung des Flugzeugs zu seiner Bahn hervorgerufen; mit dieser ändern sich die Luftkräfte, und deren Wirkung erst krümmt die Bahn. Bei jeder Steuermaßnahme tritt also eine Momentenstörung und als deren Folge eine Störung des Kräfte-gleichgewichtes auf. Die an einen Steuerausschlag sich anknüpfende Bewegung hat infolge dieses Umstandes einen komplizierten Charakter, und wenn man sie vollständig kennen will, muß man alle 6 Bewegungs-gleichungen eines Flugzeugs gleichzeitig betrachten. Die Störung des Momentengleichgewichts um eine Achse wird ja im allgemeinen das Kräftegleichgewicht nach allen Richtungen hin erschüttern und so mittelbar auch schließlich die Momente um die andern Achsen beein-flussen. Die Integration aller 6 Bewegungsgleichungen, also die Ver-folgung der Wirkung eines Ruderausschlags auf die Seitenbewegung und die Längsbewegung zusammen ist von v. Baranoff und mir in einer kürzlich erschienenen Arbeit[1] erstmalig in einzelnen Fällen numerisch durchgeführt worden; diese Rechnungen sind nicht schwer, aber sie bleiben schon wegen des vielseitig zusammengeholten Zahlenmaterials etwas unübersichtlich. Ich will daher hier versuchen, aus diesen Vor-gängen einige idealisierte Typen herauszuholen, an welchen das Zu-sammenwirken der Momente und der Kräfte klar wird und an welchen auch die praktischen Möglichkeiten hervortreten, wie ein solcher Be-wegungstypus gefördert oder gehemmt werden kann.

1. Die einfachste Bewegung erhält man bei Ausschlag des Seiten-ruders. Das Flugzeug wird so herumgedreht, daß es Seitenwind von außen bekommt, d. h. von dem Flügel, der bei der beabsichtigten Kurve der äußere werden soll. Ein solcher Seitenwind, der in normalen Grenzen bleibt, hat auf die Luftkräfte nur recht geringen Einfluß; wir können diesen hier vernachlässigen und in erster Näherung die Flugbahn als

---

[1] v. Baranoff, A. u. L. Hopf: Untersuchungen über die kombinierte Seiten- und Längsbewegung von Flugzeugen. Luftfahrtforschung Bd. 3, Heft 2. 1929.

unverändert ansehen. Das Seitenruder bringt nur Schwingungen des Flugzeugs um die Flugbahn zustande; Direktionskraft und Dämpfung hängen fast ausschließlich vom statischen Moment bzw. Trägheitsmoment des Seitenruders um den Schwerpunkt ab; die Dämpfung wird etwas herabgesetzt durch die Flügel; doch ist auch diese Wirkung von 2. Ordnung. Notwendig für diesen Bewegungstypus ist die „Windfahnenstabilität“, das bedeutet praktisch: mehr Seitenleitwerkfläche hinter als vor dem Schwerpunkt; diese — natürlich altbekannte — Bedingung ist für jedes Flugzeug und jeden Flugzustand unerläßlich. Sie wird am schwersten erfüllbar für große Anstellwinkel (jenseits des Auftriebsmaximums); denn bei solchen tritt infolge Seitenwindes ein Drehmoment auf, welches den für den Seitenwind vorn liegenden Flügel nach vorn zu drehen sucht, also instabilisierend wirkt. (Nach neueren Messungen scheint dies Moment allerdings im wesentlichen um die Rumpfachse zu wirken.) Indes tritt dabei schon notwendig eine Koppelung mit dem Moment um die Rumpfachse und der Querruderwirkung ein, so daß wir diese Instabilisierung nicht für sich betrachten müssen.

Eine solche Koppelung tritt in 2 Fällen auf: 1. bei großem Anstellwinkel, 2. bei bedeutender V-Stellung oder Pfeilstellung. Die Wirkung ist immer dieselbe, wie wenn ein mit dem Seitenruderausschlag gleichsinniger Querruderausschlag erfolgt wäre. Da ein solcher die Flugbahn tatsächlich im gewünschten Sinne krümmt, haben wir in diesen Fällen eine indirekte Wirkung des Seitensteuers auf die Flugbahn im gewünschten Sinn.

2. Die Wirkung des Höhenruderausschlags ist nicht ganz so einfach, aber sie ist oft diskutiert worden; da die Bewegung des Flugzeugs in einer vertikalen Symmetrieebene für sich bestehen kann und nicht notwendig mit einer Seitenbewegung gekoppelt ist, wird der Verlauf der Bewegung nur durch 3 Gleichungen dargestellt, ist daher leichter zu verfolgen. Das Höhenruder dreht das Flugzeug gegenüber der Flugbahn, beim Ziehen z. B. von der Flugbahn weg; dies bedeutet eine Änderung des Anstellwinkels und also eine Änderung der Luftkräfte in zwei zueinander senkrechten Richtungen. Nun erfolgt der Ausgleich der bahnsenkrechten Kräfte schneller als der Ausgleich in der Bahnrichtung; die Krümmung der Flugbahn, das eigentliche Ziel der Steuermaßnahme stellt sich rascher ein als die Geschwindigkeitsänderung. Wir können diesen Bewegungstypus daher in zwei zeitlich aufeinanderfolgende Akte zerspalten; der erste Akt umfaßt nur eine Drehung des Flugzeugs und eine Krümmung der Flugbahn, der 2. Akt eine Einstellung der Geschwindigkeit unter Schwingungen des Flugzeugs und der Flugbahn um ihre Gleichgewichtsrichtungen.

Der 1. Akt erfolgt stets im richtigen Sinn; beim Ziehen wird das Flugzeug z. B. so gedreht, daß der Anstellwinkel sich vergrößert; dies hat eine Vergrößerung des Auftriebs und somit eine Aufwärtsdrehung der Flugbahn zur Folge. Offenbar bildet hier derjenige Fall eine Ausnahme, bei welchem Erhöhung des Anstellwinkels keine Vermehrung oder sogar Verminderung des Auftriebs bedeutet, der „überzogene" Flug; in diesem Fall wird zwar das Flugzeug durch den Höhenruderausschlag herumgedreht, nicht aber die Flugbahn nachgedreht; diese bleibt unbeeinflußt oder krümmt sich sogar nach unten. Dieselbe Erscheinung tritt auf, wenn durch eine Störung die Geschwindigkeit eines Flugzeugs unter den (zu $c_{a_{max}}$ gehörigen) Minimalwert der konstanten Fluggeschwindigkeit gesunken ist; in diesem Falle erhöht sich der Anstellwinkel auch ohne Steuermaßnahme, da die Auftriebsverminderung bei Geschwindigkeitsverlust eine Abwärtskrümmung der Flugbahn bei unveränderter Orientierung des Flugzeugs im Raum zur Folge hat; dadurch wird der Auftrieb wieder erhöht, aber nicht genügend, da ja auch der größte Wert von c_a bei der angenommenen Geschwindigkeit nicht genügt, um Gleichgewicht herzustellen. Ein Ruderausschlag kann nur das Flugzeug herumdrehen, daher das Anwachsen des Anstellwinkels zu $c_{a_{max}}$ und darüber hinaus beschleunigen, aber nicht die Flugbahn aufwärts krümmen.

Damit dieser 1. Akt unsres Bewegungstypus in den 2. Akt übergehe, müssen die Drehungen gehemmt werden; dies tritt nur bei statischer Längsstabilität des Flugzeugs ein, d. h. wenn bei Abweichung des Anstellwinkels von dem zu der gegebenen Höhenruderstellung gehörigen Gleichgewichtswert ein rücktreibendes Moment auf das Flugzeug wirkt. Dann setzen die zum neuen Gleichgewicht hinführenden gedämpften Schwingungen ein, die aus der Stabilitätstheorie bekannt sind. Statische Längsstabilität ist unbedingt nötig für jedes Flugzeug; daß man auch hier bis zu einem gewissen Grade die Möglichkeit hat, mit instabilen Flugzeugen zu fliegen (vom Balancieren auf kurze Zeit ganz abgesehen), liegt daran, daß auch bei diesen nur ein kleiner Instabilitätsbereich normaler Flugwinkel existiert, und jedes Flugzeug bei ganz kleinen Anstellwinkeln und im Bereich des Auftriebsmaximums, sowie bei noch größeren Anstellwinkeln stark stabil ist. So wird jede Anstellwinkelverminderung gehemmt, ehe automatisch etwa Rückenflug eintritt, und jeder überzogene Flug, dessen 1. Akt ja ein Versagen der Steuerung zeigt, führt infolge dieser Stabilität in einen 2. Akt hinein, dessen langsamer Ausgleich das Durchsacken hemmt und das Flugzeug in normale Lagen und in die Gewalt des Steuers zurückführt. Das Überziehen ist, soweit die Längsbewegung allein in Frage kommt, nur gefährlich, wenn beschränkter Raum nach unten zur Verfügung steht.

3. Es sei hier auch der Typus reiner Längsbewegung betrachtet, der bei plötzlicher Entlastung (oder auch Belastung) des Flugzeugs entsteht. Hierbei wird die Flugbahn direkt angegriffen, aber nicht das Flugzeug. Bei Entlastung krümmt sich die Flugbahn sofort nach oben, das Flugzeug wird aber nur nachfolgen, wenn statische Stabilität vorhanden ist. Ein indifferentes Flugzeug bleibt unverändert in seiner Lage, ein instabiles dreht sich der Flugbahn entgegen. Nur das stabile Flugzeug wird nach der Entlastung ohne Ruderausschlag in eine gleichförmig ansteigende Bewegung kommen. Beim instabilen wird die Flugbahn anfangs nach oben gekrümmt, das Flugzeug dreht sich aber nach

unten und zieht die Flugbahn sich nach; diese Bewegung findet allerdings, wie erwähnt, rasch ihr Ende, da der Instabilitätsbereich der
Anstellwinkel immer beschränkt ist.

4. Die schwierigsten Bewegungstypen werden durch das Querruder eingeleitet, und soviel ich sehe, sind sie in früheren Arbeiten
noch nicht geklärt, können auch quantitativ wegen des noch immer
lückenhaften Zahlenmaterials noch nicht ganz überblickt werden. Die
Einleitung der Bewegung ist von Reißner[1] schon vor langer Zeit aus
statischen Stabilitätsbetrachtungen heraus als „Spiralsturz“ beschrieben worden. Die Querneigung der Flügel hat danach ein Abrutschen in der Holmrichtung zur Folge; dadurch wird das Flugzeug um
die Stielachse gedreht, weil es mit dem Leitwerk einen stärkeren Widerstand gegen dies Abrutschen leistet als mit den Flügeln. Die Flugbahn
wird danach in einer senkrecht zur Symmetrieebene des Flugzeugs liegenden Ebene, etwa in der Ebene der Flügel gekrümmt. Da bei dieser
Drehung der äußere Flügel rascher wie der innere läuft, erhöht sich
der Auftrieb außen, und die anfängliche Querneigung wird verstärkt.
Diese Betrachtung erweist eine Instabilität bei den meisten Flugzeugen,
allerdings eine Instabilität von sehr langsamer Wirkung.

Dieser Bewegungstypus wird in seiner praktischen Bedeutung dadurch herabgemindert, daß die Querneigung (μ) bei Querruderausschlag und auch bei einer zufälligen Entstehung sehr viel rascher anwächst, als die übrigen Variablen der Bewegung; es wird $1 - \cos\mu$ schon
mit $\sin\mu$ vergleichbar, ehe die Drehgeschwindigkeit und der Seitenwind bedeutende Werte aufweisen.

5. Die Wirkung eines Querruderausschlags unterscheidet sich
von den beiden anderen Ruderwirkungen dadurch, daß kein rücktreibendes Moment auftritt, das eine bestimmte Endlage erzwingt,
weshalb auch in diesem Fall nur ganz indirekt von einer statischen
Stabilität oder Instabilität die Rede sein kann (Nr. 4); auch im Falle
von Flugzeugen, die Spiralsturzstabilität aufweisen, entspricht einem
Querruderausschlag keine solche neue Gleichgewichtslage, weil die Betrachtungen des Spiralsturzes nur für ganz kleine Seitenneigungen
gelten. Ein Querruderausschlag kann deshalb nie in einen neuen, erwünschten Gleichgewichtszustand hineinführen, weil der gezogene
Flügel zum äußeren Flügel der gekrümmten Bahn wird und daher
noch den Effekt erhöhten Auftriebs infolge größerer Geschwindigkeit
aufzunehmen hat; diesem könnte nur durch die entgegengesetzte Stellung der Querruder das Gleichgewicht gehalten werden. Man muß
darum zuerst fragen, in welchen Gleichgewichtszustand ein Flugzeug
gedrängt wird, wenn nur ein Querruderausschlag gegeben und festgehalten wird. Ich muß hier die allgemeine interessante Frage nach
der Anzahl der möglichen Gleichgewichtszustände bei gegebener Ruderstellung ausscheiden; sie ist von mir und v. Baranoff ausführlich diskutiert worden. Daß man mehrere Gleichgewichtszustände bei derselben

---

[1] Reißner, H.: Die Seitensteuerung der Flugmaschinen. Z. f. Flugtechn. u.
Motorl. Bd. 1. 1910; ferner Flugsport Bd. 2. 1910.

Ruderstellung auch ganz abgesehen von Massenkräften (Kreiselmomenten) finden muß, geht schon daraus hervor, daß ohne Ruderausschlag überhaupt, neben dem Geradeausflug ein Kreisflug möglich ist, bei welchem die schnellere Bewegung des äußeren Flügels allein das Drehmoment zur ständigen Überwindung der Rolldämpfung hergibt. Dieser Bewegungstypus, der zu jeder Ruderlage, insbesondere also auch zu jedem Querruderausschlag gehört, wird in der deutschen Fliegersprache „Korkzieher" genannt. Bei größerem Querruderausschlag ist er steil nach unten gerichtet; die Drehung geschieht zum größten Teil um die Rumpfachse. Die Drehgeschwindigkeit der Bahn ist fast ganz durch die Drehgeschwindigkeit bestimmt, welche aus dem Gleichgewicht der Rolldämpfung mit dem Querruderausschlag folgt.

Besondere Verhältnisse treten im Gebiet der sogenannten Autorotation auf, wo auch ohne Querruderausschlag eine Drehung gegen die dämpfenden Momente aufrecht erhalten wird. In diesem Gebiet sind die Drehgeschwindigkeiten größer, aber von derselben Größenordnung wie die Drehgeschwindigkeiten bei normalem Anstellwinkel unter Querruderausschlag. Auch in diesem Bereich sind Korkzieher harmlose Bewegungstypen und nicht mit Trudelkurven (s. u.) zu verwechseln.

6. Der Übergang in einen Korkzieher vollzieht sich im normalen Flug in folgender Weise: In Bruchteilen einer Sekunde stellt sich die dem Querruderausschlag entsprechende Drehgeschwindigkeit des Flugzeugs um seine Rumpfachse ein. Hierdurch wird nun die Flugbahn sehr rasch in Mitleidenschaft gezogen; sie wird gekrümmt, und zwar in rasch wechselnder Richtung je nach der augenblicklichen Querneigung.

Die Wirkung auf die Flugbahn zerlegen wir in 2 Komponenten nach flügelfesten Achsen:

a) Die Querneigung hat ein Schieben des Flugzeugs nach innen zur Folge; die Flugbahn verläuft nicht mehr in der Symmetrieebene. Der so entstehende Seitenwind zwingt das windfahnen-stabile Flugzeug in die richtige Lage; diese ist aber nicht etwa durch Seitenwind Null gegeben, sondern durch einen Seitenwind von bestimmter Stärke, der das Flugzeug ständig der Flugbahn nachdrückt, um so größer also, je größer die Komponente der Flugbahndrehung um die Stielachse ist; beim steilen Korkzieher ist dies erforderliche Moment klein.

b) In der Symmetrieebene wird infolge Querneigung das Flugzeug entlastet; es setzt der Bewegungstypus ein, der oben (Nr. 3) für reine Längsbewegung beschrieben wurde. Damit das Flugzeug richtig der Drehung der Flugbahn nachfolge, ist statische Längsstabilität unerläßlich. Dieser Teil der Bewegung ist bei Beschreibung des „Spiralsturztypus" vernachlässigt; für große Querneigungen ist er aber bedeutend. Auch hier wird das Flugzeug nicht in diejenige Lage gegen die Flugbahn zurückgedrückt, die der betr. Höhenrudereinstellung bei geradem Flug entspricht; denn es muß ständig ein schwanzlastiges Moment übrig bleiben, welches das Flugzeug der gekrümmten Bahn nachdreht; der Anstellwinkel ist infolge der Stabilitätsbedingung gegen den ursprünglichen Wert erniedrigt, wodurch ein Teil der Entlastung kompensiert wird.

Bei voller statischer Stabilität kommt das Flugzeug schnell in eine kreisende Bewegung mit ungefähr konstanten Werten des Anstellwinkels und des Seitenwinkels, also auch der Luftkräfte und Momente. Unter langsamen Schwingungen, deren Dauer ausschließlich durch die Drehgeschwindigkeit um die Rumpfachse bestimmt ist, daher kommend, daß Auftrieb und Gewicht sich bald addieren, bald subtrahieren, stellen sich nach und nach die Gleichgewichtswerte der Geschwindigkeit und der Bahnrichtung ein. Über diese „Korkzieherschwingungen" überlagen sich die viel schnelleren Windfahnenschwingungen und Drehschwingungen in der Symmetrieebene, ohne den Bewegungstypus zu stören.

Beim Abfangen aus dem Korkzieher verläuft alles in analoger Weise wie beim Übergang zum Korkzieher; bei Zurücknahme des Querruders hört augenblicklich die Drehung um die Rumpfachse auf, mit ihr die Drehung der Flugbahn; Anstellwinkel und Seitenwinkel nehmen schnell (Größenordnung 2 sek) ihre Gleichgewichtswerte an; die Flugbahn krümmt sich dann gleichfalls rasch nach oben, nur die Geschwindigkeit kommt erst nach und nach auf ihren Gleichgewichtswert zurück, wobei „Phygoidenschwingungen"[1] auftreten. Der ganze Bewegungstypus birgt also keine Gefahren, solange genügend Platz bis zum Erdboden vorhanden ist.

7. Wird der Querruderausschlag mit einem Seitenruderausschlag kombiniert, so verläuft die Bewegung in ihrem späteren Teil genau so als Korkzieherschwingung wie ohne Seitenruderausschlag; auch scheint mir „Spiralsturz"-Stabilität nicht die schließliche Ausbildung dieses Bewegungstypus zu hemmen. Die Einleitung der Bewegung wird durch das Seitenruder aber stark verändert. Die Windfahnenbewegung ruft nämlich sofort Wind von außen hervor; bei Querruderausschlag allein entsteht hingegen ein Seitenmoment, welches den äußeren Flügel nach hinten drückt, also Wind von innen erzeugt. Durch Seitenruder wird also die Einstellung des Flugzeugs gegen den Flugwind von innen gehemmt, der Übergang zur Korkzieherschwingung verzögert; zudem entsteht durch das Zusammenwirken der Drehung um die Rumpfachse und des Windes von außen eine geometrische Erhöhung des Anstellwinkels, welche die Entlastung fördert und das Sinken der Flugbahn verhindert. Es ist möglich, daß diese Erschwerung, die sich einer Ausbildung der Korkzieherbewegung entgegensetzt, die Hauptbedeutung des Seitenruders, das ja zur Erzielung einer Flugbahnkrümmung nichts beiträgt, ausmacht.

Bei großen Anstellwinkeln im Autorotationsgebiet ist zudem das Seitenruder das einzige Organ, das die Drehbewegung hemmen kann. Ein Ausschlag des Seitenruders entgegen der einmal eingeleiteten Drehung schafft Seitenwind von innen. Ein Gegenausschlag der Querruder

---

[1] Über diesen Begriff s. z. B. Fuchs-Hopf: Aerodynamik (R. C. Schmidt & Co. 1922), S. 358 f. u. S. 369 ff. Zuerst beschrieben von Lanchester: Aerodynamik Bd. 2, S. 28 der deutschen Ausgabe.

schafft aber sofort Seitenwind von außen, ohne die Autorotation vollkommen zu hemmen oder gar umzudrehen. Die Autorotation wird aber durch Wind von außen stark angefacht, durch Wind von innen abgedrosselt. Diese Verhältnisse sind schon von Jones[1] ausführlich diskutiert worden.

8. Es sind nun die wesentlichen Unterschiede des harmlosen Bewegungstyps, den wir Korkzieher genannt haben, gegen den Trudeltypus hervorzuheben. Das Trudelgleichgewicht ist lange bekannt; wesentlich dafür ist der sehr hohe Anstellwinkel, der mit Höhenruder nicht mehr erzwungen werden kann. Bei diesen Anstellwinkeln ist die Drehgeschwindigkeit der Autorotation außerordentlich groß. Um aber das Längsgleichgewicht zu erhalten, muß ein großes Kreiselmoment auftreten, das seinerseits nur bei sehr großer Drehgeschwindigkeit auftritt. Die Gefahr der Trudelbewegung liegt in diesem Moment der Trägheitskräfte, das nicht aerodynamischer Natur ist, wie die anderen Momente um den Schwerpunkt, und deshalb unter Umständen von aerodynamischen Momenten nur schwer und nur ganz indirekt überwunden werden kann. Über das Gleichgewicht beim Trudeln ist anderwärts — von mir und von andern — so viel gesagt worden[2], daß ich hier nicht dabei verweilen will. Nur so viel möchte ich hervorheben, daß theoretisch ein solches Trudelgleichgewicht auch ohne Autorotation möglich wäre; nur müßte dann das Kreiselmoment bei gegebenen Drehgeschwindigkeitskomponenten wesentlich größer, also die Massenverteilung in dieser Hinsicht noch ungünstiger sein als beim normalen Flugzeug.

9. Der Übergang zum Trudeln ist ein Bewegungstypus, dessen wesentlich unterscheidendes Moment gegenüber den oben beschriebenen Typen die erhebliche Drehgeschwindigkeit des Flugzeugs um die Stielachse ist und zwar in demselben Sinn, der dem Hineinlegen des Flugzeugs in die Kurve durch Drehung um die Rumpfachse entspricht. Eine solche Drehung tritt wohl zwangläufig auf, wenn das Flugzeug eine normale Flugkurve beschreibt; aber dann ist sie nicht so groß, daß sie wesentliche Massenmomente hervorrufen könnte. Beim Korkzieher tritt sie ganz zurück, denn die ganze rasche Drehung der Bahn, welcher das Flugzeug nachgedreht wird, erfolgt, wie oben angedeutet, um die andern Achsen.

Eine wesentliche Drehung um die Stielachse kann durch energischen Seitenruderausschlag hervorgerufen werden. Ist nun der Anstellwinkel ohnehin groß, so bedarf es nur eines geringen Kreiselmomentes, um ein stärkeres Überziehen hervorzurufen, und nun tritt eine eigenartige Instabilität auf. Steigerung des Anstellwinkels vermindert die Rolldämpfung, steigert daher die Drehgeschwindigkeit um die Rumpfachse, steigert bei normaler Massenverteilung dadurch das Kreiselmoment, wodurch der Anstellwinkel weiter gesteigert wird. Nun würde andererseits die notwendige Drehung um die Stielachse durch die Windfahnenbewegung gehemmt; aber bei großem Anstellwinkel ist, auch

---

[1] Jones, B.M.: The lateral control of stalled aeroplanes. Rep. a. Mem. Nr. 1001.
[2] S. z. B. Fuchs-Hopf: Aerodynamik, S. 424ff. und Bryant u. Gates: Rep. a. Mem. Nr. 1001.

wenn die Bahn der des Korkziehers ähnlich steil nach unten verläuft, die notwendige Nachdrehung des Flugzeugs zu der Flugbahn mit einer erheblichen Komponente um die Stielachse gerichtet. Und außerdem erhöht der Seitenwind von außen, der eine heilsame Windfahnenbewegung erzwingt, seinerseits die Drehgeschwindigkeit um die Rumpfachse. In den — vielleicht etwas zufällig gegriffenen — Beispielen, die v. Baranoff und ich durchgerechnet haben, hält sich der Seitenwind in mäßigen Grenzen; die Windfahnenbewegung hemmt die durch die Bahnkrümmung erzwungene Drehgeschwindigkeit nicht wesentlich. Das Gegensteuern der Querruder, das oben schon als schädlich erwähnt wurde, wirkt auch auf eine schädliche Steigerung dieser Drehung. Der Seitenwind schwankt tatsächlich beim Beginn des Trudelns — und nach den Versuchen von Hübner und Pleines[1] auch noch im stationären Trudeln — zwischen außen und innen hin und her, bald bremsend, bald fördernd in seiner Wirkung suf die Drehgeschwindigkeit.

Der Bewegungstypus, welcher den Übergang in das eigentliche Trudeln darstellt, ist also charakterisiert durch eine starke Anfangsdrehung um die Stielachse, rasch erreichten großen Anstellwinkel, schnelle Drehung und Kreiselmoment. Man kann ihn hemmen durch Rolldämpfung (Handley-Pages Schlitzflügel)[2], durch eine große Kielflosse (Ruder besser nicht zu groß), welche die gefährliche Drehung dämpft und nicht zu stark werden läßt und auch den Seitenwind klein hält, und durch eine Massenverteilung, bei welcher die Massen möglichst von der Rumpfachse weggezogen sind.

Das Herausnehmen aus einem ausgebildeten oder wenigstens weit fortgeschrittenen Trudeln ist deshalb schwer, weil es eine indirekte Wirkung ist; durch Bremsung der Drehgeschwindigkeit um die Stielachse muß Seitenwind von innen erzeugt und dadurch die ganze Drehgeschwindigkeit gehemmt werden; dann wird das Kreiselmoment klein und das Höhenruder wirksam.

Was ich qualitativ über die Bewegungstypen sagte, ist ohne große Mühe quantitativ ausdrückbar; bei dimensionsloser Schreibweise treten auch die charakteristischen Größen gut hervor. Ich behaupte natürlich nicht, daß ich hier alle wichtigen Bewegungstypen besprochen habe, auch nicht, daß alle klargestellt sind oder mit den heutigen experimentellen Kenntnissen klargestellt werden können. Vor allem treten noch große Probleme beim ausgebildeten Trudeln und beim flachen Trudeln, sowie bei dem gefährlichen Trudeln auf dem Rücken auf, die trotz einiger Ansätze, z. B. von v. Baranoff[3] und von Fuchs[4] noch nicht

---

[1] Hübner, W. u. W. Pleines: Kinematographische Messung der Trudelbewegung. Z. Flugtechn. u. Motorl. Bd. 20. 1929.

[2] Neuere Vorschläge zu ähnlichen Maßnahmen: Schrenk, O.: Eine Möglichkeit zur Unterdrückung der Autorotation von Tragflächen. Z. Flugtechn. u. Motorl. Bd. 20. 1929. Fuchs, R. u. W. Schmidt: Luftkräfte und Luftkraftmomente bei großen Anstellwinkeln... Z. Flugtechn. u. Motorl. Bd. 21. 1930.

[3] v. Baranoff, A.: Beitrag zur Frage der Stabilität der Trudelbewegung. Luftfahrtforschung Bd. 3, H. 1.

[4] Fuchs, R. u. W. Schmidt: Stationärer Trudelflug. Luftfahrtforschung Bd. 3, H. 1; Fuchs, R.: Vortrag auf der WGL-Versammlung 1929.

ganz durchschaut sind. Ich wollte hier nur auf die Möglichkeit hinweisen, wie das schwere Problem der Flugzeugdynamik in einer übersichtlichen und — wie ich meine — praktisch nützlichen Weise vereinfacht werden kann.

Stabilitätsmessungen im Fluge[1].

Von **H. J. van der Maas,** Amsterdam.

Im Folgenden wird kurz berichtet über Stabilitätsmessungen im Fluge unter Beschränkung auf die Grundgedanken der Methode und ihren praktischen und theoretischen Wert. Für weitere Ausführungen und Resultate von Versuchen, die nach dieser Methode ausgeführt sind, wird hingewiesen auf die Doktorarbeit des Verfassers, die auch in den Mitteilungen der holländischen Versuchsanstalt für Luftfahrt abgedruckt worden ist[2].

Bei der Prüfung eines Flugzeuges tritt die Festlegung der Flugeigenschaften meist stark gegen denen der Flugleistungen zurück. Man verläßt sich auch jetzt noch meist, was die ersten anbetrifft, auf das subjektive Urteil des Fliegers. Es ist aber erwünscht, Methoden zu entwickeln, die gestatten auch die Flugeigenschaften quantitativ festzulegen. Man denke hier z. B. an die Prüfung von dem Einfluß von Abänderungen am Flugzeug. Einer der Hauptgründe vom Fehlen derartiger Methoden mag wohl sein, daß hier zu den Schwierigkeiten, die Versuche im Fluge im allgemeinen mit sich bringen, noch eine weitere von mehr theoretischer Art hinzukommt. Während nämlich bei Prüfung der Flugleistungen im voraus eindeutig feststeht, welche Größen man zu bestimmen hat, ist das hier nicht der Fall, so daß man anfangen soll, diese Frage zu lösen. Die zu bestimmenden Größen sollen einerseits ausreichen ein Urteil über irgendwelche wichtige Eigenschaft des Flugzeuges auszusprechen, anderseits sollen sie sich mit genügender Genauigkeit durch möglichst einfache Versuche bestimmen lassen.

Es wurde jetzt versucht, eine Methode zur Beurteilung der Längsstabilität zu gewinnen, es ist aber die Absicht auch für die weiteren Flugeigenschaften derartige Methoden zu entwickeln. Wenn in dem folgenden von Stabilität die Rede sein wird, ist ohne weiteres Längsstabilität gemeint.

Der leitende Gedanke war jetzt folgender. Bekannt sind folgende zwei Tatsachen:

1. die Längsmomente spielen die Hauptrolle bei Stabilitätsfragen,
2. im stationären Fluge wird Momentengleichgewicht hergestellt mittels des Höhenruders.

Es liegt also die Frage nahe: was kann man aus den Ruderausschlägen bei stationären Fluglagen lernen über Stabilität. Diese Frage ist für den Fall eines Flugzeuges ohne Propeller wohl, für den allgemeinen

---

[1] Mitgeteilt von C. Koning.
[2] Verslagen en Verhandelingen van den Rijks-Studiedienst voor de Luchtvaart, Amsterdam. Deel V, 1929.

Fall aber, wo man den Einfluß des Schraubenstrahls mit zu betrachten hat, unseres Wissens noch nicht beantwortet worden. Es zeigte sich, daß man wichtige Folgerungen aus der Beantwortung ziehen kann.

Die Beantwortung der gestellten Frage fordert aber erst Klarlegung der Beziehung zwischen Momente und Höhenruderausschläge. Werden statt Momente sofort deren absoluten Koeffizienten angeschrieben, dann kann man das auf das Flugzeug wirkende Gesamtmoment folgenderweise in zwei Teile zerlegen.

$$c_m = c_m^* + m\,\beta,$$

mit: c_m = Koeffizient des Gesamtmoments,
c_m^* = Koeffizient des „Flugzeugmoments" (bei Höhenruderausschlag 0^0),
β = Höhenruderausschlag,
$m\,\beta$ = Koeffizient des Rudermoments.

Ist der Bewegungszustand ein stationärer, so ist das Gesamtmoment null, also sind Flugzeugmoment und Rudermoment einander entgegengesetzt gleich.

Werden in verschiedenen stationären Fluglagen die Ruderausschläge bestimmt, so kann man auch sagen, daß die Flugzeugmomente gemessen werden, sei es dann auch in Grad Ruderwinkel.

Eine stationäre, symmetrische Fluglage wird beschrieben von den 6 Variablen:

v = Bahngeschwindigkeit,
φ = Bahnwinkel, α = Anstellwinkel, β = Höhenruderausschlag,
n = Tourenzahl der Schraube,
s = Stellung des Gashebels.

Zwischen diesen bestehen 4 Bedingungen (Kräftegleichgewicht senkrecht und parallel zur Bahnrichtung, Momentengleichgewicht für Flugzeug und Schraube).

Jede Fluglage ist also, im allgemeinen eindeutig, von 2 unabhängigen Variablen gegeben. Die Wahl dieser Variablen ist durch den Zweck der Untersuchung bestimmt. Diese Sachen könnten als bekannt angesehen werden, wenn nicht eine der genannten Variablen, wie später gezeigt wird, sich als besonders wichtig herausgestellt

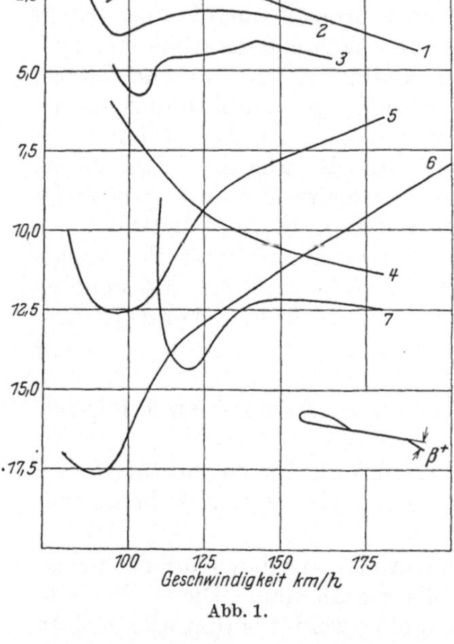

Abb. 1.

hätte, während sie im allgemeinen nur wenig beachtet wird. Sie ist die Stellung des Gashebels oder die Stellung der Drosselklappe des Motors.

Die bei Versuchen in Gleichgewichtslagen bestimmten Ruderausschläge können nun als Funktion zweier der weiteren Variablen betrachtet werden. Gibt man eine dieser einen konstanten Wert, dann bekommt man eine Kurve, die Steuerstandskurve genannt wird. Für die Anwendungen am wichtigsten sind diejenigen Steuerstandskurven, die man bekommt, wenn man als unabhängige Variablen Geschwindigkeit und Gashebelstellung annimmt, und $\beta - v$-Kurven für konstanten Wert der letzteren betrachtet.

Ein erster Vorteil dieser Kurven ist, daß sie sich einfach bestimmen lassen. Die Wahl von Gashebelstellung als unabhängige Variable war anfangs darauf begründet, daß man sie ohne Schwierigkeit während des Versuches konstant halten konnte, während dies für Umlaufs- oder Fortschrittzahl der Schraube nicht der Fall war. Es stellte sich aber heraus, daß diese Kurven „konstanter Gashebelstellung" sowohl in praktischer als in theoretischer Hinsicht weit wichtiger waren.

Abb. 1 soll einen Eindruck geben von der praktischen Bedeutung dieser Kurven. Es sind darin mehrere Steuerstandskurven konstanter Gashebelstellung gegeben. Der Ruderausschlag ist hier positiv

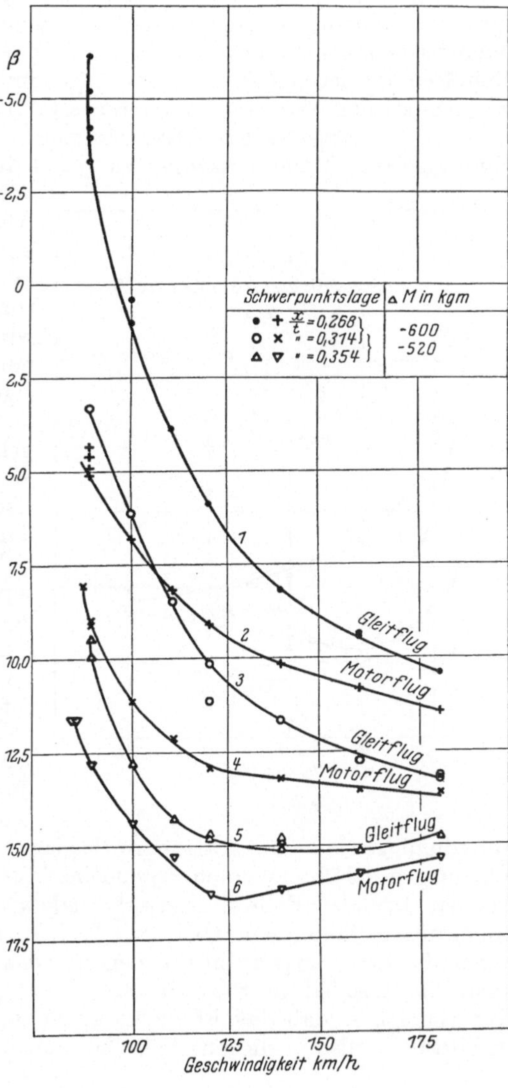

Abb. 2.

genannt, wenn die Hinterkante des Ruders nach unten steht. Vom Standpunkte des Fliegers ist jetzt die Frage wichtig: was soll ich machen, damit ich aus irgendeiner Fluglage in eine benachbarte übergehe und darin bleibe. Es sei in der neuen Lage die Geschwindigkeit größer, also der Anstellwinkel kleiner. Zur Änderung des Anstellwinkels soll also der Ruderausschlag vergrößert werden, damit das Flugzeug eine Drehung um die Querachse im angegebenen Sinne ausführen wird. Zu der neuen Gleichgewichtslage gehört aber nur dann ebenfalls ein größerer Ruderausschlag, wenn die Steuerstandskurve in das Bild nach rechts fällt. Ruderausschlag zum Kippen des Flugzeuges und zum Behalten der neuen Gleichgewichtslage sind also im selben Sinne und wir nennen das Flugzeug „steuerungsstabil" (Kurve 4).

Steigt im Gegenteil die Steuerstandskurve an, dann hat man erst einen größeren Ruderausschlag zu geben damit das Flugzeug gekippt wird, nachher soll aber der Ausschlag wieder kleiner werden, um die neue Lage einhalten zu können. Die Steuerung des Flugzeuges, das wir jetzt „steuerungsunstabil" nennen, ist jetzt weit schwieriger (Kurve 6).

Der neu eingeführte Begriff „steuerungsstabil" kann als eine Erweiterung von „statisch stabil" betrachtet werden. Für den Fall ohne Schraube fallen beide zusammen, während für ein Flugzeug mit wirkender Schraube eine genaue Definition der „statischen Stabilität" bis jetzt fehlte.

Aber auch für die Frage der dynamischen Stabilität ist der Begriff „Steuerungsstabilität" wichtig, so weit hier die kleinen

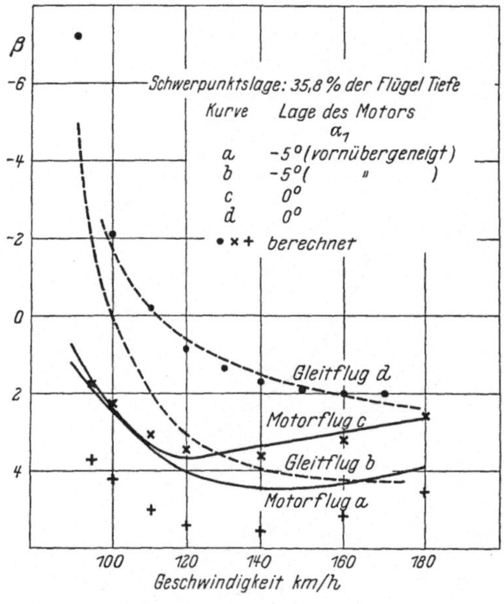

Abb. 3.

Schwingungen um eine stationäre Fluglage, die das Flugzeug ohne Einwirkung des Führers nach irgendeiner Störung ausführt, betrachtet werden. In diesem Falle sind sowohl Ruderausschlag als Gashebelstellung konstant. In Zusammenarbeit mit Prof. Burgers ist folgendes gezeigt: wenn die Steuerungsstabilität negativ, das Flugzeug also steuerungsunstabil ist, so hat die Stabilitätsgleichung mindestens eine reelle positive Wurzel, so daß das Flugzeug dynamisch unstabil ist. Steuerungsstabilität ist also in diesem Falle eine notwendige Bedingung für dynamische Stabilität.

Nach dieser Erörterung über die Beziehungen zwischen Stabilität und Steuerstandskurven soll noch einiges von den letzteren gezeigt werden. Wir haben schon gesehen, daß die Ruderausschläge ein Maß für die Flugzeugmomente sind, der Maßstab hier aber unbekannt ist. Man kann diese durch Versuche kennen lernen (Abb. 2), indem man Steuerstandskurven für mehrere Schwerpunktslagen bestimmt. Betrachtet man nun zwei Fluglagen, in denen Geschwindigkeit und Gashebelstellung dieselbe, die Schwerpunktslage eine andere ist, dann ist das Moment, das von der Differenzen der Ruderausschläge herstammt gleich dasjenige, das eine Folge der Schwerpunktsverschiebung ist. Das Rudermoment für einen Grad Ruderausschlag ist dann in absoluten Maß bestimmt.

Die letzte Abbildung zeigt wie einfach man den Einfluß von Änderungen an einem Flugzeug mittels Steuerstandskurven bestimmen kann. Die Kurven beziehen sich hier auf dasselbe Flugzeug, als Änderung wurde der Motor aber einen kleinen Winkel gekippt. Die Kurven zeigen den großen Einfluß dieser Änderung.

Die Störung der Auftriebsverteilung am Flugzeug als technisches Problem.

Von Dr.-Ing. **Carl Töpfer,** Karlsruhe.

Zusammenfassung: An Hand von Modellversuchen wird die Widerstandsvermehrung durch Störung der Auftriebsverteilung am einmotorigen Flugzeug gezeigt. Die Auswirkung dieser Erscheinung auf Start- und Landefähigkeit und damit auf die wirtschaftliche Ausnutzung des Verkehrsflugzeuges wird besprochen und Forderungen für die künftige Entwicklung des schnellen Fernflugzeuges werden hieraus abgeleitet. Zum Schluß wird eine logarithmisch-graphische Berechnung der Flugleistungen gezeigt, mittels der die gemessene Widerstandsvermehrung berücksichtigt werden kann.

1. Einleitung.

Das praktische Ziel der aerodynamischen Wissenschaft sehe ich darin, die Strömungsvorgänge am Flugzeug der mathematischen Behandlung soweit zugänglich zu machen, daß der Entwurf eines Flugzeuges unabhängig von besonderen Modellversuchen wird und die Vorausberechnung der Flugleistungen und Eigenschaften auf Grund von allgemein gültigen Widerstandsmessungen vorgenommen werden kann. Es ist nicht meine Absicht, diese Bestrebungen der Aerodynamik herabzusetzen, und ich glaube, daß ich dies nicht tue, wenn ich feststelle, daß das genannte erstrebenswerte Ziel heute noch nicht erreicht ist.

Die Hauptschwierigkeit, die sich der rechnerischen Erfassung der Flugleistungen entgegenstellt, ist die Störung der Auftriebsverteilung durch die nichttragenden Teile des Flugzeuges, einschließlich der Beeinflussung durch den Propellerstrahl, die sich in sehr verschiedener Art und Ausmaß geltend macht. Allgemein kann man sagen, daß die Störung der Auftriebsverteilung um so entscheidender wird, je höhere aerodynamische Eigenschaften von dem Flugzeug gefordert werden. Dies dürfte der Grund sein, weshalb man erst in jüngerer Zeit auf diese Erscheinung aufmerksam geworden ist. Denn sie spielt fast keine Rolle bei der Widerstandsberechnung des verspannten Doppeldeckers von kleinem Seitenverhältnis, während sie beim freitragenden Eindecker nicht vernachlässigt werden darf und bei Fernflugzeugen geradezu entscheidend wird.

Wenn ich hier über die Störung der Auftriebsverteilung sprechen will, so ist es doch nicht meine Absicht, Ihnen eine mathematische Lösung dieses Problems vorzutragen. Vielmehr will ich versuchen, den Nachweis zu erbringen, daß hier ein technisches Problem von großer Bedeutung für die Weiterentwicklung der Flugtechnik vorliegt, das der mathematischen Durchdringung bedarf.

Die Störung der Auftriebsverteilung lief früher, und wohl auch gelegentlich heute noch, unter dem Namen „gegenseitige Beeinflussung von Rumpf und Flügel". Sie ist als solche meines Wissens zuerst im Dessauer Windkanal systematisch untersucht worden. Auch die Göttinger Anstalt hat derartige Untersuchungen wiederholt angestellt und veröffentlicht. Es ist bekannt, daß am Tragflügel allein der Auftrieb nahezu elliptisch über die Spannweite verteilt ist, und zwar unabhängig von der Form des Grundrisses, sei er nun rechteckig, elliptisch oder trapezförmig. Nur der Spitzflügel zeigt wesentliche Abweichungen hiervon. Für die Berechnung des induzierten Widerstandes eines normalen Tragflügels kann somit elliptische Auftriebsverteilung zugrunde gelegt werden. Dies gilt aber nur für den Tragflügel allein, denn sobald zum Flügel der Rumpf oder gar noch seitliche Motorvorbauten hinzutreten, ändern sich die Verhältnisse wesentlich.

2. Modellmessungen.

Daß sich die Störung der Auftriebsverteilung durch den Rumpf auch schon bei einmotorigen Flugzeugen sehr unangenehm bemerkbar

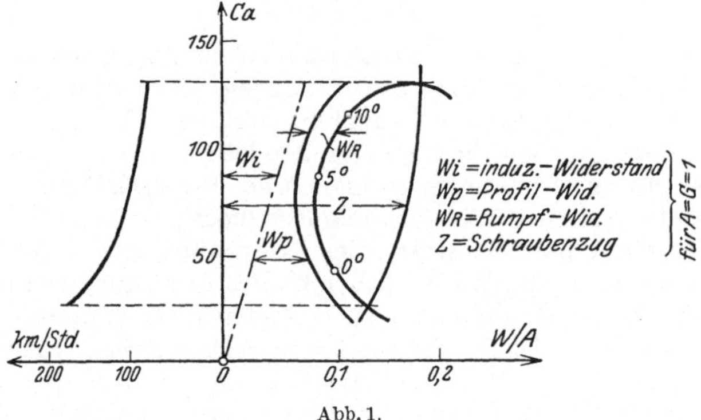

Abb. 1.

macht, will ich am Widerstandsdiagramm des bekannten Verkehrseindecker F 13 (Junkers) zeigen:

Die Ordinate Ca (siehe Abb. 1) ist bei gegebenem Fluggewicht ein Maß für die Fluggeschwindigkeit. Da ferner das Verhältnis $W : A$ im Gleichgewichtszustand und bei gegebenem Fluggewicht proportional dem Flugwiderstand ist, so gibt das Diagramm die Abhängigkeit des

Flugwiderstandes von der Fluggeschwindigkeit wieder. Im Windkanal ist am Modell abhängig vom Anstellwinkel bzw. von Ca gemessen: 1. der Widerstand des Flugzeuges (ohne Fahrgestell); 2. der Widerstand des Flügels allein. Der induzierte Widerstand bei elliptischer Auftriebsverteilung ist berechnet und als Gerade eingezeichnet.

Die einzelnen Widerstandsteile zeigen nun eine recht verschiedene Abhängigkeit von der Fluggeschwindigkeit. Charakteristisch für den induzierten Widerstand ist seine Zunahme mit sinkender Geschwindigkeit. Der Profilwiderstand nimmt als Reibungs- und Formwiderstand mit der Geschwindigkeit ab, ist aber außerdem stark abhängig vom Anstellwinkel. Der Widerstand des Rumpfes wird vielfach als Stirnwiderstand angesetzt, der wenig oder gar nicht vom Anstellwinkel beeinflußt wird. Sicherlich spielt der Anstellwinkel am Rumpf der F 13 im normalen Bereich keine große Rolle. Man sollte also erwarten, daß der Rumpfwiderstand nahezu proportional zu v^2 verläuft, d. h. umgekehrt proportional zu Ca abnimmt.

Dies ist nach der Modellmessung aber durchaus nicht der Fall. Vielmehr nimmt der Rumpfwiderstand mit abnehmender Geschwindigkeit stetig zu. Er folgt also eher dem Gesetz des induzierten Widerstandes als dem eines Stirnwiderstandes. Hieraus schließt man bekanntlich, daß die Widerstandsvermehrung durch den Rumpf nur zum kleineren Teil ein Stirnwiderstand sein kann, daß vielmehr durch den Rumpf die Auftriebsverteilung gestört und dadurch der induzierte Widerstand vergrößert worden ist. Dieser Schluß wird durch die Beobachtung gestützt, daß erfahrungsgemäß der Gesamtwiderstand eines Flugzeuges wesentlich größer ist, als die Summe aus den gemessenen Einzelwiderständen des Tragflügels und aller nichttragenden Teile.

Die Widerstandsvermehrung durch die Störung der elliptischen Auftriebsverteilung entzieht sich zur Zeit noch jeder Vorausberechnung und kann dem Flugzeugkonstrukteur recht unangenehme Überraschungen bereiten. Namentlich bei aerodynamisch sonst gut entwickelten mehrmotorigen Verkehrsflugzeugen hat sich gezeigt, daß der Widerstand der seitlichen Motoraufbauten alle Vorausberechnung des Gesamtwiderstandes umwerfen kann.

3. Sinkwert, Flächenbelastung und Landefähigkeit.

Die Wirtschaftlichkeit eines Verkehrsflugzeuges wird durch die Landefähigkeit in erheblichem Maße beeinflußt. Das Fahrgestell muß beim Aufsetzen auf dem Boden oder im Wasser den vertikalen Stoß aufnehmen. Über eine bestimmte Grenze der Sinkgeschwindigkeit, d. h. der vertikalen Komponente der Gleitgeschwindigkeit, kann man praktisch nicht hinausgehen, ohne die Landung zu gefährden.

Auch in den deutschen Bauvorschriften für die Festigkeit des Fahrgestelles ist die Sinkgeschwindigkeit enthalten. Allerdings wird in der deutschen Formel nur die Landegeschwindigkeit sichtbar. Jedoch darf nicht vergessen werden, daß für die Berechnung der Konstanten dieser Formel ein bestimmter Gleitwinkel angenommen worden ist. Da nun die Sinkgeschwindigkeit das Produkt aus tg. des Gleitwinkels und horizontaler Geschwindigkeit ist, so wird durch den Aufbau der DVL-Formel die vertikale Sinkgeschwindigkeit als maßgebend für die Beanspruchung des Fahrgestelles anerkannt. Die Einführung eines konstanten Gleitwinkels in die Bauvorschrift kann mit praktischen Erwägungen gerechtfertigt werden. Durch die Störung der Auftriebsverteilung wird die Vorausberechnung der Widerstandsverhältnisse bei großen Anstellwinkeln außerordentlich unsicher, so daß die Abschätzung der Sinkgeschwindigkeit mehr oder weniger in das Belieben des Konstrukteurs gestellt sein würde.

Für die Sinkgeschwindigkeit gilt die Beziehung:

$$V_s = \frac{Cw}{Ca} \cdot \sqrt{\frac{G \cdot 100 \cdot 2\,g}{Ca \cdot F \cdot \gamma}} = 10 \cdot \frac{Cw}{Ca^{3/2}} \cdot \sqrt{\frac{G \cdot 2\,g}{F \cdot \gamma}}.$$

Nimmt man einen praktisch zulässigen Höchstwert für die Sinkgeschwindigkeit an — er liegt etwa bei 4 m/sek — so kann die Flächenbelastung $G : F$, und damit die Nutzlast, um so größer gewählt werden, je kleiner der Sinkwert $(Cw : Ca^{3/2})$ des betreffenden Flugzeuges ist. Diese Größe wird zu einem Minimum zwischen 5 und 10^0 Anstellwinkel. Der Widerstand in diesem Bereich ist somit maßgebend für die wirtschaftliche Ausnutzung des Flugzeuges.

Wie ferner aus Abb. 1 ersichtlich, erreicht der Rumpfwiderstand, der bei maximaler Geschwindigkeit nur 25% des schädlichen Widerstandes (Profilwiderstand eingeschlossen) ausmachte, bei 8^0 Anstellwinkel 60% des schädlichen Widerstandes. Die Widerstandsvermehrung durch die Störung der Auftriebsverteilung ist somit von großem Einfluß auf den aerodynamischen Sinkwert und den wirtschaftlichen Gebrauchswert des Verkehrsflugzeuges.

4. Sinkwert und Fernflugzeug.

Daß die Sinkgeschwindigkeit maßgebend für die Beurteilung der Landefähigkeit eines Flugzeuges ist, wird ferner durch die Tatsache bestätigt, daß Landegeschwindigkeit und Flächenbelastung der Verkehrsflugzeuge mit steigender aerodynamischer Güte heraufgesetzt werden konnte. Die richtige Bewertung dieser Tatsache ist von entscheidender Bedeutung für die Entwicklung des Schnellpost-Flugzeuges über größte Flugweiten. Sie führt folgerichtig zur Züchtung kleiner Sinkgeschwindigkeit trotz hoher Flächenbelastung und hoher Reisegeschwindigkeit! Die Entwicklung des schnellen Fernflugzeuges sollte daher auf dem Wege einer Verminderung des zusätzlichen induzierten Widerstandes gesucht werden, der aus der Störung der Auftriebsverteilung resultiert. Denn kleiner Sinkwert ist der Schlüssel zu hoher Reisegeschwindigkeit!

Ein kleiner Sinkwert läßt sich nicht etwa allein durch eine Vergrößerung des Seitenverhältnisses, d. h. Verminderung des induzierten Widerstandes des Tragflügels allein, erreichen. Denn die Störung der Auftriebsverteilung macht die Vergrößerung des Seitenverhältnisses zum Teil illusorisch, so daß die mit der Vergrößerung der Spannweite verbundene Gewichtszunahme der Flügel nicht gerechtfertigt werden könnte. Aus diesem Grunde stellt die Störung der Auftriebsverteilung auch bei einmotorigen Flugzeugen ein zur Zeit kaum übersteigbares Hindernis für die Entwicklung des schnellen Fernflugzeuges dar, denn sie wird durch die Einbaumöglichkeiten unserer heutigen Flugmotoren bedingt.

5. Leistungsbelastung und Start.

War das größtmögliche Fluggewicht durch die Landefähigkeit gegeben, so muß der Motor stark genug sein, um einen sicheren Start mit diesem Fluggewicht zu gewährleisten. Ob das Flugzeug nach Abheben vom Boden sich gerade noch im horizontalen Flug halten kann oder ob es sofort zu steigen beginnt, das hängt allein vom Widerstand bei großen Anstellwinkeln ab. Ist nämlich der Widerstand bei dem größten zulässigen Anstellwinkel wesentlich größer als der Schraubenzug, so ist bei großen Anstellwinkeln ein unbeschleunigter Horizontalflug nicht möglich. Die Leistungsbelastung ist in solchem Falle zu hoch, der Start ist nur auf großen Flugplätzen mit guter Rollbahn zuverlässig.

Andererseits wäre es höchst unwirtschaftlich, den Motor eines Verkehrsflugzeuges stärker zu bemessen, als für einen sicheren Start erforderlich ist. Ist der Propellerzug gleich dem Widerstand bei maximalem Anstellwinkel, so ist ein Horizontalflug auch noch bei der kleinsten Schwebegeschwindigkeit möglich und der Start sicher und zuverlässig.

Man erkennt hieraus, wie wichtig es für den Konstrukteur ist, daß er die Widerstandsverhältnisse bei großen Anstellwinkeln in seine Rechnung richtig einsetzt. Hat er den Widerstand zu klein angenommen und den Motor zu schwach bemessen, so kann das sonst noch zulässige Fluggewicht mit Rücksicht auf den Start nicht voll ausgenutzt werden. War dagegen der Motor stärker bemessen als erforderlich so kann das Fluggewicht mit Rücksicht auf die Landefähigkeit doch nicht vergrößert werden. Was am Motorgewicht zuviel ist könnte viel besser als zahlende Nutzlast mitgenommen werden.

Man wird mir entgegenhalten, daß man unschwer die Motorenstärke nachträglich ändern kann. So einfach liegen die Dinge aber nicht. Für den Verkehrserfolg einer Neukonstruktion ist es entscheidend, daß die konstruktiv wählbaren Größen: wie Motorstärke, Tragflügelgröße, Zuladung und Flächenbelastung, Fassungsvermögen des Rumpfes, Bausicherheit, gegenseitig auf ein Optimum für den Verwendungszweck des Flugzeuges abgestimmt werden. Durch spätere Änderung der Motorstärke kann man im besten Falle nur die gröbsten Fehler der Vorausberechnung etwas mildern.

6. Die Gleichgewichtspolare.

Zusammenfassend stelle ich fest, daß der Konstrukteur möglichst genaue Unterlagen über die Widerstandsverhältnisse bei großen Anstellwinkeln benötigt. Solche Unterlagen kann er sich nicht dadurch verschaffen, daß er die Teilwiderstände der nichttragenden Teile zu dem Widerstand des Tragflügels addiert, da gerade in dem praktisch wichtigsten Teile der Flugzeugpolare eine Vergrößerung des induzierten Widerstandes eintritt, die man rechnerisch nicht erfassen kann.

Man ist daher zur Zeit noch ganz und gar auf Windkanalmessungen am vollständigen Flugzeugmodell angewiesen. Der Wert solcher Modellversuche wird nicht nur dadurch beeinträchtigt, daß der Kennwert einzelner Flugzeugteile (Fahrgestell) zu klein ist, sondern es besteht noch die andere Schwierigkeit, daß nur eine Gleichgewichtspolare die Widerstandsverhältnisse bei großen Anstellwinkeln richtig erkennen läßt. Nur Messungen, die bei ausgeglichenem Längsmoment bezogen auf den Schwerpunkt des Flugzeuges vorgenommen worden sind, können als Unterlage für den Flugzeugentwurf dienen, da sonst der Ca-Wert meist größer erscheint, als er in Wirklichkeit ist.

Die Herstellung einer solchen Gleichgewichtspolare in der erforderlichen Genauigkeit ist umständlich und kostspielig. Dies ist wohl der Grund für das Bestreben vieler Konstrukteure, sich vom Modellversuch frei zu machen. Für eine erste rohe Abschätzung des Projektes mag dies möglich sein. Jedoch muß beim heutigen Stand der Flugtechnik jede Verbesserung mühsam Schritt für Schritt erkämpft und errechnet werden, so daß die Rechnungsunterlagen gar nicht genau genug sein können.

7. Graphische Flugzeugberechnung.

Bei der Vielzahl der Variablen eines Flugzeugentwurfes ist die richtige Bewertung gewisser konstruktiver Maßnahmen nur an Hand einer übersichtlichen graphischen Rechnung möglich, die auf der gemessenen Gleichgewichtspolare aufgebaut ist. Es ist zwar vorgeschlagen worden, die Polare durch ein mathematisches Gesetz näherungsweise zu ersetzen. Dies wäre aber nur bei grundsätzlicher Vernachlässigung der Störung der Auftriebsverteilung und des hierdurch bewirkten zusätzlichen induzierten Widerstandes möglich. Denn diese Widerstandsvermehrung folgt keinem allgemeinen Gesetz, sondern ist individuell von Flugzeug zu Flugzeug verschieden. Sie kann daher nur bei graphischer Rechnung berücksichtigt werden.

Es sei mir in diesem Zusammenhang gestattet, ein graphisches Rechenverfahren zu zeigen, das in der Praxis des Flugzeugbaues mit Erfolg angewendet wird, um die Auswirkung konstruktiver Änderungen am Flugzeugentwurf schnell und sicher zu erfassen.

Das Verfahren ist eine für den praktischen Bedarf des Konstrukteurs zugeschnittene Weiterentwicklung der von Eiffel benutzten logarithmischen Flugzeugpolaren[1].

Über einem schiefwinkeligen Achsenkreuz mit logarithmischer Teilung ist die verfügbare Schraubenleistung $N_s = N_e \cdot \eta$ und der Leistungsbedarf N_b des Flugzeuges als Ordinate zur Fluggeschwindigkeit als Abszisse aufgetragen. Die Neigung β der beiden Achsen ist gegeben durch tg $\beta = \frac{2}{3}$. Als Maßstab für die Ordinatenachse wählt man zweckmäßig die Quadratzahlen des Rechenschiebers, dann findet

---

[1] Siehe auch Z. Flugtechn. u. Motorl. 1921, S. 69.

man den Maßstab für die Abszissenachse, indem man die einfachen Zahlen des Rechenschiebers senkrecht zur Ordinatenachse aufträgt. Siehe hierzu Abb. 2.

Die verfügbare Schraubenleistung $N_s = f(v)$ ist für drei verschiedene Luftdichten bzw. Flughöhen über dem festen Achsenkreuz aufgetragen. Der Leistungsbedarf $N_b = f(v)$ ist dagegen über einem verschiebbaren Koordinatensystem, das für Luftdichte $\gamma_0 = 1{,}25\,\mathrm{kg/m^3}$, für ein Fluggewicht $G = 15\,\mathrm{t}$ und für einen Tragflächeninhalt $F = 180\,\mathrm{m^2}$ mit dem festen Koordinatensystem zusammenfällt, aufgetragen.

Unabhängig veränderlich sind in dem Diagramm die Flughöhe, das Fluggewicht G und der Tragflächeninhalt F. Richtung und Maßstab

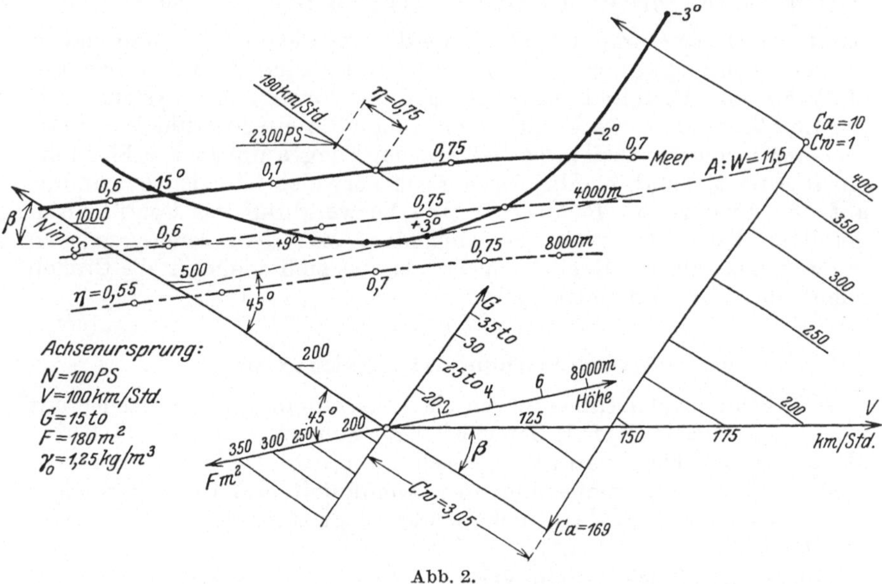

Abb. 2.

der Verschiebung des beweglichen Achsenkreuzes für eine Änderung dieser Variablen sind im Diagramm angegeben.

Für beliebige Fluggewichte und Tragflächeninhalt findet man in den drei angegebenen Flughöhen unmittelbar die Geschwindigkeitsgrenzen im Geradeausflug, die Landegeschwindigkeit und den Leistungsüberschuß. Die Geschwindigkeit bei kleinstem Brennstoffverbrauch für einen Kilometer, d. h. die Reisegeschwindigkeit für größte Flugstrecke liegt bei $+3^0$ Anstellwinkel (Tangente an die Polare unter 45^0 gegenüber der Ordinatenachse). Die Geschwindigkeit für kleinsten Brennstoffverbrauch in der Stunde, d. h. für größte Flugdauer und kleinsten Leistungsbedarf, wird durch eine Tangente an die Polare parallel zur Abszissenachse gefunden, desgleichen der Anstellwinkel für die kleinste Sinkgeschwindigkeit.

Die Gipfelhöhe kann für beliebige Flächenbelastung durch Interpolation der Schraubenleistungskurven mit ausreichender Genauigkeit bestimmt werden. Die Steiggeschwindigkeit ergibt sich aus dem Leistungsüberschuß für beliebige Flächenbelastung und Höhen. Es würde im übrigen zu weit führen, wenn ich den ganzen Anwendungsbereich des Diagramm im einzelnen besprechen wollte.

Ich kann wohl als bekannt voraussetzen, daß die Kurve $N_b = f(v)$ identisch mit der logarithmisch aufgetragenen Flugzeugpolare ist. Die Lage des Punktes $Ca = 10$ und $Cw = 1$ gegenüber dem Ursprung des schiefwinkeligen Achsenkreuzes ergibt sich aus den beiden senkrecht aufeinander stehenden Linienzügen:

$$\lg Ca = \lg G - \lg F - \lg \gamma - 2\lg v + \lg (2g \cdot 3{,}6^2 \cdot 100),$$

$$\lg Cw = \lg (N_e \cdot \eta) - \lg F - \lg \gamma - 3\lg v + \lg (2g \cdot 3{,}6^3 \cdot 100) - \lg 75.$$

Sämtliche Größen einer Gleichung werden im gleichen Maßstab und in gleicher Richtung aufgetragen. Daraus ergeben sich die oben genannten Maßstäbe und Verschiebungsrichtungen des beweglichen Systems. Für die Luftdichte kann als Funktion der Flughöhe ein logarithmisches Gesetz angenommen werden, so daß sich im Diagramm für die Flughöhe ein linearer Maßstab ergibt. Im übrigen verweise ich zum Verständnis auf den Aufsatz von R. Vogt[1]. (Die Verwendung von logarithmisch geteiltem Papier ist nicht zu empfehlen. Mit dem herausgezogenen inneren Maßstab des Rechenschiebers lassen sich vielmehr alle Größen leicht abmessen und auftragen.)

8. Schraubenleistungskurven.

Die Schraubenleistungskurven sind aus einem guten Propeller mit $\eta_{max} = 0{,}75$ (nach Eiffel) berechnet. Bis zum η_{max} verläuft die Kurve als Gerade und biegt dann leicht nach unten ab. Denn die Schraubenleistung nimmt mit wachsender Geschwindigkeit und Drehzahl weniger schnell zu als vorher, da η nicht weiter steigt und später sogar wieder abnimmt.

Ihrem charakteristischen Verlauf nach sind die Schraubenleistungskurven unabhängig von der absoluten Größe des Motors und der Fluggeschwindigkeit. Sie können im logarithmischen Diagramm ohne weiteres in der gleichen Form für jede beliebige Motorstärke und Fluggeschwindigkeit übernommen werden. Je nach dem Verwendungszweck des betreffenden Flugzeuges wählt man die Lage des besten Wirkungsgrades zwischen Reisegeschwindigkeit und Höchstgeschwindigkeit. Aus der Motorleistung und dem Schraubenwirkungsgrad η ergibt sich der Abstand der Leistungskurve von der Abszissenachse (siehe Abb. 2). Das Diagramm (Abb. 2) ist für ein viermotoriges Flugboot von 15 t Vollgewicht gezeichnet, dessen Motore bei 1400 Touren eine effektive Leistung von 2300 PS besitzen. Der Schraubenwirkungsgrad ist bei dieser Leistung und bei einer Geschwindigkeit von 190 km/Std. am größten, und zwar gleich 0,75.

---

[1] Z. Flugtechn. u. Motorl. 1921, H. 5, S. 69.

9. Schlußwort.

Die Störung der Auftriebsverteilung durch die nichttragenden Teile des Flugzeuges, in Sonderheit durch den Rumpf und seitliche Motoraufbauten, ist eine Erscheinung, die beim Entwurf von hochwertigen Verkehrsflugzeugen nicht außer acht gelassen werden darf, da sie die Dimensionierung des Flugzeuges und seiner Motoren entscheidend beeinflußt. Für die Beurteilung eines neuen Typs in bezug auf seine Brauchbarkeit im Luftverkehr ist die glückliche Wahl der konstruktiven Variablen oft viel ausschlaggebender als ein Mehr oder Weniger an aerodynamischer Güte. Möglichst genaue aerodynamische Unterlagen sind daher für die Berechnung eines neuen Projektes zu fordern, die mit Hilfe des logarithmisch-graphischen Verfahrens übersichtlich und sicher durchgeführt werden kann.

Die Berechnung zweiholmiger freitragender Flügel[1].

Von **Willy Prager,** Darmstadt.

In den letzten Jahren wurde das Problem des durch Rippen versteiften Holmpaares mehrfach behandelt. Man kann die in diesen Arbeiten gegebenen Verfahren in zwei Gruppen einteilen. Meist wird der Grenzübergang zu unendlich vielen Rippen vollzogen und so eine Differentialgleichung für die Biegelinie der Holme gewonnen, die graphisch oder analytisch integriert wird. Hierher gehören die Arbeiten von Reißner[2], Biezeno, Koch u. Koning[3] und Gabrielli[4].

Im Gegensatz dazu sieht Thalau[5] die Endrippe als am wesentlichsten für die Verbundwirkung an und vernachlässigt die anderen Rippen

---

[1] Wie Herr v. Kármán in der Diskussion zu diesem Vortrag bemerkte, hat er schon vor längerer Zeit eine Berechnungsart entwickelt, die mit der hier dargestellten weitgehende Übereinstimmung aufweist. Veröffentlicht waren diese Untersuchungen zur Zeit der Aachner Tagung allerdings nur in japanischer Sprache und daher dem Verfasser nicht bekannt. Inzwischen erschien: K. Friedrichs u. Th. v. Kármán: Zur Berechnung freitragender Flügel. Z. ang. Math. Mech. Bd. 9, S. 261, 1929.

[2] Reißner, H.: Neuere Probleme aus der Flugzeugstatik. ZFM Bd. 17, S. 181. 1926.

[3] Biezeno, B., Koch, J. J. u. Koning, C.: Über die Berechnung von freitragenden Flugzeugflügeln. Z. ang. Math. Mech. Bd. 6, S. 97. 1926.

[4] Gabrielli, G.: Über die Torsionssteifigkeit eines freitragenden Flügels mit konstantem Holm- und Rippenquerschnitt. Luftfahrtforschung Bd. 2, S. 79. 1928.

[5] Thalau, K.: Zur Berechnung freitragender Flugzeugflügel in zwei- und dreiholmiger Steifrahmenform. ZFM Bd. 15, S. 103. 1924; Bd. 16, S. 86. 1925. Über die Verbundwirkung von Rippen im freitragenden, zweiholmigen und verspannungslosen Flugzeugflügel. ZFM Bd. 16, S. 415. 1925.

ganz oder berücksichtigt außer der Endrippe nur wenige andere
Rippen.

Im folgenden soll eine Berechnungsweise entwickelt werden, die sich
etwa in der Mitte zwischen den skizzierten extremen Berechnungsarten
hält. Das Wesentliche des neuen Verfahrens soll zunächst an einem
durch weitgehende Voraussetzungen ganz besonders vereinfachten Beispiel gezeigt werden. Es sei aber ausdrücklich betont, daß man sich
von einigen dieser Voraussetzungen frei machen kann, ohne die Rechnung zu sehr zu komplizieren.

Die beiden Holme seien an der Flügelwurzel starr eingespannt
(Abb. 1) und mögen längs ihrer ganzen Spannweite konstanten Quer-

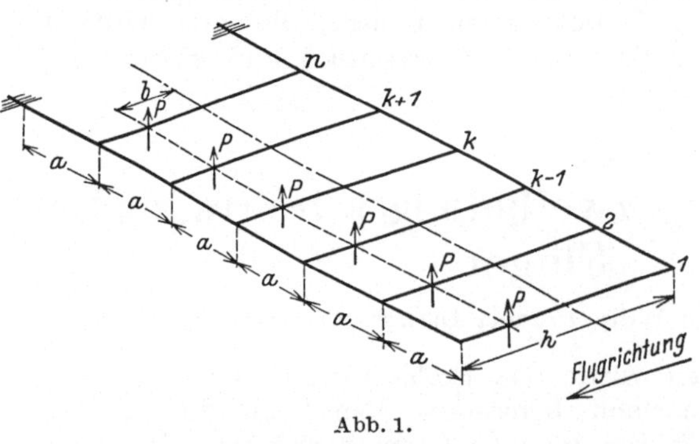

Abb. 1.

schnitt besitzen. Die
Rippen seien gegen-
über Biegung senk-
recht zur Flügelebene
vollkommen starr,
sollen jedoch keine
Biegemomente in
der Flügelebene und
keine Torsionsmo-
mente übertragen
können. Diese An-
nahme hat bei den
üblichen Rippenbau-
weisen große Berech-

tigung und vereinfacht die Rechnung sehr. Die Luftkräfte sollen durch die
Flügelhaut auf die Rippen und durch diese auf die Holme übertragen
werden. Der Einfachheit halber möge vorausgesetzt werden, daß alle

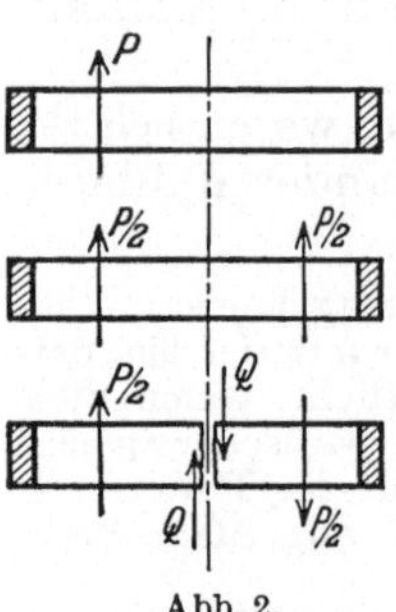

Abb. 2.

Rippen in gleicher Weise belastet sind. Da wir
die Rippen als starr ansehen gegenüber Biegung
senkrecht zur Flügelebene, können wir die auf
die Rippen wirkenden Luftkräfte für jede Rippe zu
einer Resultanten P zusammenfassen, die im Abstand b von der Rippenmitte angreift.

Der gegebene Belastungszustand wird in zwei
Teilzustände aufgelöst, von denen der eine symmetrisch, der andere gegensymmetrisch ist (Abb. 2).
Im symmetrischen Teilzustand erfahren beide Holme
gleiche Durchbiegung, und die Rippen üben keiner-
lei Verbundwirkung aus. Im gegensymmetrischen

Teilzustand verschwinden Längskraft und Biegemoment in Rippenmitte, und es wird dort nur eine Querkraft übertragen. Löst man
den Zusammenhang der beiden Holme durch Schnitte in den
Rippenmitten, so ist in jedem Schnitt eine statisch unbestimmte
Querkraft anzubringen; bei n Rippen ist das System also n-fach
statisch unbestimmt.

Würde man nun unmittelbar die Rippenquerkräfte als Unbekannte einführen, so ergäben sich sehr unbequeme Gleichungen,

denn die Koeffizienten in den Elastizitätsgleichungen sind von der Form:

$$a_{ik} = \int \frac{M_i\, M_k\, dx}{B} + \int \frac{T_i\, T_k\, dx}{D},$$

wo M_i und M_k die Biegemomente, T_i und T_k die Torsionsmomente infolge der Zustände $X_i = 1$ und $X_k = 1$ sind, und B die Biegesteifigkeit, D die Drehsteifigkeit der Holme bedeutet. Die Integrale sind über das ganze System zu erstrecken. Wählt man die Rippenquerkräfte als Unbekannte, so werden alle a_{ik} von null verschieden, und man erhält bei n Rippen ein System von n Gleichungen, deren jede sämtliche Unbekannte enthält. Es sollen darum Unbekannte eingeführt werden, die mit den Rippenquerkräften in folgender Weise zusammenhängen:

$$
\begin{aligned}
Q_1 &= -X_1,\\
Q_2 &= +2\,X_1 - X_2,\\
Q_3 &= -X_1 + 2\,X_2 - X_3,\\
&\;\cdot\;\cdot\;\cdot\;\cdot\;\cdot\;\cdot\;\cdot\;\cdot\;\cdot\;\cdot\;\cdot\\
Q_k &= -X_{k-2} + 2\,X_{k-1} - X_k.
\end{aligned}
$$

Der Zustand $X_k = 1$ beschränkt sich auf die Felder zwischen der k-ten und der $(k+2)$-ten Rippe und überschneidet sich nur mit den Zuständen $X_{k-1} = 1$ und $X_{k+1} = 1$. Man erhält also dreigliedrige Gleichungen. Setzt man:

$$\frac{h^2}{a^2} \cdot \frac{B}{D} = \alpha,$$

so nehmen die Gleichungen die Form an:

$$
\begin{aligned}
(8 + 6\,\alpha)\,X_1 \;+\; (2 - 3\,\alpha)\,X_2 \qquad\qquad\;\; &= 3\,\alpha\,P\cdot b/h,\\
(2 - 3\,\alpha)\,X_1 \;+\; (8 + 6\,\alpha)\,X_2 \;+\; (2 - 3\,\alpha)\,X_2 &= 3\,\alpha\,P\cdot b/h,\\
\cdot\;\cdot\;\cdot\;\cdot\;\cdot\;\cdot\;\cdot\;\cdot\;\cdot\;\cdot\;\cdot\;\cdot\;\cdot\;\cdot\;\cdot\;\cdot\;& \cdot\;\cdot\;\cdot\;\cdot\;\cdot\;\cdot\;\cdot\\
(2 - 3\,\alpha)\,X_{n-2} + (8 + 6\,\alpha)\,X_{n-1} + (2 - 3\,\alpha)\,X_n &= 3\,\alpha\,P\cdot b/h,\\
(2 - 3\,\alpha)\,X_{n-1} + (4 + 3\,\alpha)\,X_n \qquad\qquad\;\; &= -3\,n\,\alpha\,P\cdot b/h.
\end{aligned}
$$

Diese Gestalt behalten die Gleichungen auch bei, wenn beide Holme verschiedenen, aber längs der ganzen Spannweite konstanten Querschnitt haben. Wird der Flügel durch Drehmomente in Ebenen senkrecht zu den Holmachsen beansprucht, so dreht er sich um seine elastische Achse, die den Holmabstand im umgekehrten Verhältnis der Holmsteifigkeiten teilt. Man kann nun den gegebenen Belastungszustand dadurch in zwei Teilzustände zerlegen, daß man die Belastung P der Rippen nach der elastischen Achse verschiebt und zusätzliche Drehmomente anbringt (Abb. 3). Infolge der Belastung des Flügels durch Kräfte, die längs der elastischen Achse angreifen, erfahren beide Holme gleiche Durchbiegung, und die Rippen üben keine

Abb. 3.

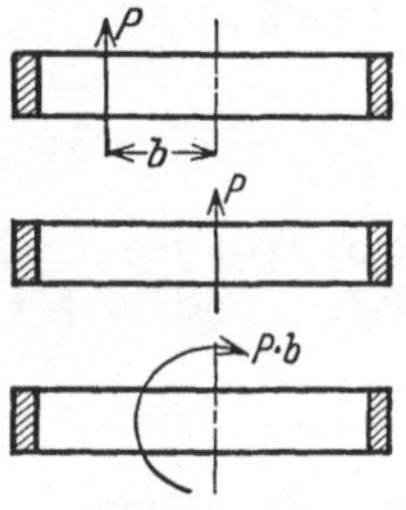

Verbundwirkung aus. Infolge der zusätzlichen Drehmomente dreht sich der Flügel um die elastische Achse. Als Unbekannte für diesen zweiten Teilzustand werden, wie oben, die linearen Kombinationen der Rippenquerkräfte eingeführt. Bezeichnen B_1 und B_2 die Biegesteifigkeiten, D_1 und D_2 die Drehsteifigkeiten von Vorder- und Hinterholm, b den ursprünglichen Abstand der Lasten P von der elastischen Achse, und setzt man:

$$\alpha = \frac{h^2}{a^2} \cdot \frac{B_2}{D_2} \cdot \frac{4\,\delta}{(1+\beta)\,(1+\delta)}\,,$$

wo

$$\beta = \frac{B_2}{B_1} \quad \text{und} \quad \delta = \frac{D_2}{D_1}$$

ist, so behalten die Gleichungen für die Unbekannten X die oben angegebene Form von Differenzengleichungen zweiter Ordnung mit konstanten Koeffizienten. Die allgemeine Lösung lautet:

$$X_k = c_1\,r_1^k + c_2\,r_2^k + \frac{Pb}{4\,h}\,\alpha\,,$$

wo r_1 und r_2 die Wurzeln sind der charakteristischen Gleichung:

$$(2 - 3\,\alpha)\,r^2 + (8 + 6\,\alpha)\,r + (2 - 3\,\alpha) = 0\,.$$

Die Konstanten c_1 und c_2 müssen so bestimmt werden, daß die erste und die letzte Gleichung erfüllt werden, die ja von anderer Form sind als die übrigen.

Auch von der Voraussetzung unveränderlichen Holmquerschnitts kann man sich frei machen, wenn man annehmen darf, daß

$$B_2(x) : B_1(x) = \text{konst.} = \beta\,,$$
$$D_2(x) : D_1(x) = \text{konst.} = \delta$$

und

$$B_2(x) : D_2(x) = \text{konst.}$$

ist. Dies wird bei den meisten Flügeln wenigstens angenähert zutreffen und hat zur Folge, daß die elastische Achse parallel zu den Holmachsen verläuft. Zerlegt man den gegebenen Belastungszustand wie oben in zwei Teilzustände, so ergeben sich für die aus Rippenquerkräften gebildeten Unbekannten X Gleichungen von der Form:

$$(2 - 3\,\alpha)\frac{D_{2,1}}{D_{2,k}} \cdot X_{k-1} + (4 + 3\,\alpha)\left(\frac{D_{2,1}}{D_{2,k}} + \frac{D_{2,1}}{D_{2,k+1}}\right) X_k$$
$$+ (2 - 3\,\alpha)\frac{D_{2,1}}{D_{2,k+1}} \cdot X_{k+1} = -3\,\alpha P\frac{b}{h} \cdot \left(k\frac{D_{2,1}}{D_{2,k}} - (k+1)\frac{D_{2,1}}{D_{2,k+1}}\right),$$

wo $D_{2,k}$ die Drehsteifigkeit des Hinterholmes im Feld zwischen der k-ten und $(k + 1)$-ten Rippe bedeutet. Macht man den Ansatz:

$$\frac{D_{2,1}}{D_{2,k}} = c^2 \cdot d^{2k-1},$$

wo die Freiwerte c und d so bestimmt werden können, daß man sich den wirklichen Steifigkeitsverhältnissen des Holmes möglichst anpaßt, und führt man neue Unbekannte

$$Y_k = c \cdot d^k \cdot X_k$$

ein, so ergibt sich nach Division durch $c^2 d^{2k}$ die Gleichung:

$$(2 - 3\,\alpha)\,Y_{k-1} + (4 + 3\,\alpha)\,(d + d^{-1})\,Y_k + (2 - 3\,\alpha)\,Y_{k+1}$$
$$= -3\,\alpha\,P\,b/h \cdot c\,d^k\,(k\,d^{-1} - (k+1)\,d)\,.$$

In dieser Gleichung haben die Unbekannten Y konstante Koeffizienten. Wir bestimmen zunächst die Wurzeln r_1 und r_2 der charakteristischen Gleichung:

$$(2 - 3\,\alpha)\,r^2 + (4 + 3\,\alpha)\,(d + d^{-1})\,r + 2 - 3\,\alpha = 0\,.$$

Die homogene Gleichung hat dann die Lösung:

$$Y_k = c_1\,r_1^k + c_2\,r_2^k,$$

und die inhomogene wird befriedigt durch den Ansatz:

$$Y_k = d^k\,(A + B\,k)\,.$$

Trägt man diesen Ansatz in die Differenzengleichung für Y ein, so erhält man durch Koeffizientenvergleichung der Glieder mit und ohne k zwei Gleichungen zur Bestimmung von A und B. Die vollständige Lösung lautet:

$$Y_k = c_1\,r_1^k + c_2\,r_2^k + d^k\,(A + B\,k),$$

worin schließlich die Konstanten c_1 und c_2 noch so bestimmt werden müssen, daß der ersten und letzten Gleichung Genüge geschieht.

Es sei noch bemerkt, daß der Ansatz

$$\frac{D_{2,1}}{D_{2,k}} = (C \cdot d^{k-1} + D \cdot d^{-k+2})\,(C \cdot d^k + D \cdot d^{-k})$$

in ähnlicher Weise zu Gleichungen mit konstanten Koeffizienten führt. Er enthält drei Freiwerte d, C, D und kann daher die gegebenen Steifigkeitsverhältnisse eines Flügels noch besser annähern.

Zum Schluß sollen noch die Ergebnisse einer Vergleichsrechnung zweier Flügel mit je 20 Rippen gegeben werden[1]. Für beide Flügel ist:

$$P = 10\,\mathrm{kg}\,, \quad h = 0{,}5\,\mathrm{m}\,, \quad a = 0{,}25\,\mathrm{m}\,,$$

und die Lasten P sollen beide Male am Vorderholm angreifen, so daß ohne Verbundwirkung der Rippen der Hinterholm unbelastet wäre. Für den ersten Flügel soll konstanter und für beide Holme gleicher Querschnitt vorausgesetzt werden mit $B:D = 20$, während der zweite Flügel verschiedene und längs der Spannweite veränderliche Holmquerschnitte aufweisen soll entsprechend den Werten:

$$\beta = \frac{2}{3}\,, \quad \delta = \frac{7}{5}\,, \quad \frac{B_{2,1}}{D_{2,1}} = 20\,, \quad c = 1{,}030 \quad \text{und} \quad d = 0{,}9412\,.$$

Die Werte c und d sind aus der Forderung

$$D_{2,1} : D_{2,20} = 10$$

bestimmt. Die Abb. 4 zeigt die Momentenflächen für den Vorder-

---

[1] Die umfangreichen und mit großer Sorgfalt durchgeführten Rechnungen verdanke ich Herrn Dipl.-Ing. R. Kappus, Darmstadt.

holm beider Flügel. Der gestrichelte Linienzug gibt den Verlauf der
Biegemomente für den Fall durchschnittener Rippen. Für den zweiten
Flügel ist die Entlastung des Vorderholms durch die Verbundwirkung

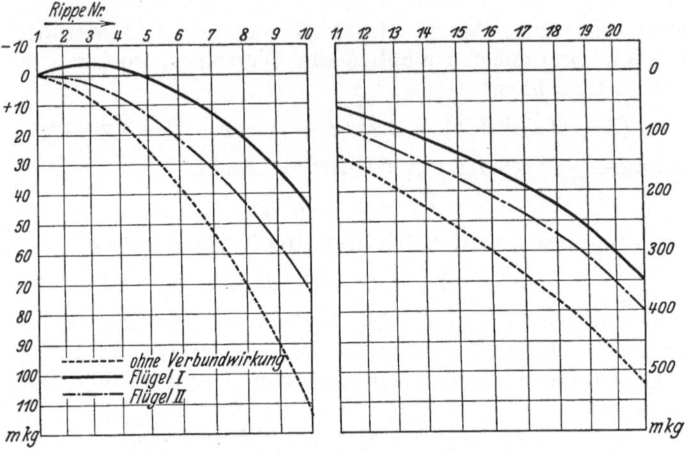

Abb. 4.

der Rippen geringer als für den ersten Flügel, weil der Hinterholm
des zweiten Flügels schwächer ist als der Vorderholm, während beim
ersten Flügel beide Holme gleich stark sind.

Zur Berechnung der Schwingungen von Kurbelwellen.

Von E. Trefftz, Dresden.

Die Motorenfrage steht unter den flugtechnischen Problemen an
so zentraler Stelle, daß es mir erlaubt sein möge, über die Frage der
kritischen Umlaufszahlen von Kurbelwellen auch an dieser Stelle,
die eigentlich der Behandlung aerodynamischer Probleme vorbehalten
ist, einige Bemerkungen zu machen.

Ich möchte vor allen Dingen zeigen, in welcher Weise das Problem
der Ermittelung dieser kritischen Umlaufszahlen — das ich als bekannt voraussetze — abweichend von der bisher üblichen elementaren Methode mechanisch richtig anzusetzen ist, und auf welches
mathematische Problem es führt.

Die elementare Berechnung geht von folgendem vereinfachten
Bilde aus: Die gekröpfte Welle wird aufgefaßt als eine durchlaufende
Welle mit aufgesetzten Scheiben. Das Trägheitsmoment dieser Scheiben
setzt sich aus dem Trägheitsmoment der rotierenden Teile und aus
einem Anteil der hin- und hergehenden Massen zusammen, welch
letzterer so bestimmt wird, daß bei gleichmäßiger Rotation die kine-

tische Energie im Mittel eines Umlaufes richtig herauskommt, also z. B. bei „unendlicher Schubstange" so, daß die Hälfte der hin- und hergehenden Massen der Masse des Kurbelzapfens zugeschlagen wird. Für das so vereinfachte System werden die Frequenzen v_1, v_2, v_3 usw. der möglichen Torsionsschwingungen berechnet; kritische Umlaufswinkelgeschwindigkeiten ω_h sind solche, für welche ein ganzes Vielfaches von ω_h mit einer der Torsionsfrequenzen übereinstimmt.

Diese Methode hat den Vorzug, rechnerisch einfach durchführbar zu sein, und praktisch einigermaßen brauchbare Näherungswerte zu liefern. In Anbetracht der Bedeutung des Problems erscheint es aber wünschenswert, den Vorgang genauer zu untersuchen, und zum mindesten die Genauigkeit des elementaren Verfahrens an Einzelfällen zu prüfen.

Im folgenden gebe ich den Ansatz für eine exakte mathematische Behandlung, wobei ich von der Annahme ausgehe, daß die kritischen Zustände durch Torsionsschwingungen hervorgerufen werden. Biegungswirkungen sind zwar auch vorhanden, aber ich glaube, daß diese bei den vielfach gelagerten Wellen der großen Flugmotore eine untergeordnete Rolle spielen.

Wir betrachten also die Kurbelwelle eines Flugmotors, die an ihrem vorderen Ende einen Propeller trägt; die Zylinder bzw. die Kröpfungen usw. seien vom Propeller aus numeriert. Wir bezeichnen das Propellerträgheitsmoment in bezug auf die Wellenachse mit θ_0, die Trägheitsmomente der rotierenden Teile bei den Kröpfungen mit θ_v (normalerweise gleich für alle Zylinder). m_v seien die Massen der hin- und hergehenden Teile, ϱ_v die Kurbelradien. Die folgenden Winkel rechnen wir sämtlich von der Richtung der Hochachse ($=$ vertikal aufwärts) in der Drehrichtung des Motors positiv: φ_0 Drehwinkel des Propellers, φ_v Drehwinkel der v-ten Kurbelwange, γ_v Winkel der v-ten Kurbel zur Zeit $t = 0$ (Kurbelversetzung). Bei gleichmäßiger Rotation ohne elastische Deformation mit der Winkelgeschwindigkeit ω ist also der Winkel des Propellers gegen seine Nullage $\overline{\varphi}_0 = \omega t$, der Winkel der v-ten Kurbel gegen die Vertikalrichtung $\overline{\varphi}_v = \omega t + \gamma_v$. Erfahren die Kurbeln Verdrehungen ψ_v gegen die Lage bei deformationsloser Rotation, so tritt zwischen der v-ten und $v + 1$-ten Kurbel ein Torsionsmoment von der Größe $c_{v,v+1}\,(\psi_{v+1} - \psi_v)$ auf, welches die v-te Kurbel vorwärts, die $v + 1$-te rückwärts zu drehen strebt. Diese Verdrehungen sind in den φ ausgedrückt

$$\psi_v = \varphi_v - \overline{\varphi}_v, \tag{1}$$

wo

$$\overline{\varphi}_v = \omega\,t + \gamma_v \tag{2}$$

die Lage bei gleichmäßiger Rotation angibt.

Die Aufstellung der Bewegungsgleichungen erfolgt nach Lagrange, indem wir die kinetische und potentielle Energie nach Wahl passender Koordinaten ausrechnen. Die kinetische Energie des Propellers bzw. der v-ten Kurbel ist

$$K_v = \tfrac{1}{2}\,k_v\,(\varphi_v)\,\dot{\varphi}_v^2. \tag{3}$$

Für den Propeller ist dabei

$$k_0(\varphi_0) = \theta_0, \tag{4}$$

für die Kröpfungen bei „unendlicher Schubstange"

$$k_\nu(\varphi_\nu) = \theta_\nu + m_\nu \varrho_\nu^2 \sin^2 \varphi_\nu. \tag{5}$$

Es liegt zunächst nahe, die kinetische Energie in diesen Koordinaten auszudrücken, das hat aber den Nachteil, daß die Winkelgeschwindigkeiten in den Bewegungsgleichungen quadratisch auftreten; wir nehmen deshalb als neue Koordinaten

$$Q_\nu = \int_0^{\varphi_\nu} \sqrt{k_\nu(\varphi_\nu)}\, d\varphi_\nu. \tag{6}$$

Die kinetische Energie wird dann

$$K = \tfrac{1}{2} \sum \dot{Q}_\nu^2. \tag{7}$$

Die potentielle Energie der elastischen Deformation ist

$$\Pi = \tfrac{1}{2} \sum c_{\nu,\,\nu+1} (\psi_{\nu+1} - \psi_\nu)^2. \tag{8}$$

Setzen wir $\varphi_\nu = f_\nu(Q_\nu)$ so ist $\overline{\varphi}_\nu = \omega t + \gamma_\nu = f_\nu(\overline{Q}_\nu)$, also mit

$$q_\nu = Q_\nu - \overline{Q}_\nu \tag{9}$$

bei Beschränkung auf die in den q_ν linearen Größen

$$\psi_\nu = \varphi_\nu - \overline{\varphi}_\nu = f_\nu(Q_\nu) - f_\nu(\overline{Q}_\nu) = \frac{d\varphi_\nu}{dQ_\nu} q_\nu = \frac{q_\nu}{\sqrt{k_\nu(\varphi_\nu)}}. \tag{10}$$

Das ergibt für die potentielle Energie der elastischen Deformation

$$\Pi = \frac{1}{2} \sum_0^n c_{\nu,\,\nu+1} \left(\frac{q_{\nu+1}}{\sqrt{k_{\nu+1}}} - \frac{q_\nu}{\sqrt{k_\nu}} \right)^2 \tag{11}$$

(wobei für die letzte — n-te Kurbel — $c_{n,\,n+1} = 0$ zu setzen ist).

In den Lagrangeschen Gleichungen

$$\frac{d}{dt}\left(\frac{\partial K}{\partial \dot{Q}_\nu} \right) - \frac{\partial K}{\partial Q_\nu} = \frac{\partial A}{\partial Q_\nu} - \frac{\partial \Pi}{\partial Q_\nu} \tag{12}$$

sind noch die rechten Seiten auszurechnen. dA_ν ist dabei die Arbeit, welche bei Festhaltung aller übrigen Q bei Änderung von Q_ν von den äußeren Kräften geleistet wird. Ist M_ν das Moment der äußeren Kräfte in bezug auf die Wellenachse (also das Moment des Tangentialdruckes, bzw. das Luftkraftmoment auf den Propeller), so ist $dA_\nu = M_\nu \cdot d\varphi_\nu$ also

$$\frac{\partial A_\nu}{\partial Q_\nu} = M_\nu \frac{\partial \varphi_\nu}{\partial Q_\nu} = \frac{M_\nu}{\sqrt{k_\nu}}. \tag{13}$$

Die Tangentialdrücke, d. h. die M_ν, sind eigentlich von der Kurbelstellung abhängig und müßten demgemäß bei Beschränkung auf kleine q_ν entwickelt werden, doch sind diese Anteile, welche die q_ν noch enthalten, klein gegenüber den von den elastischen Kräften herrührenden, so daß wir sie vernachlässigen und die rechten Seiten einfach als periodische Funktionen der Zeit ansetzen können. Setzen wir noch

$$\ddot{Q}_\nu = \ddot{\overline{Q}}_\nu + \ddot{q}_\nu,$$

so erhalten wir unter Vernachlässigung der in den q_ν quadratischen Glieder die Differentialgleichungen

$$\ddot{q}_\nu - \frac{1}{\sqrt{k_\nu}}\left\{\frac{c_{\nu-1,\nu}\, q_{\nu-1}}{\sqrt{k_{\nu-1}}} - \frac{(c_{\nu-1,\nu} + c_{\nu,\nu+1})\, q_\nu}{\sqrt{k_\nu}} + \frac{c_{\nu,\nu+1}\, q_{\nu+1}}{\sqrt{k_{\nu+1}}}\right\} \tag{14}$$
$$= \text{Periodische Funktion}$$

$$[\text{wo } k_\nu = k_\nu\,(\omega t + \gamma_\nu) \text{ zu setzen ist}],$$

in denen die rechten Seiten periodische Funktionen der Zeit sind (beim Viertaktmotor mit zwei Umläufen periodisch, also von der Periode $4\pi/\omega$), auf deren spezielle Form es nicht weiter ankommt. Setzen wir schließlich noch

$$2\tau = \omega t, \tag{15}$$

so erhalten wir, nach Division der Gleichungen durch $\omega^2/4$ die endgültige Form

$$\frac{d^2 q}{d\tau^2} - \frac{4}{\omega^2 \sqrt{k_\nu}}\left\{\frac{c_{\nu-1,\nu}\, q_{\nu-1}}{\sqrt{k_{\nu-1}}} - \frac{(c_{\nu-1,\nu} + c_{\nu,\nu+1})\, q_\nu}{\sqrt{k_\nu}} + \frac{c_{\nu,\nu+1}\, q_{\nu+1}}{\sqrt{k_{\nu+1}}}\right\} = P(\tau), \tag{16}$$

in denen die periodischen Funktionen der rechten Seite die Periode 2π, die Funktionen $k_\nu\,(2\tau + \gamma_\nu)$ die Periode π haben.

Es kommt nun auf die Diskussion der Lösungen dieser Gleichungen (16) an. Gefährliche Betriebszustände der umlaufenden Welle sind bei solchen Werten der Umlaufsgeschwindigkeit ω zu erwarten, wo diese Differentialgleichungen mit der Zeit anwachsende (d. h. nicht beschränkte) Lösungen haben. Das kann in zwei Fällen eintreten, die wir an dem einfachen Beispiel einer einzigen solchen Gleichung erörtern wollen. Diese sei

$$\frac{d^2 x}{dt^2} + f(t)\, \frac{'d\,x}{d\,t} + g(t)\, x = h(t), \tag{17}$$

wo die Funktionen $f(t)$, $g(t)$ und $h(t)$ die Periode 2π haben sollen. Ihre Lösung setzt sich aus irgendeiner Partikularlösung $X_0(t)$ und zwei Lösungen der homogenen Gleichung $\xi_1(t)$ und $\xi_2(t)$ in der Form

$$X(t) = X_0(t) + A_1\,\xi_1(t) + A_2\,\xi_2(t) \tag{18}$$

zusammen. Diese Lösungen bleiben dann und nur dann beschränkt, wenn erstens die Lösungen $\xi_1(t)$ und $\xi_2(t)$ beschränkt sind, und wenn sich mindestens eine Partikularlösung der vollständigen Gleichung $\Xi(t)$ angeben läßt, welche beschränkt bleibt.

Wir erledigen zunächst die letzte Frage, indem wir zeigen, daß man stets eine periodische, also sicher beschränkte Lösung der vollständigen Gleichung angeben kann, es sei denn, daß die homogene Gleichung eine periodische Lösung besitzt. Wir konstruieren die periodische Lösung in der Form (18) durch geeignete Verfügung über die

Konstanten A_1 und A_2. Es seien die Funktionen $X_0(t)$, $\xi_1(t)$ und $\xi_2(t)$ von $t = 0$ bis $t = 2\pi$ durch Integration der Differentialgleichung ermittelt, also bekannt. Dann ist auch

$$\varXi(t) = X_0(t) + A_1\xi_1(t) + A_2\xi_2(t) \tag{19}$$

eine Lösung von (17); A_1 und A_2 seien so bestimmt, daß

$$\varXi(2\pi) = \varXi(0), \quad \varXi'(2\pi) = \varXi'(0) \tag{20}$$

ist. Dann ist $\varXi$ eine periodische Lösung, denn wegen der Periodizität der Differentialgleichung, ist mit $\varXi(t)$ auch $\varXi(t + 2\pi)$ eine Lösung, und diese stimmt nach Konstruktion für $t = 0$ mit $\varXi(t)$ in den Werten der Funktion und der Ableitung überein, also sind beide identisch, d. h. es ist

$$\varXi(t + 2\pi) = \varXi(t) . \tag{21}$$

Die Forderung (20) liefert für A_1 und A_2 die beiden Gleichungen

$$\left.\begin{aligned}
A_1\{\xi_1(2\pi) - \xi_1(0)\} + A_2\{\xi_2(2\pi) - \xi_2(0)\} = X_0(0) - X_0(2\pi) \\
A_1\{\xi_1'(2\pi) - \xi_1'(0)\} + A_2\{\xi_2'(2\pi) - \xi_2'(0)\} = X_0'(0) - X_0'(2\pi)
\end{aligned}\right\} \tag{22}$$

Diese sind stets lösbar, wenn die Determinante

$$\left.\begin{aligned}
\varDelta = \{\xi_1(2\pi) - \xi_1(0)\}\{\xi_2'(2\pi) - \xi_2'(0)\} \\
- \{\xi_2(2\pi) - \xi_2(0)\}\{\xi_1'(2\pi) - \xi_1'(0)\}
\end{aligned}\right\} \tag{23}$$

von Null verschieden ist. Wenn aber diese Determinante verschwindet, so ist keine periodische Lösung unserer vollständigen Gleichung auffindbar. Dafür hat aber die homogene (verkürzte) Gleichung eine periodische Lösung

$$\xi = A_1\xi_1(t) + A_2\xi_2(t) . \tag{24}$$

Die Forderung, daß hier $\xi(2\pi) = \xi(0)$ und $\xi'(2\pi) = \xi'(0)$ ist, führt nämlich auf die homogenen Gleichungen

$$\left.\begin{aligned}
A_1\{\xi_1(2\pi) - \xi_1(0)\} + A_2\{\xi_2(2\pi) - \xi_2(0)\} = 0 \\
A_1\{\xi_1'(2\pi) - \xi_1'(0)\} + A_2\{\xi_2'(2\pi) - \xi_2'(0)\} = 0
\end{aligned}\right\} \tag{25}$$

und diese sind dann und nur dann lösbar, wenn $\varDelta$ verschwindet. Daß ξ dann periodisch ist, folgt genau wie oben für $\varXi$. Den Nachweis, daß in diesem letzten Falle, also wenn die homogene Gleichung eine periodische Lösung besitzt, die vollständige Gleichung stets eine anwachsende Lösung aufweist, wollen wir übergehen. Wenn wir diesen Fall als „Resonanz" bezeichnen, so haben wir die sinngemäße Verallgemeinerung dessen, was wir in dem einfachen Falle der Gleichungen mit konstanten Koeffizienten so nennen.

Wir stellen also fest: Resonanz tritt ein, wenn die homogenen Gleichungen (siehe 16)

$$\frac{d^2 q}{d\tau^2} - \frac{4}{\omega^2}\left\{\frac{c_{\nu-1,\nu}\,q_{\nu-1}}{\sqrt{k_{\nu-1}}} - \frac{(c_{\nu-1,\nu} + c_{\nu,\nu+1})\,q_\nu}{\sqrt{k_\nu}} + \frac{c_{\nu,\nu+1}\,q_{\nu+1}}{\sqrt{k_{\nu+1}}}\right\}\frac{1}{\sqrt{k_\nu}} = 0 \tag{26}$$

$$[k_\nu = k_\nu(2\tau + \gamma_\nu)]$$

eine periodische Lösung der Periode 2π haben.

Was die weitere Frage nach dem Verhalten der Lösungen der homogenen Gleichungen angeht, ob diese beschränkt bleiben oder nicht, so wollen wir uns ebenfalls mit einem Analogieschluß aus dem Falle einer einzigen Gleichung begnügen. Da ist es so, daß die ω-Werte, für welche Resonanz eintritt, „stabile" Gebiete (mit beschränkten Lösungen) von „unstabilen" Gebieten (mit anwachsenden Lösungen) trennen. Wenn auch dieser Satz sich nicht ohne weiteres verallgemeinern läßt — zum Unterschied von der früheren Betrachtung —, so bestätigt doch die Erfahrung die folgende qualitative Überlegung, mit der wir uns hier begnügen wollen. Wenn die hin- und hergehenden Massen null sind, so haben wir den elementaren Fall eines Systems von Differentialgleichungen mit konstanten Koeffizienten. Hier gehören zu jedem kritischen ω-Wert zwei periodische Lösungen, nämlich eine Cosinus- und eine Sinusschwingung. Es ist also jede kritische Tourenzahl doppelt zu zählen. Diese beiden zusammenfallenden kritischen ω-Werte spalten sich nun, wenn die hin- und hergehenden Massen nicht null sind, in zwei Einzelwerte auf, zwischen welchen ein Gebiet der Instabilität liegt. Da für die praktischen Fälle die Aufspaltung nur gering ist, entzieht sich das letztere der Beobachtung.

Das Problem der Ermittelungen der kritischen Tourenzahlen besteht also darin, die periodischen Lösungen der Gleichungen (26) zu finden. Mathematisch gesprochen ist das ein Eigenwertsproblem für ein System Sturm-Liouvillescher Differentialgleichungen, das einer approximativen Lösung mit Hilfe des Ritzschen Verfahrens zugänglich ist. Die Schwierigkeit der Rechnung für praktische Fälle besteht vor allen Dingen darin, daß es sich nicht um die Ermittelung der niedrigsten Eigenwerte handelt, sondern daß eine Reihe höherer Eigenwerte zu bestimmen ist. Hier sollen numerische Untersuchungen spezieller Fälle einsetzen.

Zum Schluß noch eine Bemerkung über eine oben gemachte Vereinfachung. Wir haben gesehen, daß in den homogenen Gleichungen eigentlich ein, wenn auch kleines, vom Tangentialdruck herrührendes Glied auftritt. Vernachlässigt man dieses nicht, so sieht man, daß die kritischen Tourenzahlen etwas von der Belastung des Motors abhängen. Es muß ebenfalls der numerischen Rechnung vorbehalten bleiben, diesen Einfluß genauer zu untersuchen.

(In der Diskussion bemerkt der Vortragende auf Anfrage von Herrn Hahn (Nancy), daß die benutzten Sätze aus der Theorie der Differentialgleichungen mit periodischen Koeffizienten die gleichen sind wie sie Herr Meißner (Zürich) entwickelt hat[1].)

---

[1] Siehe Meißner, E.: Über Schüttelerscheinungen in Systemen mit periodisch veränderlicher Elastizität. Schweiz. Bauzg. Bd. 72, S. 95ff. 1918.

Anhang.

Entgegnung auf die Diskussionsbemerkung des Herrn Prof. H. Reißner[1].

Von **W. Spannhake.**

Bei der Rückabbildung auf Schaufeln von der Dicke Null bleibt jede Quelle und jede Senke auf dem Kreisrand immer noch Quelle und Senke auf dem Schaufelrand. Dieser ist aber als Schlitz für den Übergang aus dem ersten ins zweite Riemannsche Blatt aufzufassen. Jede Quelle von der einen Seite rückt zwar mit der entsprechenden Senke von der anderen Seite unendlich nahe zusammen; sie vereinigt sich aber dabei mit ihr nicht etwa zu einer Doppelquelle in dem bekannten mathematischen Sinne, sondern bleibt nach wie vor durch die Schaufel getrennt. Anders ausgedrückt: Die eine Hälfte der von jeder Quelle ausströmenden Flüssigkeit verschwindet nicht unmittelbar wie bei der Doppelquelle in der entsprechenden Senke, sondern macht erst einen mehr oder minder großen Umweg durch das zweite Riemannsche-Blatt, bevor sie zu der entsprechenden Senke gelangt. Die andere Hälfte strömt im ersten Riemannschen-Blatt um den Schlitz herum zu derselben Senke. Die erste Halbströmung interessiert uns nicht, sie wird in der z-Ebene durch die Strömung im Kreisinnern dargestellt; die zweite ist diejenige, die wir berechnen wollen; sie wird in der z-Ebene durch die Strömung im Außenraum des Kreises dargestellt.

Man kann dies schließlich ganz kurz auch so ausdrücken: Die Quellen und Senken, die bei der Rückabbildung unendlich nahe zusammenrücken, sind von der besonderen Art, daß sie nicht in dem bekannten mathematischen Sinne zu Doppelquellen werden, sondern daß sie die begrenzte Schaufellinie zur Stromlinie haben. Jede Elementarquelle am Kreise vom Typus:

$$\frac{dq}{2\,\pi}\ln(z-z_0)$$

verwandelt sich bei der Rückabbildung in eine solche von der gleichen Ergiebigkeit und von einem durch die Abbildungsfunktion gegebenen Typus, welche die Hälfte ihrer Flüssigkeit um die Schaufel herum in die entsprechende Senke hinein sendet, während die andere Hälfte für das betrachtete Riemannsche-Blatt vollkommen verschwindet. Hiermit sieht man auch ein, daß es nicht gelingen kann, die Verdrängungsströmung der Schaufel in der w-Ebene durch eine Integralgleichung für eine Belegung mit Elementarquellen von dem bekannten Typus:

$$\frac{dq}{2\,\pi}\ln(w-w_0)$$

zu ermitteln; der Grund dafür liegt darin, daß man auf keine Weise in dem Ansatz die Trennung einer Quelle von ihrer zugehörigen Senke durch die Schaufel zum Ausdruck bringen kann.

---

[1] Vgl. S. 110 und 111.

Dagegen kann man sehr wohl in der w-Ebene das Potential der Verdrängungsströmung durch eine Wirbelbelegung der Schaufel darstellen, weil an dieser gerade die Tangentialkomponenten unstetig sind, während die Normalkomponenten stetig bleiben. An Stelle der Wirbelbewegung kann im allgemeinen auch eine Doppelquellbelegung treten. Ob beide Methoden, oder eine derselben hier zum Ziel führen, kann ich im Rahmen dieser Besprechung nicht entscheiden.

Bezüglich der Schaufelenden ist nichts weiter zu bemerken, als daß die Tangentialkomponente unendlich wird, während die Normalkomponente auch dort endlich bleibt.

Vorträge aus dem Gebiete der Hydro- und Aerodynamik (Innsbruck 1922). Herausgegeben von Professor Th. v. Kármán, Aachen, und Professor T. Levi-Civita, Rom. Mit 98 Abbildungen im Text. IV, 251 Seiten. 1924. RM 18.—

Abhandlungen aus dem Aerodynamischen Institut an der Technischen Hochschule Aachen. Herausgegeben von Professor Dr. Th. v. Kármán.

Heft 1, 3 und 5. Vergriffen.

Heft 2: Ein Beitrag zum Spaltflügelproblem. Von W. Klemperer. — Flug- und Trudelkurven. Von L. Hopf. — Mechanische Modelle zum Segelflug. Von Th. v. Kármán. — Der Einfluß des Windes auf die Transportleistung. Von W. Klemperer. — Theoretische Bemerkungen zur Frage des Schraubenfliegers. Von Th. v. Kármán. Mit 28 Abbildungen im Text. 56 Seiten. Unveränderter Neudruck 1927. RM 6.—

Heft 4: Strömungserscheinungen in Ventilen. Von Dr.-Ing. Bruno Eck. — Gastheoretische Deutung der Reynoldsschen Kennzahl. — Über die Stabilität der Laminarströmung und die Theorie der Turbulenz. Von Professor Dr. Th. v. Kármán. — Über einige Anwendungen nomographischer Methoden in der Thermodynamik. Von Dr.-Ing. Bruno Eck und Dipl.-Ing. Erich Kayser. Mit 46 Abbildungen. 48 Seiten. 1925. RM 5.10

Heft 6: Berechnung der Druckverteilung an Luftschiffkörpern. Von Professor Dr. Th. v. Kármán. — Strömungsverlauf und Druckverteilung an Widerstandskörpern in Abhängigkeit von der Kennzahl. Von Regierungsbaumeister Dr.-Ing. Hans Ermisch. Mit 58 Abbildungen im Text. 50 Seiten. 1927. RM 7.50

Heft 7: Über die Grundlagen der Balkentheorie Von Professor Dr. Th. v. Kármán. — Die Spannungen und Formänderungen von Balken mit rechteckigem Querschnitt. Von Friedrich Seewald. — Stegbeanspruchung hoher Biegungsträger. Von Ilse Kober. — Zur Theorie des Druckversuchs. Von Max Knein. Mit 49 Abbildungen im Text. 62 Seiten. 1927. RM 7.50

Heft 8: Beitrag zur theoretischen Behandlung des gegenseitigen Einflusses von Tragfläche und Rumpf. Von J. Lennertz. — Die Geschwindigkeitsverteilung in der Grenzschicht an einer eingetauchten Platte. Von M. Hansen. — Der Einfluß der Wandrauhigkeit auf die turbulente Geschwindigkeitsverteilung in Rinnen. Von Walter Fritsch. Mit 60 Abbildungen im Text. 62 Seiten. 1928. RM 6.—

Heft 9: Zur Berechnung freitragender Flügel. Von K. Friedrichs und Th. v. Kármán. — Die Wärmeübertragung einer geheizten Platte an strömende Luft. Von Franz Éliás. — Neue Wege, die künstliche Lüftung von Tunneln im Betriebe wirkungsvoll und wirtschaftlich zu gestalten. Von Carl Schmitt. Mit 73 Abbildungen im Text und 4 Tafeln. 63 Seiten. 1930. RM 6.60

Hydro- und Aeromechanik nach Vorlesungen von L. Prandtl.

Von Dr. phil. O. Tietjens, Mitarbeiter am Forschungs-Institut der Westinghouse Electric and Manufacturing Co., Pittsburgh Pa., U.S.A. Mit einem Geleitwort von Professor Dr. L. Prandtl, Direktor des Kaiser-Wilhelm-Instituts für Strömungsforschung in Göttingen.

Erster Band: Gleichgewicht und reibungslose Bewegung. Mit 178 Textabbildungen. VIII, 238 Seiten. 1929. Gebunden RM 15.—

Zweiter Band: Bewegung reibender Flüssigkeiten und technische Anwendungen. In Vorbereitung.

Foundations of Potential Theory. By Professor Oliver Dimon Kellogg, Cambridge, Mass. U.S.A.). (Die Grundlehren der mathematischen Wissenschaften in Einzeldarstellungen. Herausgegeben von R. Courant, Göttingen, Band XXXI.) Mit 30 Figuren. IX, 384 Seiten. 1929.
RM 19.60; gebunden RM 21.40

Mathematische Strömungslehre. Von Privatdozent Dr. Wilhelm Müller, Hannover. Mit 137 Textabbildungen. IX, 239 Seiten. 1928.
RM 18.—; gebunden RM 19.50

Mathematische Schwingungslehre. Theorie der gewöhnlichen Differentialgleichungen mit konstanten Koeffizienten sowie einiges über partielle Differentialgleichungen und Differenzengleichungen. Von Dr. Erich Schneider. Mit 49 Textabbildungen. VI, 194 Seiten. 1924.
RM 8.40; gebunden RM 10.—

Schwingungstechnik. Ein Handbuch für Ingenieure. Von Dr.-Ing. Ernst Lehr, Oberingenieur in Darmstadt.

Erster Band: **Grundlagen. Die Eigenschwingungen eingliedriger Systeme.** Mit 187 Textabbildungen. XXIII, 295 Seiten. 1930.
RM 24.—; gebunden RM 25.50

Technische Schwingungslehre. Ein Handbuch für Ingenieure, Physiker und Mathematiker bei der Untersuchung der in der Technik angewendeten periodischen Vorgänge. Von Dipl.-Ing. Dr. Wilhelm Hort, Oberingenieur bei der Turbinenfabrik der AEG, Privatdozent an der Technischen Hochschule in Berlin. Zweite, völlig umgearbeitete Auflage. Mit 423 Textfiguren. VIII, 828 Seiten. 1922. Gebunden RM 24.—

Mechanische Schwingungen und ihre Messung. Von Dr.-Ing. J. Geiger, Oberingenieur, Augsburg. Mit 290 Textabbildungen und 2 Tafeln. XII, 305 Seiten. 1927. Gebunden RM 24.—

Die Grundlagen der Tragflügel- und Luftschraubentheorie. Von H. Glauert, M. A., Fellow of Trinity College Cambridge. Übersetzt von Dipl.-Ing. H. Holl, Danzig. Mit 115 Textabbildungen. VI, 202 Seiten. 1929. RM 12.75; gebunden RM 13.75

Fluglehre. Vorträge über Theorie und Berechnung der Flugzeuge in elementarer Darstellung. Von Dr. Richard von Mises, Professor an der Universität Berlin. Dritte, stark erweiterte Auflage. Mit 192 Textabbildungen. VI, 321 Seiten. 1926. RM 12.60; gebunden RM 13.50